厉害的人，从来不靠情绪表达自己

郭大侠 ◎ 著

北方文艺出版社

图书在版编目（CIP）数据

厉害的人，从来不靠情绪表达自己 / 郭大侠著 . --
哈尔滨：北方文艺出版社, 2019.8（2021.12 重印）
ISBN 978-7-5317-4534-1

Ⅰ.①厉… Ⅱ.①郭… Ⅲ.①情绪－自我控制－通俗读物 Ⅳ.① B842.6-49

中国版本图书馆 CIP 数据核字（2019）第 094877 号

厉害的人，从来不靠情绪表达自己
Lihai de Ren Conglai Bukao Qingxu Biaoda Ziji

作　者 / 郭大侠

责任编辑 / 富翔强　徐　昕　　　　　装帧设计 / 平平

出版发行 / 北方文艺出版社　　　　　邮　编 / 150008
发行电话 / （0451）86825533　　　　经　销 / 新华书店
地　址 / 哈尔滨市南岗区宣庆小区 1 号楼　网　址 / www.bfwy.com

印　刷 / 天津旭非印刷有限公司　　　开　本 / 880×1230　1/32
字　数 / 130 千　　　　　　　　　　印　张 / 7.5
版　次 / 2019 年 8 月第 1 版　　　　　印　次 / 2021 年 12 月第 4 次印刷
书　号 / ISBN 978-7-5317-4534-1　　　定价 / 39.80 元

你的大脑控制着你的情绪，
你的情绪决定着你的未来

朋友阿杜打来电话，说想找我聊聊。

原来，最近因为在工作中接连出错，阿杜的老板开始质疑他的工作能力。

我问阿杜为什么会出现这种情况，阿杜告诉我，最近自己总打不起精神，失去了做事的欲望和激情。

我知道，阿杜的这种情况并非偶然，这就是职业倦怠。任何一个在职场拼搏的人，都会遇到这种情况。这是一个人职业的瓶颈期，更是一个人情绪问题累积的表现。

随着社会的发展，生活节奏的加快，压力的日渐加重，现代人被越来越多的情绪问题所困扰。这些情绪问题以不同的形式表现出来：路怒、怼人、易怒……不但影响着现代人的身体健康，而且给其心理造成了严重的伤害,进而成为个人发展道路上的"拦路虎"。

现代人形形色色的情绪背后究竟折射着其情绪管理上怎样的问题呢?

究竟是什么控制着我们的情绪?

究竟是什么支配着我们的情绪?

我们的未来与情绪有着怎样的关系?

20世纪60年代,美国临床心理学家阿尔伯特·艾利斯创立了一种心理治疗体系——合理情绪疗法。在这一疗法中,他传达出这样的信息:人有其固有本性,人的先天倾向中有积极的取向,也有消极的取向。换言之,人有趋向于成长和自我实现这样的内在倾向,同时也具有非理性的不利于生存发展的生活态度倾向。正是这种非理性的生活态度,导致人心理失调。

一旦心理失调,人就会表现为无法控制自己的情绪,开始出现焦虑、愤怒、忧郁、失落等情绪反应。而这些情绪反应会直接影响人的生活与工作,造成工作效率低下,错误不断,甚至引发重大的责任事故,进而影响个人的生活与事业的发展。

由此可见,我们的大脑的认知影响着我们的情绪,我们的情绪影响着我们的生活和工作,进而直接影响着我们的未来。

因此,科学地认识情绪,管理好自己的情绪,理性地处理情绪问题，在不断提升情绪管理能力的同时，端正自己的心态，一切就会变得越来越好。

因为态度决定一切，良好的心态是成功的基础，而由负面情绪引发的不良心态，如自卑与自负、偏激与狭隘等则会成为个人成功路上的"心障"。

如何在熙攘的社会中，尽快地为自己找到安身立命之处？如何在激烈的职场竞争中闯出一片天地，成就自己的人生？这是每个人都会面对的选择。

社会不会等待个体成长，个体要成功，就需要自动自发地走向成熟，成为一个成熟的人。

一个成熟的人需要具备的关键能力，就是情绪管理能力，因为你的情绪决定着你的未来！

目录

Part 1
对情绪的认知,决定了你的生活高度

认识情绪的来源,做情绪的主人 / 003

分清情绪的种类,才能管理好情绪 / 010

情绪管理是一种做出选择的能力 / 016

情绪就是心魔,你不控制它,它便吞噬你 / 021

情绪是一种能量,它会来就一定会走 / 025

影响你情绪的不是事情,而是你对事情的认知 / 031

Part 2
控制不住自己情绪的人,能力再强也无济于事

每一种情绪,对应的是我们对某种情境的身心反应 / 039

控制不住情绪,有再大的能力也没用 / 045

好运气不会垂青坏脾气的人 / 051

你的失控,对手的成功 / 055

你一时的冲动,失去的是幸福 / 061

一味地抱怨失去的是机会 / 065

Part 3
情绪占据支配地位时,智力可能毫无意义

理智要回笼,情绪要管理 / 073

日子过的是心情,千万要放下坏情绪 / 078

职场要成功,情绪要管理 / 082

自带"灭火器",千万不要乱发脾气 / 087

保持清醒与冷静,不让冲动捆绑你 / 092

坦诚地沟通,不怕你不理 / 099

Part 4
你和高情商之间,只差一种情绪自控力

真正的情商高手,总能保持感性和理性的平衡 / 107

你管理情绪的能力,决定着你的人际关系 / 114

若能管理好情绪,秒变情商高手 / 118

你对待坏情绪的方式,决定了你的层次和高度 / 124

发挥情绪的价值,控制自己的暴脾气 / 128

认清坏脾气的源头,你才能喜获胜利 / 133

Part 5
积累"人生场景",成为一个真正处变不惊的人

过度焦虑折射对错误的恐惧 / 143

极度愤怒催生暴力与反抗 / 148

情绪抑郁诱人沉浸自我 / 152

惆怅失落使人迷失方向 / 158

苦闷孤独让人行如困兽 / 163

Part 6
如果我们可以改变情绪，我们就可以改变未来

管理好情绪，自信第一 / 169

提高吸引力，全靠正面情绪 / 177

换个角度看问题，情绪也可有百态 / 184

人生旅途不带过多的情绪 / 188

不为失败找借口，只为成功管情绪 / 192

Part 7
厉害的人，从来不靠情绪表达自己

能干的人不是没脾气 / 199

做事第一，伤人的情绪放一边 / 203

凡事有主见，不让坏情绪影响自己 / 206

当忍则忍，需发则发，这是成熟的表现 / 209

情绪低潮，要学会自我激励 / 215

尊重他人，放下自己的控制欲 / 222

Part 1

对情绪的认知，
决定了你的生活高度

人人皆有情绪，它令我们的人生变得丰富多彩，让我们看上去有血有肉。当我们的内心产生某种情绪时，在我们的周遭会形成一种"气场"，置身于这种气场之中，我们的言行就会受到影响，继而对相关的人或事产生影响。这正是所谓的情由境生。而人的情绪遇到相应的"境"，是引发好的结果，还是触发坏的后果，端看你如何管理情绪。

认识情绪的来源，做情绪的主人

情绪的产生，除了与受到的外界刺激相关，与人的性格特质相关之外，也与一个人对自己所受刺激的看法相关。

2018年10月21日，美国男子篮球职业联赛中火箭队和湖人队比赛时，双方的球员发生了大规模的冲突。火箭队的保罗、湖人队的朗多和英格拉姆都被驱逐出场。23日，美国职业篮球联盟公布了处罚结果，保罗被禁赛两场，朗多被禁赛三场，英格拉姆被禁赛四场。而英格拉姆受到的处罚之所以比别人重，就是因为他是这次事件的始作俑者。

让英格拉姆做出这种过激行为的罪魁祸首就是他过大的"火气"，即暴躁的情绪。这种暴躁的情绪不仅使他受到了被禁赛四场的处罚，而且极有可能为其将来发展埋下隐患。

英格拉姆的事例说明了负面情绪会对一个人产生不好的影响。对于这一点，几乎每个人都有过深切的体会：突如其来的愤怒或者悲伤能让一个人一反常态地做出一些在旁人眼里，甚至自己事后看来都不可思议的事情。这种现象就是心理学上的情绪失控。

情绪失控的事例可谓不胜枚举：从网上热议的虐猫事件，到社会关注的弑母事件；从最近某知名主持人做节目时失控，到普通人因言语失和大打出手——这些问题的产生，其实都是情绪在作怪，都说明情绪对人的影响之大。

那么，情绪从何而来？它又为什么会如此深刻地影响着我们的言行呢？

心理学家和生理学家通过对情绪的产生进行研究认为，情绪是人的一种心理体验，是人对客观事物的态度的一种反映，表现为喜、怒、哀、惧四种形式。

实际上，无论何种形式的情绪，均与人类的复杂结构相关。

我们知道，作为一种复杂的生物，人类拥有高于目前已知的其他生物的发达的神经系统和神奇的大脑，这决定了我们在人生长河的旅行中，会因为形形色色的人、大大小小的事情而产生不同的情感体验。达尔文的进化论告诉我们，人类和其他动物一样，有"趋利避害"的本性。这反映在情绪上就是，当人们"趋向于有利的境地"时，就极易产生积极的、良好的情绪，比如获得美味的食物、舒适的住处、亲密的伴侣，这都是"趋利"的表现。

而当人们想"回避不利的境地"时,就极易产生消极的、不良的情绪,比如失业、分手、饥饿,都会让人感受到不同程度的痛苦。

我们每个人在生活和工作中,都要面对家长里短、工作压力、庞杂的人际关系等问题,于是出于趋利避害的本性,我们会不由得产生愤怒、恐惧、自卑、孤独、妒忌、抱怨等不良情绪。这些内在的不良情绪,会让我们心生不满,由此产生蔓延全身的负能量。这些负能量一旦被外界的某个触媒启动,就会引发我们大大小小的情绪问题。

之所以说"大大小小",是因为不同的人,对同一外界触媒产生的情绪反应也不同。

有的人比较敏感,情感丰富,于是他们的情绪极易发生起伏,也极易受到外在触媒的影响,进而出现情绪波动;有的人比较迟钝,情感滞后,因此对外界的反应总是慢半拍,他们的情绪就不易产生较大的波动。

情绪的产生,除了与受到的外界刺激相关,与人的性格特质相关之外,也与一个人对自己所受刺激的看法相关。

比如同样是失恋,有的人会因此伤心欲绝,认为失去爱情就失去了一切,甚至为此寻死觅活,让自己在相当长的时间里陷在负面情绪中无法自拔;有的人则认为两个人在一起,合则聚,不

▷ 厉害的人，从来不靠情绪表达自己

合则散，正所谓缘聚缘散，于是大哭一场，宣泄自己悲伤的情绪，随后又开始新的生活。

由此我们说，情绪是进化的产物，不同的人的"进化"程度不同，对情绪的掌控力也不同。结果，一些人成了情绪的奴隶，一些人成了情绪的主人，各自收获不同的人生。

莫莫和糖糖供职于同一家公司，且都在市场部。由于是老乡，加之机缘巧合之下二人还合租了一套房子，于是她们格外亲近。糖糖为人热情，工作也勤奋，是部门的金牌业务员，每个月的业务提成是整个部门最高的。不过，她脾气不好，喜欢抱怨，不太受同事和上司待见。相比她，莫莫为人踏实，做事不斤斤计较，认真勤奋，加之脾气好，很少抱怨，因此尽管业绩不那么高，但大家都比较喜欢她。

转眼到了年末，算一算在公司工作也满一年了，莫莫和糖糖各自计算着自己的业务量，想着年底能拿多少业务提成，获得多少年终奖。按惯例市场部会在新的一年进行工作调整，每个人都不知道自己最终会被调整到哪个区域，于是都小心翼翼地互相打探着信息。莫莫祈祷自己可以被分到一个不太差的区域，而糖糖则凭着自己的业绩，自信自己可以留在原来的区域。

新一年的区域分配方案公布了，莫莫如其所料被分到了一个不好不坏的区域，糖糖则被分到了一个新的区域。对糖糖来说，这就代表着一切要从头做起。暴脾气的糖糖顿时就炸了，嚷着要辞职。莫莫苦劝糖糖，不要冲动，要冷静，慎重考虑，不妨找上司和老板聊一聊。结果糖糖认为"我受不了这种憋屈，此处不留姐，自有留姐处"，愤而去找部门经理理论，理论无果后真的辞职了。

此后好一段时间，莫莫再没有糖糖的消息。其间糖糖虽然曾回两人的合租房收拾行李，但由于莫莫工作忙，经常出差，所以两人没能碰面。后来两人通过几次电话，莫莫只知道糖糖找工作并不如意。渐渐地，工作的繁忙让她们失去了联系。

三年后，十一假期探亲归来的莫莫在机场与糖糖偶遇。虽然仅仅过去了三年的时光，但糖糖的变化却让莫莫唏嘘不已。这时的糖糖，再不见那份锋芒，取而代之的是一脸的沧桑。当她获知莫莫仍在原来公司，已经成为了部门经理，是公司独当一面的人才时，不由得长叹一声："暴脾气害死人啊！"

原来，当年糖糖一气之下辞职后，先后换了几份工作，但都由于脾气急，无法和上司、同事和睦相处，每份工作都没干多久。无奈之下，她只好和亲戚合伙经营了一家小餐馆。回首过去，她感叹地说，倘若当年自己能管理好情绪，今天或许已经像莫莫一样，

▷ 厉害的人，从来不靠情绪表达自己

成为独当一面的职场精英，提前成为有房有车一族。

生活在万丈红尘之中的人们，没有几人能活得不憋屈，没有几人不曾千百次想过将辞职信摔在上司面前，仰天大笑出门去。可是当我们冷静下来就会发现，我们所谓的憋屈，说白了就是我们没能控制好自己的情绪，将一件小事在情绪的催发下，无限放大，最后达到无法收拾的地步，以至于一愤不忍而终身愤。这正是不能做情绪的主人，以致让情绪影响了自己的生活，成为情绪的奴隶的表现。

我们要清楚，人人皆有情绪，它令我们的人生变得丰富多彩，让我们看上去有血有肉。当我们的内心产生某种情绪时，在我们的周遭会形成一种"气场"，置身于这种气场之中，我们的言行就会受到影响，继而对相关的人或事产生影响。这正是所谓的情由境生。而人的情绪遇到相应的"境"，是引发好的结果，还是触发坏的后果，端看你如何管理情绪。

举个简单的例子，我们在生气的时候给他人打电话，即使不见面，即使我们尽可能地压制情绪，对方也仍旧可以察觉我们的情绪，因为我们的情绪借由我们的语气传达给了对方。甚至就算发送文字消息，我们的情绪也会影响到我们的表达，将情绪传达给对方，继而对他人产生影响。

这就提醒我们，情绪影响着我们的言行，影响着我们的生活和工作。一个人要想生活幸福，工作开心，获得较大的成就，首先就要认识情绪，管理好自己的情绪，做情绪的主人。

▷ 厉害的人,从来不靠情绪表达自己

分清情绪的种类,才能管理好情绪

情绪是送信人,每一封信都来自我们的内心。

观乐景,心情愉悦;睹惨境,心生哀伤。情绪是芸芸众生都有的感受,它与我们的生活息息相关,与我们形影相伴。在同一个人的身上,我们会发现不同的情绪,甚至我们自身也会感受到不同的情绪。这些不同的情绪体验,引发我们不同的心理感受,进而影响着我们的言行。因此,要管理好情绪,就要分清情绪的种类。

印度电影《三傻大闹宝莱坞》描述了三个大学生(兰彻、法罕、拉加)在大学时所经历的酸甜苦辣。在此期间,他们既犯下了错误,也创造了辉煌;既反省教育,也反抗体制。整部电影展示了三个主人公在现实与理想之间,在犹疑与反抗的路上,收获真挚的友谊,邂逅浪漫的爱情,以及创造出属于自己的奇迹的过程。观看这部电影,可以让我们体味情绪的多个种类,品尝它们的不同滋味。

整部影片长达三个小时,其中法罕的搞笑行为,让我们品味了快乐、愉悦的情绪;学生乔伊带着希望无法实现的忧伤自杀,让我们感受到了忧伤、无奈、伤感的情绪;女主人公皮娅因兰彻的坦诚、聪明、仗义而陷入爱情的幻想,带我们认识了甜美的情绪;受到兰彻的影响,同学们把紧张枯燥的校园生活变得活力四射,让我们受到激情四射的情绪的影响……总之,在这部电影中,我们于每一分每一秒都能感受到不同情绪引发的情感体验,自己的情绪也随之产生波动。

如同电影胶片演绎的一样,每年365天,每天24小时,也就是几十个8760小时组成了一个人的一生。快乐是一天,痛苦也是一天,同样的时间,情绪不同,生命品质截然不同。要让自己过得愉悦,就要发挥情绪的积极作用。

情绪的积极作用来源于正面情绪。所谓正面情绪,就是积极、乐观、进取、勇敢、喜悦、勤奋等正向的情绪。

100多年前,一位牧羊人因为家中贫穷,不得不每天带着两个幼小的儿子替别人放羊。不过,这位牧羊人在牧羊的同时,让孩子学会了欣赏生活,欣赏自然,感受自然之美。

一天,父子三人正在山坡上放羊,一群大雁鸣叫着从他们头顶排着队飞过,越飞越远,一会儿就看不见了。

▷ 厉害的人，从来不靠情绪表达自己

牧羊人的小儿子问："大雁要往哪里飞？"

牧羊人说："它们要去一个温暖的地方，在那里度过寒冷的冬天。"

大儿子眼中写满羡慕，说："要是我也能像大雁那样飞起来就好了。"

小儿子也说："要是能做一只会飞的大雁该多好啊。"

牧羊人沉思了一下，然后坚定地对两个儿子说："只要你们想，你们也能飞起来。努力成长吧，儿子。"

为了让两个孩子感受到飞翔的快乐，牧羊人建议孩子学着像大雁一样挥动"翅膀"。两个儿子模仿了鸟的动作后，发现自己还在原地，就用怀疑的眼神看着父亲。于是这位父亲摆动着手臂，尝试着自己飞给孩子看。当他意识到自己也飞不起来时，他肯定地告诉孩子："我飞不起来是因为年纪大了，你们还小，只要不断努力，将来就一定能飞起来，去自己想去的地方。"

两个儿子牢牢地记住了父亲的话，一直为实现"飞翔的梦"努力着。等到哥哥36岁，弟弟32岁时，他们飞起来了，因为他们发明了飞机，可以乘飞机在天空上翱翔。这两个人就是美国的莱特兄弟。

莱特兄弟及其父亲在尝试飞行失败后，内心升起的情绪是不息、向上的力量，是对未来充满期望的正面情绪。于是在这种情绪的激励下，他们不断探求，不断努力，最终实现了自己的梦想，也开创了人类的未来。由此可见，正面情绪可以使我们产生积极的心态，而积极的心态可以为我们事业的成功助力。

情绪的消极作用产生于负面情绪。所谓负面情绪，是指焦虑、紧张、愤怒、沮丧、悲伤、痛苦等情感体验。

我们很容易因为情绪感受去评判身边的人和事，而负面情绪引发了我们不愉快的、不喜欢的情感体验，于是我们就会在消极情感的影响下，产生消极的心态。

张三和李四是发小儿，两人从小就在一起玩。上学后，张三为了博得家长和老师的欢心，可谓勤奋至极。而李四则认为玩乐至上，要说班级里谁最会玩，非李四莫属。他经常自夸："要论玩的花样，我李四称第二，没人敢称第一。"就这样，转眼到了中考，张三因为一直努力学习，成绩优异，成功升入某重点高中。为此他觉得在同学李四面前格外有面子，颇有些瞧不上"幸运"地以吊车尾的成绩进了当地一所普通高中的李四。

高中三年，张三仍旧努力着，他的付出也没白费，学习成绩一直名列前茅，但坏就坏在高考时的临门一脚踢砸了，进了一所普通的大学。李四虽然平时成绩不怎么样，但架不住人家皮糙肉厚心态好，不在意他人的眼光，高考时竟然超常发挥，让人大跌眼镜地考上了一所不错的大学。

▷ 厉害的人，从来不靠情绪表达自己

于是两人的人生跑道，都在这里拐了一个弯。

大学四年，张三苦心孤诣，努力钻研，希望能获得公费留学的机会，然后找一家高薪企业工作，力雪前耻。李四则"不务正业"，和同学合伙做起了生意——送外卖。没想到，李四他们的外卖生意异常红火，竟然形成规模效益，打造了自己的品牌。大学毕业时，李四和几个合伙人一商量，将这个名为"就来吃"的外卖品牌卖给了某公司，几个人又看准了旅游行业，再次开始积极创业。五年后，李四二次创业失败，但他不服气，认为"天生我才必有用"，干脆四处游逛了两年后，开始了第三次创业。最终他在32岁那年，打造了自己的旅游品牌。而此时的张三，因为大学毕业后没能获得公派留学的机会，心情沮丧，最后去了一家普通的企业工作。虽然公司待遇不错，收入也不低，但是多年苦读的他不擅于人际交往，每天苦于工作的辛苦和人际关系的复杂，30多岁就华发早生，一副历尽沧桑的样子。

这年春节，两个人在家乡相遇，看着侃侃而谈、越活越年轻的李四，无精打采、苍老异常的张三不由得情绪低落，感叹人生无常！

实际上，张三和李四之所以会有不同的际遇，关键就在于二人因为同样的事情产生了不同的心态，引发了不同的情绪，进而收获不同的人生。面对公派留学的失败，张三沮丧，失去信心，得过且过，李四面对创业失败则不断地努力，乐观应对，不让因失败而引发的消极情绪左右自己，以稳定而积极的心态面对困难，随时调整好心态，勇敢地面对不如意，毫不气馁地走下去，最终赢得了精彩的人生。

情绪是送信人，每一封信都来自我们的内心。如果送信人传达的信息是积极正向的，那就好好地收下它们，并理解应用这些信息，让它们成为激励我们的力量。反之，如果送信人传达的信息是消极负面的，那么就要学会管理它们，不要让它们在我们的世界肆虐，不要让它们破坏我们的心境，困扰我们的生活，成为阻碍我们前进的拦路虎，而要化"消极"为"积极"，努力甩掉这些无用的沉重的大包袱，让情绪成为我们前进的动力，找到人生的希望，进而发现机遇，成就自己的人生。

▷ 厉害的人，从来不靠情绪表达自己

情绪管理是一种做出选择的能力

真正能担起大事的人，并不是没有情绪，他只是不被情绪左右，善于选择情绪，趋利避害，化消极的情绪为积极的情绪，让积极的情绪辅助自己。

电视剧《欢乐颂》播出后，剧中的"五美"因各自极具特点的性格引发了大家或爱或恨或哀或怜或敬的情感。其中，杨紫扮演的傻蠢萌呆的邱莹莹给观众留下了深刻的印象。

这个女孩因看错人、信错人而将一腔真情错付，最后失身失名。细细分析邱莹莹的遭遇，我们会发现，她所遭受到的痛苦，其实是由于她身上存在着严重的情绪问题，即她不能很好地控制自己的情绪。

正如电视剧中所表现的，她上一秒还因为某件事凄凄惨惨戚戚，下一秒就可以漫卷诗书喜欲狂。只要一份美食，她可以白日放歌须纵酒；只要一个小小的打击，她又瞬间泪浸罗衫湿。此人的情绪真可谓瞬息万变，让人哭笑不得，难以招架。而在电视剧中，她的这种不能控制自己情绪的问题，也让她不识好人心，伤了朋友的心。

现实生活中像邱莹莹一样的人并不少见。虽然表现形式不同，但他们的共同特点就是情绪当前，不知道冷静思考，任由情绪支配自己，做错了人生的选择题。所以，从这个角度来看，情绪管理是一种做出选择的能力。

初识H的人，绝不会想到这个衣着朴素、为人平和的人，竟然是一家上市公司的老总。也难怪，H无论与人闲聊还是沟通业务，总是那么平和，那么有耐心，一度让人认为他没脾气。不过熟悉他的人却知道，这是一个在工作上要求严格的人。他曾经宁愿承担巨额违约金，也要追回一批不合格产品；他曾经因为业务人员工作不认真而大发雷霆。

H的这种平和和耐心究竟来源于何处？自然是来源于他对情绪的管理能力。

H的公司是从为一家集团公司做零配件加工起步的。那是一家极具实力，但要求严格，甚至达到苛刻程度的公司。最初，他和几个朋友合伙经营。但客户每次验货时都会对产品多方挑剔，导致相当多的产品因质量不合格被退回，且这一行业利润极低，所以多次被退货导致有时不仅不挣钱还会赔钱，这些合作的朋友在一次次的退货打击下相继退出了公司，只有H仍坚持着。面对客户的挑剔，

▷ 厉害的人，从来不靠情绪表达自己

H不是强词夺理，而是耐心地倾听，虚心地改正。最终，他的这种态度感动了客户，客户甚至专门派技术人员给他的工人进行指导。

就这样，H的公司工人的技术水平不断提高，产品退货率越来越低。公司慢慢开始赢利。最终H在赚到钱的同时，一步步提升了自己，让自己变得强大起来，做出了今天的成绩。

谈到过去的那段经历时，H的淡然地说："情绪人人都有，无能之人更是将情绪作为借口。当我们出现消极情绪时，不妨将消极情绪和要做的事情放在天平上称一称，你究竟要选择痛快地发脾气，还是成就自己？"

细细观察身边的人，我们会发现，那些真正能担起大事的人，并不是没有消极情绪，他们只是不被消极情绪所左右，善于选择情绪，趋利避害，化消极的情绪为积极的情绪，让积极的情绪辅助自己，做到"怒不过夺，喜不过予"。因为他们清楚情绪不能解决任何问题，要想解决问题，首先就要控制自己的消极情绪，冷静地找出自己不足的地方，让自己变得越来越好，进而为自己的人生开辟出一片新天地。

史玉柱可谓我国最为传奇的企业家之一了。从1988年开始以深圳为起点创业，最终在繁华的大上海发展，他的人生可谓大起大落，荣誉的光环和失败的阴影交替笼罩在他身上。他的经历也证明了情绪选择能力对一个人成功的影响。

每个人都避免不了失败，而史玉柱的失败可谓惨重。当年著名的巨人大厦倾覆事件后，史玉柱也曾被负面情绪缠绕，失败的沮丧和挫败感让他将自己关了很久很久。但他清楚地知道，如果就这样任由消极情绪掌握自己，那么等待自己的只能是更加失败的人生，自己的命运应该自己做主。于是为了化解消极情绪的影响，他做出了和自己的三个下属爬一次珠穆朗玛峰的决定。

1997年8月，史玉柱一行四人出发前往西藏。他在事后回忆说："当时雇一个导游要800元钱，为了省钱，我们四个人什么也不知道就那么往前冲了。"他们是从珠峰5300米的地方往上爬的，结果，下山的时候，四个人身上的氧气用完了，只能往下走一会儿，歇一会儿。不久，他们又遇到了难题——无法在冰川里找到下山的路。史玉柱回忆说："那时候觉得天就要黑了，在零下二三十摄氏度的冰川里，如果等到明天，天黑肯定要冻死。"幸运的是，在历尽艰难后，他们一行人还是成功地下山了。

爬完珠峰回家后，史玉柱好像变了一个人。他的身上不再笼罩着低迷和沮丧的情绪，失败前的张狂、不可一世也消失了，取而代之的是沉静、自信、沉稳、坚忍和执着。可以说，他对自己的情绪进行了选择，改变了自己的心态，让自己在此后能以良好的情绪和

▷ 厉害的人,从来不靠情绪表达自己

心态面对事业中的挫折。

果然,在此后从"首负"到还清巨额债务再到东山再起的过程中,他始终保持沉静,这是一种经历大风大浪后的平静,以及成竹在胸的自信。而伴随着这种情绪的选择,他从低谷中爬出来,变得强大和不可战胜。

《菜根谭》中说:"败后或反成功,故拂心处切莫放手。"意即遭受失败后反而会令人成功,所以在处于低谷时不要放弃。这体现的其实就是一个人对情绪的选择处理能力。

只有具备对情绪做出选择的能力,才能管理好情绪,提升正面情绪的影响,削减负面情绪的影响,以做事为主,将伤害大局的情绪摆在一边,纵然经历大风大浪,也平静得如同下雨时踩湿了裤脚一般。

只有这样的人,才能拥有真正的自信,成为真正的强者,在性格里产生一种从容不迫的力量,温柔,不慌不忙,为人处事从不说硬话,也从不做软事,却能达到不战而屈人之兵的效果。

这就是情绪的管理和选择的意义所在!

情绪就是心魔，你不控制它，它便吞噬你

极度情绪化，源于长期的愤怒和自卑。这种愤怒不是对外界的憎恶，而是对自己的不满、对控制世界的无力。

2017年，媒体报道了一则令人无法置信的消息：仅仅因为一碗面钱，就葬送了一条人命！而造成这一恶果的就是情绪这一心魔。

2017年2月18日中午，22岁的胡某与两个伙伴在武昌火车站附近的一家面馆吃面。吃完面后，面馆老板姚某按一碗面5元收费。两个伙伴沉默不语，胡某则对此提出异议："牌子上写着4块钱一碗，你怎么要多收几块钱？"结果姚某或许由于心情烦躁，回了他一句："我说几块钱一碗就几块钱一碗，吃不起你就不要吃。"这句话顿时激怒了胡某，惨剧随后发生。情绪失控的胡某用面馆的菜刀，将姚某砍死。

胡某这种情况就是神经失控，即在顷刻之间的情绪爆发。当人的神经失控时，其边缘脑的神经中枢就宣布进入紧急状态，召集大

脑的其他部分服从紧急调度，而在神经失控发生的一瞬间，掌管思考的新皮层根本来不及观察当下的形势，也无法判断行动的正确性。可以说，在失控过后，失控者根本不知道自己怎么了。

因为这种情绪的失控，发生了众多令人扼腕的事件：

无意中的触碰，满口脏话开骂，引发了拳打脚踢；

不经意的一句话，掀起一场风暴，造成乘客抢公交车司机的方向盘，全车人员殒命；

……

可以说，类似的事件数不胜数，而造成这一切的就是当事人被情绪这一心魔所控，最终被消极情绪吞噬。

用下面的问题问问自己：

是不是曾因为被情绪这一心魔所控，对所爱的人恶语相向，做出伤人伤己的事情，让家里鸡飞狗跳？是不是曾因为朋友的一句不经意的玩笑话勃然大怒，对朋友大加指责，让朋友伤透了心？是不是曾因为孩子不听话，而大声训斥，使自己化身可怕的魔鬼，令孩子瑟瑟发抖？是不是曾因为一些蝇头小利而与小商小贩发生争执，导致自己一天的心情恶劣到极点？是不是曾因为公交车上或地铁上无意的挤碰而同他人恶语相向，争吵不休，结果差一点酿成事故？是不是曾因为听到单位同事的闲言闲语感到郁闷，甚至为此与同事理论，以致同事关系十分紧张？……

　　心理学研究表明，极度情绪化源于长期的愤怒和自卑。这种愤怒不是对外界的憎恶，而是对自己的不满、对控制世界的无力。这种内心巨大的无序和失控，距离波及他人只有一步之遥。

　　我们要清楚，人生不如意事十之八九，一个人不可能一生顺遂，没任何不满意之处。每个人都会有心情不好的时候，此时坏情绪就蛰伏在我们的内心深处，蠢蠢欲动。它静静地潜伏在暗处，揣摩着我们的心思，一旦发现有一点可以利用的小苗头，就会趁机煽风点火，于是你或者心灰意冷，或者勃然大怒，进而做出伤害自己或他人的事情。

　　我们一旦被情绪这一心魔控制，被其吞噬，就会化身为魔鬼，让身边的人受伤。相反，倘若我们能认清自己的情绪，管理好自己的情绪，我们就能在坏情绪蠢蠢欲动的时候，在心情不好的时候，及时控制自己，调整情绪，换个心情和方式处理问题。

　　杰克和朋友保罗相约去打球。因为时间有些紧，于是他将车子开得飞快，不过并未违反交通规则。行驶到球场的入口时，一辆小轿车突然驶来。杰克马上踩刹车，车子在滑行了一小段后，才在与前车只相距几厘米的地方险险停住！杰克和保罗惊魂未定，前车的司机却将车窗打开，凶狠地朝着他们大喊大叫。保罗愤怒至极，马

▷ 厉害的人，从来不靠情绪表达自己

上推开车门要下车与对方理论。杰克一把拉住保罗，然后微笑着向那个家伙挥挥手。对方愣了一下，随后开车离开了。

保罗觉得杰克的表现过于友善，明明是对方的错误，为什么不质问、批评？他生气地说："你刚才为什么那么做?！那家伙差点毁了你的车，我们也可能受到伤害！"杰克说："这个人明显就不是善类，而我们恰好成为他表达情绪、彰显自己的对象。我们没必要主动成为这种人的垃圾桶，更不必因为这种人而惹上麻烦，毕竟我们没受到损失。与其和他理论影响自己的心情，不如微笑、挥挥手，远离他，继续走我们的路就行了。"

请记住约翰·米尔顿的这句话："一个人如果能控制自己的情绪、欲望和恐惧，那他就胜过国王。情绪就是心魔，你不控制他，他便吞噬你。"

无论遇到怎样的事情，切记人生短暂，与其让情绪控制，不如调整好心态，抛开绝对化的观念，试着以乐观的心态看待人和事，让自己成为情绪的主人，笑对不如意，淡看得与失，科学地看待情绪，分清情绪的种类，管理好情绪，让自己在快乐中度过每一天。

情绪是一种能量，它会来就一定会走

情绪这种能量，会来，也一定会走，倘若我们能认识到不同的情绪的影响，科学管理情绪，就可以改变我们的生活，提高我们的生活质量。

日升日落，潮涨潮退，世间万物周而复始地变化着。人的情绪也是如此，它们会来，也会走，会像潮汐随时间发生起落变化一样，因周围环境和我们的识知不同而发生变化。

情绪虽然不是有形的事物，但它本质上是一种能量，会对我们的身心产生不可忽视的影响，而我们每个人都有感知它的本能。

举个简单的例子，夫妻或恋人之间，就算不曾开口讲话，当看到对方的动作、表情时，或许就已经感知到了对方的情绪状态：倘若对方面带微笑看着你，你就可以感受到对方的情绪比较愉悦，接下来对方要告诉你的就是好事情，你就会比较轻松；反之，对方的表情很严肃，或者是生气，那么我们就会感知到对方的不开心，于是会迅速在头脑中思考是否发生了不愉快的事情，影响了对方的心情，然后我们就会不由自主地在心里反复琢磨。而我们的这种情绪反应，也会被对方感知到。

以上就是情绪被感知的过程，也是情绪会相互发生作用的原因。

用一个形象的比喻来说，我们的意识、理性如同太阳一样，将众多东西照得一清二楚，让一切尽收眼底。我们的情绪则潜藏在许多不可知、无法确定的事物后面。这些事物随着昼夜的变化而变化，使得情绪也在发生着变化。清晨，当太阳升起时，一切沐浴于晨光之中，人的内心充满了轻松、愉悦之情，情绪也处于光明中，于是我们就会满怀信心开始一天的生活、工作；到了中午，尤其是炎夏的中午，随着气温的上升，人特别容易烦躁，负面情绪开始慢慢显露出来，负能量开始挑战正能量；黄昏时，我们会变得感性起来，此时负面情绪和正面情绪交织在一起，或是产生"夕阳无限好，只是近黄昏"的悲伤感叹，或是产生"又早是夕阳西下，河上妆成一抹胭脂的薄媚"的美好感叹。

可以说，这些或正面或负面的情绪均对我们产生了一定的影响，让我们或喜或悲。

可见，不同的情绪会引发不同的感受，进而对人产生不同的影响。这就是情绪的力量。人类之所以做梦，一个很重要的原因就是要借助梦境消化许多白天没有消化的情绪。这更说明了情绪的力量之大。

作为一种能量，情绪对我们产生着深刻的影响，其力量之强大甚至可以左右我们的人生。不过，情绪这种能量，会来，也一定会走，因此，倘若我们能认识到不同情绪的影响，科学管理情绪，就可以改变我们的生活，提高我们的生活质量。

我与J是朋友介绍认识的。她是一个美丽优雅的女孩子。

她前几年从国外留学归来，如今是某上市公司的"白骨精"。

与J交谈，你会有如沐春风的感觉。她是那么善解人意，总能让你感受到被关注和理解。时间一长，我才知道J的成功，除了因为她具备扎实的专业知识与出众的工作能力，更重要的是她具有对情绪进行管理和调控的能力。

J自述因为从小被寄予厚望，因此她一直在努力变得优秀，而她获得赞誉的同时，也承受了巨大的压力。小学时，因为连跳两级，她承受着比自己大两三岁的同学的冷嘲热讽，为了保护自己，她选择将自己包裹起来，以表面的温和掩盖内心的无助和愤怒。这种压抑情绪的方式为她带来了无尽的痛苦。

▷ 厉害的人，从来不靠情绪表达自己

为了改变自己的这种情绪状态，上大学以后 J 就开始阅读心理学书籍，了解自己的内心，认识自己。慢慢地，她开始采用科学的策略管理自己的情绪，在负面情绪袭来时，尝试科学地处理，尽量将正面情绪的影响扩大，降低负面情绪的影响。这种科学的方法，帮助她度过了国外留学时的孤独难熬的日子，也让她很好地解决了自己那段时间的心理问题，从中获得了巨大的力量。

如今的 J 尽管偶尔也会出现情绪低潮，被负面情绪侵袭，但她借助于运动、瑜伽、冥想等多种方式，化解不良情绪，成了一个内心强大的人。

无论是负面情绪还是正面情绪均包含着巨大的能量，均有着自己的表达方式。如果不能很好地理解、处理和运用情绪中的能量，我们就会被这种能量反噬，做出异于平常的举动。

子女之于父母，是天下至宝，父母无不拼尽全力给予子女最好的保护。然而 2017 年 2 月 15 日，扬州一个 6 岁男童却被自己的母亲杀死了。原来这位母亲受到了长期累积的强大的负面情绪的冲击，在情绪失控之下将孩子杀害。我们不知道在惨剧发生前这位母亲经历了怎样的事情，但我们可以由此清楚地看到负面情绪的能量之大，足以摧毁一个人的理智。

相关事实和研究证明，正面的情绪能够救人，负面的情绪可以伤人。而无论是救人还是伤人，均是由情绪中的能量造成的。情绪有多么强烈，蕴藏的能量就有多么大，发生的作用或产生的影响就有多么巨大。

要想更好地利用正面情绪带来的正能量，避免负面情绪产生的负能量，我们要做的就是换个角度看问题，认识到世间许多事就如同硬币，有正反两面，如果恰好遇到自己不喜欢的那一面，换个角度试一试，也许就可以找到自己喜欢的另一面。

一个试图改变贫困状况的年轻人，屡屡遭受挫折，倍感失意，于是向一位智者请教自己为何这么穷，这么失意。

智者不答反问："你为什么失意呢？"

年轻人说："我总是这样穷。"

"你怎么能说自己穷呢？你还这么年轻。"

"年轻又不能当饭吃。"年轻人说。

智者一笑，"那么，给你10000元让你瘫痪在床，你干吗？"

"不干。"

"把全世界的财富都给你，但你必须现在死去，你愿意吗？"

"我都死了，要全世界的财富何用？"

智者说："这就对了。你现在这么年轻，生命力如此旺盛，就等于拥有全世界最宝贵的财富，又怎能说自己穷呢？"

▷ 厉害的人，从来不靠情绪表达自己

当我们试着换个角度看问题时，我们在遇到不如意的事情的时候，就会学着让正面情绪影响和取代负面情绪，就可以多一些理智，少一些鲁莽，生活就会多一些顺畅，少一些坎坷。

影响你情绪的不是事情，而是你对事情的认知

个人对事件发生原因的解释让我们形成对事件的最终看法，继而影响了我们的情绪，引发了不同的行为。

30岁的H原本在一家企业做会计，前段时间，因为不满财务部经理的工作安排，她愤而辞职。接下来的一段时间，H整天独自待在房间里，利用网络找工作。在此期间她去几家公司面试过，但都失败了，这让她很有挫败感。

转眼辞职一个多月了，工作还没着落，H心里特别烦躁。合租的朋友L劝她别着急，不妨总结一下面试失败的原因，提升下一次面试的成功率。H认为L是在否定她，声明自己之所以没被聘用，一是因为很多公司都倾向于招已婚已育的会计，自己还没结婚；二是因为一些涉外公司要求具备英语等级证书，自己没有；……总之，罗列了一堆理由。L听完便不再说话了。此后尽管H继续奔波在找工作的路上，但一直没结果，于是她的脾气变得更加暴躁，身上充

满了戾气。她经常无缘由地向L发脾气，甚至走在路上，也会因为他人无意的触碰与人争吵起来，最严重的一次还和对方大打出手。

H的情绪问题表面上是因为找不到工作导致的，实际上与她对事情的看法有着直接的关联。在她看来，自己找不到工作是由于用人单位的条件苛刻。这种片面的看法，引发了她的不公正感，进而产生了愤怒和焦躁的情绪，表现为无缘无故地攻击他人。

美国心理学家埃利斯在19世纪60年代提出了ABC理论。这一理论强调：引起我们消极或积极的情绪及行为反应的是我们对某件事的认知评价，而不是事件本身。H的问题就是由于她对事情的片面看法造成的。

现实生活中像H一样的人并不少见。

李丽和赵曼住在同一间宿舍，两人最近都在忙着结婚的事情。李丽的男友的家境相对富裕，赵曼的男友的家庭条件则比较一般。这天晚上，两人随意聊到了关于蜜月的问题。

李丽："我们是一定要去度蜜月的，现在的重点是去什么地方。对了，你们计划去哪儿？"

赵曼："还没想好。不过可能会去丽江，那是我们俩相识、相恋的地方。"

李丽："哎呀，度蜜月一定要去没去过的地方，那样才有新鲜感。"

赵曼："我觉得两个人再重走一遍当年的路，相当有纪念意义。"

李丽："你们俩可真是一对无趣之人，回忆可以放在几年后，现在重要的是新鲜感，好吧？"

赵曼："话不能那么说，两个人在一起好几年了，利用这个机会，巩固一下感情，未尝不是一件好事。而且费用不高，时间也不会太长。"

李丽："别的地方可以少花点儿，蜜月的费用不能省。你听我的没错。"

听到李丽说了这么多，赵曼笑了笑，感谢她的建议，并称自己会和男友再斟酌一下。随后的几天，李丽总感觉赵曼对自己冷淡了许多，她心中暗暗生气，认为赵曼不识好人心，自己是关心她，她竟然好心当作驴肝肺，一定是因为嫉妒自己。结果李丽越想越生气，为此影响了自己的心情。

在这里，李丽的情绪问题就是ABC理论所说的，是由其自身看待问题的角度造成的。由此可见，情绪问题的产生来源于对问题的看法，这也是为什么同样一件事，不同的人会有不同的看法，进而引发不同的情绪的原因。

这种对问题的看法是怎么产生的？从事件发生到看法形成，中间又经历了什么？

▷ 厉害的人，从来不靠情绪表达自己

比如想约朋友周末到家中来玩，A、B、C三人分别给朋友发了微信，结果都久久没有得到回复。三人就可能产生三种截然不同的看法，引发不同的情绪，进而做出不同的决定。

A生气："什么人啊，看到了微信不回复，这种人以后永远别想我再和她来往。"

B从容："她一定是有事儿耽误或没看到，我再等一会儿吧。"

C焦急："天啊，不会是出什么事儿了吧？我得抓紧问问。"随后发出N条微信："你怎么了？""是不是发生了什么事儿？""你快告诉我，到底怎么了？""怎么还不回信？不行，我得打电话问一问。"

……

我们可以看到，因为发出的信息没有得到对方的及时回复，不同的人会有不同的看法和感受，做出的决定也不同，而在此过程中决定情绪和结果的，就是每个人对事情发生原因的看法，即解释风格，也称归因方式。

事实上，当我们发出的微信没能得到对方的及时回复时，我们并不会马上形成对事情的看法，也不会马上做出决定，而是会在头脑中寻找对方不回复的原因。如果解释为对方人品不好，就会产生愤怒的情绪，并决定不与之继续来往；如果解释为对方没有看到信息，或者没有时间回复，就会平静以待；如果解释为对方可能遇到某种紧急情况，或处于危险之中，就会相当紧张和焦虑，进而发出更多的信息，甚至还可能立刻打电话过去询问。

所以，我们对事件发生原因的看法会使我们形成对事件的最终看法，继而影响了我们的情绪，引发我们不同的行为。

每天每个人的身上都会发生很多事，而我们需要不断地对事件发生的原因做出解释。天长日久，我们的大脑就形成了一种相对稳定的解释风格。于是在很多时候，甚至在我们自己都还没觉察到解释的过程的时候，我们已经对事件做出了下意识的反应。

这也是为什么面对同样一件事，有人产生悲观失望的情绪，进而做出消极举动，有人受到激励，开始不断奋进，最终成就自己。这说明一个人的解释风格深刻地影响着其生理、心理的积极或消极变化，也决定着他的坚持和放弃、成功与失败。

Part 2

控制不住自己情绪的人，
能力再强也无济于事

情绪能产生能量，当我们能管理好自己的情绪时，我们就可以降低负能量的影响，增强正能量的作用，当正能量产生时，我们会有高度的兴奋及充实感，会感到内心的纯净，对手中的任务充满自信，进而将个人的精神力彻底投注在某种活动上，专注于手中的工作。在此过程中，大脑的活动会呈现出高效率和高准确性，耗费的能量也较少。相反，如果负面情绪导致的负能量控制了我们，我们的专注力就会被分走大半，自然无法做到专注，也就无法收获以上体验。

每一种情绪，
对应的是我们对某种情境的身心反应

情绪影响着我们的身心，每一种情绪，对应的是我们对某种情境的身心反应，不同的情绪会引发不同的后果。

　　情绪是人类在漫长的进化过程中保留下来的感知觉，它代表着人类基本需求得到满足的信息，包含自卫、安全以及个体和群体的生存等信息。我们每个人都会有情绪，喜悦、愤怒、哀伤、快乐、惊讶、恐惧、思念等就是常见的情绪类型，每一种情绪，对应的是我们对某种情境的身心反应。

　　试想一下，当我们在马路上行走，一辆汽车突然向着我们直冲过来，此时我们的身体会有恐惧的情绪反应，这个反应激发我们快速跳开躲避危险；当我们面对自己极度不喜欢的事物时，比如某个不喜欢的人、某道不喜欢吃的菜，我们的心里就会有厌恶的情绪反应，于是我们或者掉头就走，或者选择性忽视；当我们

▷ 厉害的人，从来不靠情绪表达自己

看到巍峨壮观的山川大河、令人惊叹的壮美奇观，甚至久处雾霾之中，突然一天惊现蓝天白云，我们会不由得惊叹连连，进而掏出手机拍下照片，录下视频，分享朋友圈，让更多的人看到这一景象；当我们对某个人产生思念之情时，我们会主动联系对方，增进双方的感情……

可以说，这一切的发生都是我们的情绪引发的对特定情境的反应，而不同的情绪反应引发的身心反应的后果也不同。

1917年7月，由于长期处于巨大的工作压力之下，巴哈医生的情绪相当不好。在医院里，一旦下属犯了错误，他就会大发雷霆，严厉斥责。最终有一天，他病倒了。经检查，巴哈医生患上了癌症，且癌细胞已经扩散，留给他的时间只有三个月了。得知这一情况后，巴哈医生不但没发怒，反而非常平静。他想，既然自己的时间已经不多了，何不将有限的生命投入工作中，让自己在最后的时光里再为人类做一点贡献。在接下来的时间里，他不再发脾气，而且保持心情愉悦，再没有从前那种沉重的压力和负担。没想到，奇迹就这样发生了。这种情绪上的改变，竟然令他多活了18年零9个月。

巴哈医生的经历告诉我们，情绪影响着我们的身心，每一种情绪，对应的是我们对某种情境的身心反应，不同的情绪会引发不同的后果。

有人曾做过一个实验。选取年龄相当的两组人：情绪紧张的母亲（39人，至少有一个需要照顾的病孩）和不紧张的母亲（19人，至少有一个健康孩子）进行相应的实验观察。通过对她们的染色体的端粒长短的观察，人们发现，前者比后者的实际生物年龄可能要老10年左右。

这说明，人的紧张情绪会影响身体健康。当一个人产生负面的情绪，如生气、愤怒、憎恨、恐惧、担心、害怕等，他的体内就会产生负面的能量，也就会出现人们常说的"漏屋偏逢连夜雨"的情况；反之，如果一个人在情绪上表现出爱、慈悲、信心、感恩、喜悦时，就会产生正面的能量，也就会出现"人逢喜事精神爽"的状态，从而诸事顺利。

那么在不同的情绪状态下，我们的身心会产生怎样不同的反应呢？

临床医学研究表明，情绪影响着人的免疫系统。小到感冒，大到冠心病和癌症，都与情绪有着密不可分的关系。比如一个心里充满矛盾、压抑，经常感到不安全和不愉快的人，往往免疫力低下，经常感冒、一着急就喉咙痛；一个经常感到紧张的人则会头痛、血压升高，容易引发心血管疾病；一个经常忍气吞声的人，得癌症的概率是一般人的三倍。

研究发现，当我们感到恐惧、焦虑时，会感觉腹部疼痛；当我们受到批评，对人或事感到内疚时，会引发关节炎；当我们感到压抑时，会引发哮喘；而经常愤怒的人极易受口臭困扰，还容易产生脓肿；极度恐惧之下，我们容易晕车和痛经。那么，情绪问题一般表现为哪些器官的问题呢？

首先，情绪问题在人体的胃肠道上的表现极为明显，人的情绪的点滴变化都可以从胃肠的变化中反映出来。很多人都会有这样的经验：一遇到紧张焦虑的状况就会胃疼或腹泻，压力大的时候根本吃不下饭。调查表明，压力排名靠前的司机、警察、记者、急诊科医生等，是最易患胃溃疡的几个群体。

其次，情绪问题在皮肤上的表现也比较明显。最为常见的是，一些人一旦压力过大就会脸上长痘，这就是明显的情绪表现。此外，有相当多的人紧张时头皮发痒，烦躁时头皮屑增加，睡不好狂掉头发，甚至出现反复发作的荨麻疹、湿疹、痤疮。

第三就是内分泌系统。情绪问题在女性的卵巢、乳腺，男性的前列腺上的反映也较为明显。

所以，当我们的身体出现状况时，我们首先要回顾自己近段时间的情绪状态，借助情绪分析，发现自己的问题。然后试着管理好情绪，调整自己的状态，让正面情绪取代负面情绪，进而在内心强大的同时，使得身心俱安。

劫后余生的 X 老师谈到自己患上白血病并战胜白血病的经历时，呼吁大家要管理好情绪，处理好情绪带来的负能量。当年，身为班主任的 X 老师，一面要管理一个 60 多人的班级，一面要照顾才上小学三年级的女儿，家庭和工作的双重压力，让她的情绪变得异常糟糕。在学校时，她还能忍住，毕竟为人师表，要注意形象；一旦回到家，无论是女儿不乖，还是家里混乱，都能让她大发脾气。那年，X 老师带的学生进入了中考的关键时期，她感觉身体状况不好，结果一检查才发现患上了白血病。

获知自己患上白血病，X 老师最初也像某些人那样万念俱灰，后来看看女儿，再看看来看望自己的学生，她不甘心就这样被疾病打倒，这一生的日子还长，必须好好活下去，而且一定能活下去。从此，她抛开了从前那些不良的心态，开始注意唤醒情绪的正面能量。她不但开始学习太极剑，业余时间练瑜伽，而且采用多种方法管理情绪，病情好转之后就在身体允许的情况下去接触大自然，拥抱大自然。

三年后，X 老师发生了翻天覆地的变化。她不但遇事平静以待，不与人争长短，对周围的人心怀感恩之情，而且尽自己所能做好自

▷ 厉害的人，从来不靠情绪表达自己

己的事情，由此根治了白血病，个人素养也得到了极大的提升，用她的话说就是"修炼了自己"。

所以，当我们面对不良情绪的侵袭时，不妨经常告诉自己"Don't worry, be happy"（高兴点，别烦恼），学着管理好自己的情绪，不借着情绪表达自己，让身心与正向能量联结起来，让正向能量影响自己，让自己变得更加自信和强大。

控制不住情绪，有再大的能力也没用

情绪产生能量，只要我们管理好自己的情绪，就可以让负能量的影响降低，增强正能量的作用。

　　提到世界最佳球员，相当多的人想到的是梅西、C罗或者内马尔，但实际上巴洛特利也是一位天赋异禀的球员。但是为什么到目前为止，梅西不但获得了金球奖，而且其他的奖也拿到手软，反观巴洛特利则不仅与金球奖无缘，且随着光阴的逝去，这个昔日足球场上的神童已经在一次次伤病中退下了神坛。原因就在于此二人对情绪的管理能力不同。

　　如果单论球技，巴洛特利可谓天赋异禀，不过遗憾的是，他脾气火爆，动辄骂娘，说粗话，不能很好地管理情绪。训练时，他曾与队友发生内斗；比赛时，他曾与对手、裁判甚至球迷发生冲突。他的坏脾气为自己招来了球场上对手的报复加飞铲，让自己一次次受伤，最后无奈地退下神坛。

▷ 厉害的人,从来不靠情绪表达自己

反观梅西,则可以被称为"球场上的谦谦君子"。相比巴洛特利恣意地发泄自己的情绪,他更清楚与其任负面情绪肆意扩散,不如很好地管理自己的情绪,将其转化为激情,成为球场上的动力,从而让自己变得更好。当然这种对情绪的管理思维,也让梅西获得了相应的回报,他不但越加自信,而且越加成功。

梅西用自己的经历提醒我们,自信的人,从来不靠情绪表达自己。当一个人能管理好自己的情绪时,就可以让自己的言行优雅起来,让自己的心里充满正能量,继而让情绪中的正能量为其增加无尽的动力,助其获得无数次成功。

为什么这么说呢?因为坏情绪会影响我们的注意力,导致专注度降低,令工作效率大打折扣。

在荷兰的一家医院里,有一名患有精神分裂症的女性患者,她思路不清、病况严重,一直以来都情绪淡漠,住院已超过10年。

医生在她的病历记录中发现,这名患者曾出现过两次情绪高亢的状况,而且均出现在修剪指甲时。

于是医生找来专业人员教她修剪指甲的相关技巧,而她也十分热衷于学习。

没过多久,她就开始替病友修整指甲。此后,她的性格发生了180度转变,没多久就出院了。

出院后，她在家门口开了一家美甲店，结果不到一年的时间就可以自力更生了。

这是心理学家齐克森米哈里在《心流：最佳体验的心理学》一书中提到的一个案例。这个案例说明，当一个人将注意力集中在自己喜欢的一件事情上时，是可以获得疗愈功效的。做喜欢的事情可以让原本趋于混乱的精神能量变得有秩序，让人重拾生活的热情。

情绪能产生能量。当我们能管理好自己的情绪时，我们就可以降低负能量的影响，增强正能量的作用。当正能量产生时，我们会有高度的兴奋感及充实感，会感到内心的纯净，对手中的任务充满自信，进而整个人的精神力可以彻底地投注在某种活动上，专注地从事手中的工作。而在此过程中，大脑的活动会呈现出高效率和高准确性，耗费的能量也较少。

相反，一旦负面情绪导致的负能量控制了我们，我们的专注力就会被分走大半，自然无法做到专注，也就无法收获以上体验。

美国心理学家特瑞斯曼教授也曾指出："不专注时，人们只能对事物的个别特征进行初步加工；而在专注的情况下，则能进行精细加工，并将其整合为一个整体。"也就是说，只有在专注的情况下，我们才能成功地完成手上的任务。

因此可以说，不能很好地管理情绪，有再大的能力也没用。相反，

▷ 厉害的人，从来不靠情绪表达自己

能很好地管理自己的情绪，你就可以迈向成功。

演员杨幂之所以为人们所熟知，不仅因其演的几个角色，也因为她被人们在网络上无数次深扒，从"被离婚"到最终真的离婚，这个曾经被黑得体无完肤的女人，最终却越挫越勇，稳坐当红花旦的位置。

在一次访谈中，她道出了自己成功的真谛：

"我是一个对自己挺狠的人。而'被狠掉'的第一条，是情绪。我早把情绪戒掉了，就是和自己死磕，对自己下命令。

"有一次，有件事让我很生气，我对自己说，给你二十四小时，你必须把这件事压下去。这一天，什么都不做，让自己过去。"

正是由于杨幂在面对无数次的被黑时，能管理好自己的情绪，无数次地告诉自己"杀不死我的只会让我更强大"，她最终获得了成功。

杨幂用自己的行动践行了管理好自己的情绪，你就会提升专注力，你就获得了一半的成功这个道理。

在《人与自然》节目中，我们经常可以看到这样的场景：在一望无际的非洲草原上，一只非洲豹向一群羚羊扑去，羚羊拼命地四散奔逃。非洲豹专注地盯着一只羚羊，穷追不舍。在奔跑追逐的过程中，它始终对那些近在咫尺的惊恐观望的羚羊视而不见，一只又一只地超过它们，矢志不渝地专注于预定的目标。

为什么非洲豹不放弃先前那只羚羊而改追其他离它更近的羚羊呢？因为聪明的非洲豹很清楚，自己已经跑累了，自己的目标也跑累了，而其他的羚羊却蓄势待发。倘若自己在追赶猎物途中改变目标，那么其他羚羊一旦起跑，就会于转瞬之间将疲惫不堪的自己甩到身后，结果会鸡飞蛋打一场空。

所以，它一心一意地追捕原先预定的目标，进而获得了预期的成功。

我最喜欢清代学者王国维关于学习的三个境界的描述：一是志存高远，"昨夜西风凋碧树，独上高楼，望断天涯路"；二是持之以恒，"衣带渐宽终不悔，为伊消得人憔悴"；三是成功境界，"蓦然回首，那人却在灯火阑珊处"。这些话其实均指向"目标专一和持之以恒是成功的必由之路"这一道理。

现实生活中诸多不乏聪明才智，甚至智力超群之人，何以最终却与成功无缘，原因就在于他们管理不好自己的情绪，因此无法养成专注的习惯。他们总是做着一件事却想着另一件事，别人的一句话或一个举动就会让他们的情绪产生波动，进而无法专心做事。他们很容易改变自己的爱好，产生太多的欲望、太多的想法。

这样的结果就是聪明有余，坚持不足，成为聪明的失败者。

▷ 厉害的人，从来不靠情绪表达自己

越专注越自信，越自信越成功，因此不妨学着管理自己的情绪，让自己学会专注于手中的事。当我们专注于学习，专注于做事，专注于自己的本职工作，专注于自己的事业时，我们就会在专注中迎来成功。

好运气不会垂青坏脾气的人

和气处事纷争少,微笑待人朋友多。管理好自己的脾气,福气和运气自然会随之而来。

稻盛和夫曾说:"成功不要无谓的情绪。"因为好运气不会垂青坏脾气的人。

L的上司离职了,他的位置空了下来。L和另一位同事W成为这一职位的竞争对手。无论是工作实力,还是在公司的资历,L都是当仁不让的胜利者,可以说对于此次升迁,她胜券在握。

然而结果却出乎L所料,最终获胜的是W。L百思不得其解,盛怒之下,她找到领导理论,甚至扬言要辞职。

领导委婉地告诉她,她虽然资历最老,业务能力也很强,但公司担心她做部门经理会影响到整个团队的士气。

事实上,因为L进入公司比较早,所以如今她周围的许多同事都是她一手带出来的。不过L为人热心有余,耐心欠佳,情绪管理能力更差,经常发脾气,很容易将个人情绪带到工作中。于是常见

▷ 厉害的人,从来不靠情绪表达自己

的情形是,她在与同事共事时,或是态度冷漠,言行消极,或是言辞激烈,恶言相向。

最初也有人真诚地建议L适时控制点脾气,别好事做尽,却费力不讨好,但是L认为大家凭本事吃饭,何须在意他人的想法。结果越来越多的同事对她敬而远之,表面上与她维持着融洽的关系,私下里却经常表达对她的诸多不满。

趋利避害是人类的本能,谁都不愿意为别人的坏情绪埋单。被L的"情绪失控"伤害的同事,当然不愿意让L这个难相处的人成为自己的顶头上司。

结果自然是L失败,好脾气的W获得成功。

可以说,自身情绪管理能力的欠缺,影响了L的人际交往,阻碍了她事业的上升,最终让好运气远离了她。

梁启超,这位中国近代史上可圈可点的人物,16岁中举,22岁公车上书,23岁执笔《时务报》,"一纸风行海内,观听为之一耸"。他与老师康有为被人们合称"康梁"。他一生匡国济世,笔耕不辍,著书1400多万字,被称为中国近代舆论界之骄子,并称其一杆笔强于十万兵。由这个名号便可以看出梁启超在时人心中的分量。

事实上,梁启超的人气不仅来源于他渊博的学识与成就,还与其管理情绪的能力密不可分。

Part 2　控制不住自己情绪的人，能力再强也无济于事

1922年，梁启超应苏州学术界邀请做了一场演讲。在演讲开始时，他首先为自己的种种情况做出解释说明，并请求大家的谅解。

他说自己虽在南京讲学，但"在南京是天天有功课的，不能分身前来"，还说："但有一件事还要请诸君原谅：因为我一个月以来，都带着些病，勉强支持，今天不能做很长的演讲，恐怕有负诸君的期望哩。"

从这件事中可以看出梁启超的修养之高，脾气之好。而这或许也是他能博得中国近代史上的许多重量级人物的喜爱，与中国近代史上各种思潮、各种政治派别都有密切的接触的原因。

一个人要想脾气好，前提就是要管理好自己的情绪。

好脾气是社交中个人的品牌，如同每个人穿衣戴帽的品位一样。一个人只要脾气好，人缘肯定差不了。

在恋爱中，一个好脾气的人能包容对方的小毛病，能在对方失意时给予鼓励而不是打击，能在对方哭泣时递上纸巾而不是恶语，于是双方的爱意会越来越浓烈，进而收获一份完美的爱情。

在家庭中，一个好脾气的人不会动辄因小事而发怒，会在遇到事情时，首先想到家和万事兴，家庭是每个人情感的港湾，于是会选择主动低头承认错误，从而不伤害夫妻双方的感情，使得婚姻更加美满幸福。

▷ 厉害的人，从来不靠情绪表达自己

　　在工作中，一个好脾气的人能承受得起流言蜚语，因为他知道发脾气无益于事情的解决，与其发脾气让事情变得更糟，不如冷静下来想办法解决问题。因此他能以平和的态度对待工作中的变故，沉着冷静地处理问题；他能包容同事的非原则性问题，能审时度势，科学地处理问题，从而获得他人的认可，取得事业的成功。

　　遇到事，先管理好情绪，再解决事情。如果连情绪都管理不好，即便给你整个世界，你早晚也会毁掉这一切。

　　正所谓，和气处事纷争少，微笑待人朋友多。管理好自己的脾气，福气和运气自然会随之而来。

你的失控,对手的成功

控制不住自己情绪的人,能力再大也无济于事,最终只会伤人伤己。

许多时候,我们之所以失败,不是能力不足,而是我们为自己埋下了"情绪雷"。

三国时期,面对董卓的迫害,原本在洛阳为官的曹嵩——曹操之父,跑到山东避难。曹操做了兖州牧以后,就派人去接自己的父亲来和自己同住。于是曹嵩带着四十多名家人,百余车宝贝,浩浩荡荡地去投奔儿子。途经徐州时,徐州太守陶谦出于结交曹操的目的,不但出境迎接曹嵩,而且款待对方两天后,还派部下张闿护送曹嵩一家。

尽管陶谦此举极有远见,然而禁不住手下扯后腿。张闿看到曹家的财物后,见财起意,在一个雨夜,杀了曹嵩全家,抢了全部宝贝后跑到淮南落草为寇。

消息传到曹操那里,他先是痛哭一场,继之发誓要斩杀陶谦,洗荡徐州。他集结了自己手下的全部兵力,亲率大军奔徐州而来。

▷ 厉害的人,从来不靠情绪表达自己

陶谦惊闻消息,强拖病体,请北海相孔融、青州刺史田楷前来相救。孔融请刘备同去救陶谦,刘备遂带领数千人马奔赴徐州。于是出现了下面这样一幕:

东汉初平四年(193)的初秋时节,在徐州城外,曹操的部将于禁率领几千人与前来救援的刘备的军队对峙。从三个方向涌来的几千人的骑兵部队,正在进攻一大片围城的连营,而围城的部队则像潮水一样从三面往上涌,阻击攻击部队。在战场的核心地带,有两员大将正在厮杀,一个是张飞,一个是于禁。张飞是刘备的结义二弟,是来救徐州之危的部队的先锋,于禁是曹操手下的大将,是攻打徐州的曹部的先锋。此时,刘备亲率部队也从后边赶上来。于禁挡不住两路大军,无奈败退而走。

张飞和刘备两路人马一路砍杀,冲到了徐州城下。城上一直在观望情况的徐州刺史陶谦大喜过望,赶紧打开城门,迎接援军进城。

这就是三国争战历史上著名的徐州之战。此次大战是刘备集团和曹操集团的首次捉对厮杀。

这一战于曹操而言,是他情绪失控之下的冲动之举。曹操在仇恨的驱使下,做事不冷静,而且纵容士兵对徐州进行烧杀抢掠。也是因为如此,曹操招致了相当多的贬斥之言,对其形象造成极其恶劣的影响,甚至影响了他后来事业的发展。

Part 2　控制不住自己情绪的人，能力再强也无济于事

相对曹操而言，刘备却因这一战得以与陶谦相交，获得小沛这一容身之地，日后更是在陶谦的请求下，成为徐州牧，让刘氏集团一步步发展壮大起来。

这一历史事件告诉我们，曹操不是没有能力，而且与刘备相比，他可谓实力雄厚。但他失控的情绪为刘备送去了极好的机会，在成就了对方的同时，也削弱了自己。

所以，控制不住自己情绪的人，其实能力再大也无济于事，最终只会伤人伤己。

不只曹操，我们每个人几乎都有过因一时冲动而事后无限懊悔的经历。究竟我们为何会如此轻易地丧失理性？

研究表明，造成我们情绪失控的罪魁祸首就是我们大脑中的杏仁核。

杏仁核是边缘系统的一部分，是产生情绪、识别情绪和调节情绪，控制学习和记忆的脑部组织。在人的脑部构造中，杏仁核的设计有点像110报警中心，一旦接收到外来的感觉信息，便会从过往的经验中寻找任何不利的证据。

神经科学研究认为，眼、耳、鼻等感官在接收到信息后，会将其传达到丘脑，再传送到新皮质的感觉处理区，整理成为我们对事物的观感。经过这一处理，脑部得以认知外物的内容与意义。最后

新皮质将信息传送给边缘系统，决定采用适当的反应后通告脑部其他区及全身。这是人脑接受与反馈信息的一般运作情况。

位于边缘系统中的杏仁核就如同一个心理哨兵，依据其内存的信息，对收到的信息加以质问。只要找到近似肯定的答案，杏仁核便立刻加以反制，点燃神经引信，通告脑部各区危机来临。可以说，杏仁核的反应是在新皮质尚未全然察觉之前就可以做出的。

人不可能永远处在好情绪之中，生活中既然有挫折、有烦恼，就会有消极的情绪。如果一个人遭到别人的否定，立刻陷入一种恐惧或愤怒的情绪之中，杏仁核就会将这一警讯传给脑部各主要的部位，快速搜索与否定人相关的人或物，随之将这一信息传达给大脑的各部分，进而促使人将愤怒情绪发泄在与之相关的人或物上。这就是我们情绪失控的原因。

这种因杏仁核的影响而产生的情绪失控行为，是相当可怕的，容易给当事人和其周围人造成极大的影响和伤害。相反，倘若一个人能管理好自己的情绪，就不会让消极情绪给杏仁核传达过多的负面信息，自己就可以调节和控制情绪，避免不良后果的发生。这样一来，不但体现了我们的情绪管理能力，而且表现了我们的修养和素质。

医疗纪录片《人间世》的第一集记录了这样一个小故事：

一个年仅24岁的小伙子，因为在庆祝生日时食用了过多的海鲜，导致海鲜中毒,上消化道出血。虽然医生为其输入了足够多的血液,然而经过48小时的抢救后,他最终还是撒手人寰。

纪录片中有一个细节相当感人,因为天气太冷,血袋从血库取出后,在场的医护人员不得不轮流用双手和胸口来温暖那一袋袋血液。可以说,尽管最后抢救失败了,但所有医护人员都尽了自己最大的努力。

几个月后的中秋节,病人家属给主治医生发来了一条感谢的短信,短信中写道:"临床上会发生各种意外,现实总是很残酷,现在患者已经入土为安了,相信一切都会好起来的,感谢你们当时的救治,祝愿ICU的所有医护人员身体健康,中秋节快乐。"

主治医生为此感慨万分,声称自己几乎每天都要给病人做手术,经常会收到痊愈者家属发来的感谢信息,却极少遇到病人没救治过来还对他说感谢的情况。这条信息温暖了他好久,也让他确定这一家人是极富教养的。

可见,生离死别的时刻,最能看出人的情绪管理能力,也最能看出人的素质。

一个人心情舒畅的时候,好好说话并不难,难的是,当你情绪不好,沮丧甚至绝望的时候,依然可以管理好自己的情绪,能与他人心平气和地对话。而能做到这一点的人,诚如拿破仑所说,"比

▷ 厉害的人，从来不靠情绪表达自己

能拿下一座城池的将军更伟大"。

三国演义中的张飞，之所以没能像其结义兄弟关羽一样战死，而是死在两个下属手里，原因就在于他没能管理好自己的情绪。所以与其说他是死在下属手里，不如说他是死在自己的情绪手里。

当初，张飞听到二哥关羽被害，马上抑制不住哀伤，血泪沾襟。此后，他的脾气变得异常暴躁，动辄借酒醉鞭打士兵，要求他们日夜赶造兵器，想马上为义兄报仇。正是由于他的这种情绪失控行为，激起了部下范疆与张达的反抗，最终在一次醉酒后被杀死在军营里。

这个当初能于长坂坡前凭一声吼吓得敌人肝胆俱裂的英雄，最后却因为情绪问题黯然离开历史舞台。

在英语中，行动为"motion"，情绪为"emotion"，由此可见二者之间关系的亲密。因此，要想管理好自己的行动，就要管理好自己的情绪。

你一时的冲动，失去的是幸福

情绪化的人，伤害的不只是自己，还会在家人的心灵上刻下无法抹去的伤痕。

一家老幼四口去北京八达岭野生动物园自驾游玩，车辆行驶至猛兽区的东北虎园时，夫妻二人在车内发生口角，妻子突然下车去拽正在开车的丈夫一侧的车门，结果被蹿出来的老虎叼走。看到女儿被叼走，母亲立刻下车营救，结果被另外一只老虎当场咬死并拖走。

尽管园区管理人员及时赶到，将重伤的妻子解救下来，并立即送往医院救治。然而挚爱女儿的母亲却惨烈地命丧虎口，这已是无法挽回的事实！

是什么造成了这一悲剧的发生？还是情绪。

事后调查得知，早在进入园区之前，他们都已被明确告知不能中途下车，并与园方就此签订了安全协议。而那位妻子之所以会在猛虎区下车，把自己完全暴露在虎口之下，就是因为受到与丈夫争

▷ 厉害的人,从来不靠情绪表达自己

吵所诱发的激动情绪的驱使。

这一事实除了证明"冲动是魔鬼"这个著名论断以外,也告诉我们,你一时的冲动,失去的是幸福。

未婚姐妹淘相聚,话题必定要围绕自己的恋情展开。上周末,L姐约了几个姐妹淘到咖啡厅喝下午茶。好姐妹M比预定时间晚了一个小时才愁眉苦脸地出现在大伙儿面前。

在大家关心的询问下,M解释自己在临出门前因为一句话,和男友发了火。她叹着气说:"唉,我不知道怎么回事儿,每次都那么冲动。"

随后,M列举了自己与男友相处时的冲动之举:

"就像上次因为他沉迷于网络游戏,总是守着iPad不停歇地看,吃饭也要把iPad拿到饭桌上,我就很生气,直接把iPad拿走关了。结果他生气不吃饭,我顿时火气更大了,干脆将iPad摔到地上。为这事,我们两人冷战了半个多月。"

姐妹们纷纷数落M不该这么凶,M也说:"那件事的确伤了他的心,我知道自己也挺过分。后来我们之间虽然和好了,但总好像差了点儿什么。现在想来,我都不知道多后悔。"

"后来,他虽然不再在饭桌旁玩游戏了,但我发现他好像也不太愿意和我聊天了。前两天,我正忙着和L姐在微信上聊天,他叫了我好几声,我没听到。他很生气,走到我身边说我不尊重他。我觉得他矫情,不由得呲儿了他几句,结果他生气地转身就走了。"

L姐听到这儿,对M说:"你呀,得好好管管自己的脾气,不要因为一时的脾气,失去到手的幸福。"

没想到,L姐一语成谶。这次姐妹淘聚会后不久,M在与男友的一次争执中,冲动地喊出:"不行就分手!"而男朋友从此离去再不复返。

后来姐妹们再聚首,提到这件事,又谈了几个男友均不合心意的M总是感叹地提到从前的男友如何包容自己,自己那时真是鬼迷了心窍,没能惜取眼前人啊!

一时的情绪冲动,除了影响夫妻关系、男女恋情,还会影响亲子关系,对孩子的成长造成负面影响。

初中生小男的父亲脾气暴躁、易怒,带给小男和他母亲很大的伤害。

小男是在父母的争吵和暴力相向里长大的,他和他母亲经常遭受他父亲的家暴。即便小男上了初中,他还时不时地被父亲拳脚相加。

一次父母吵架的时候,他的父亲用力将家里的暖水瓶砸向地板,结果柚木地板上被砸出一个大坑。

▷ 厉害的人，从来不靠情绪表达自己

小男上八年级的时候，小男的母亲忍无可忍，坚持要和他的父亲离婚。最初，他的父亲答应以后一定好好的，结果没几天又反悔了，一会儿恶狠狠地威胁他的母亲，一会儿声泪俱下地四处找人控诉他的母亲。

在这样的压力下，小男的母亲几乎崩溃，有一次差点要跳楼自杀。

小男一方面希望母亲能离婚脱离苦海，一方面又担心做事冲动的父亲承受不了这种打击，做出不可挽回的傻事。

于是从八年级开始，这个原来就郁郁寡欢的男孩，变得更加沉默和忧伤，最终患上轻度抑郁症。

现代医学研究发现，人类65% ~ 90%的疾病与心理压力有关，如果人整天焦躁不安、发怒、紧张等，就会令压力激素水平长时间居高不下，人的免疫系统将受到抑制和摧毁，心血管系统也会由于长期过劳而变得格外脆弱。

倘若一个人不能管理好自己的情绪，随意对家人发怒，就会给家人造成巨大的压力，从而引发自己或家人心理和生理上的疾病。

因此，情绪化的人，伤害的不只是自己，还会在家人的心灵上刻下无法抹去的伤痕。而这种伤痕会随着岁月的流逝，变得越来越深，甚至会一代一代影响下去，造成无可挽回的后果。

一味地抱怨失去的是机会

遇到困难时不抱怨，能以乐观的心态面对，处理好负面情绪，调动起正面情绪的力量，那么纵然身处逆境，也必定会成功逆袭。

2017年3月，马云在马来西亚发表了名为《我的一生就是分享经历的失败和坚信的理想》的演讲，他讲道：

"我发现那些总是乐观的人，他们总是看到更光明的未来，他们甚至不会抱怨。因为当人们抱怨的时候，他们正在失去机会，并且被抱怨遮挡了思想。

"所以我从中学到了，机会何时出现？当世界充满了抱怨的人，那么这个世界处处都是机会。你可以解决人们抱怨的问题，那是个很好的机会。而且我发现这些年我遇到的很多高中、大学时的朋友，都总是在抱怨。"

马云要告诉我们的是，一味地抱怨的人失去的是机会。因为他们让日子在抱怨中一天天过去，他们欠生活一份努力。

▷ 厉害的人,从来不靠情绪表达自己

然而在现实生活中,相当多的人在遇到不顺心的事情时,总是以抱怨来发泄不满情绪,用抱怨来对抗现实矛盾,并让它成为自己的生活习惯。

然而事实证明,一味地抱怨不但不能解决问题,反而会让我们失去更多。既然如此,为何还有那么多的人喜欢抱怨呢?

事实上,每个爱抱怨的人的内心都躲着一个小小的"我"。这个小小的"我"渴望变得强大,渴望获得他人关注,但对自我改变和人际关系的改变却无能为力,于是他们就借助抱怨,在指责和抱怨中获得成就感,提升自己的存在感。

A和几个朋友去一个不错的餐厅吃饭。大家兴致勃勃地点完菜,就聊了起来。结果聊了40分钟,菜还没有上来。A开始大发脾气:"你们太过分了,居然不给我们上菜,别人来得晚的都已经吃上了!"此时,他内心的"我"开始起作用了。随着他的抱怨,周围的人或赞同他的看法,指责商家,或安慰他,不要为小事生气。

实际上,得到他人的肯定和呼应,正是A的"我"需要的。如果"我"没有起作用,在正常情况下,A应该说:"服务员,我们的菜到现在还没上来,你能帮看看是怎么回事吗?谢谢你!"

用心理学来解读那些爱抱怨的人,其内心的"我"就是借助抱怨表达了一种关系诉求,他们对关系的质量越是感觉不满足,就会越多地抱怨别人,其目的就是获得关系上的重视和理解。

不妨试着看一看我们的身边,那些喜欢抱怨的人并非在所有人面前抱怨,他们的抱怨更多的是在自己所喜欢、所信任、所依恋的人面前进行的。研究表明,在婚恋关系中、亲密关系中,包括好朋友之间,抱怨的行为比较高发。

然而,这是否代表越抱怨关系就越亲近呢?

其实不然。

我们每个人都当过别人负面情绪的容器,自己也对别人抱怨过,因此我们能清楚地感知到,抱怨所表达的那种负面情绪所带来的不愉悦的感受。在某些情况下,爱抱怨的人会让人难以忍受,甚至他们也因此失去了和他人沟通的机会。

相反,遇到困难时能以乐观的心态面对,将负面情绪处理好,调动起正面情绪的力量,而不是抱怨的人,纵然身处逆境,也必定会成功逆袭。美国电影《当幸福来敲门》的故事就说明了这个道理。

黑人克里斯和5岁的儿子克里斯托夫相依为命。纵然账户里只剩下21块钱,纵然因没钱付房租被撵出了公寓,已经走到了绝望的边缘,面对儿子纯真的双眸,这个潦倒的父亲依旧以乐观而非抱怨的态度教育儿子。电影中有这样经典的一幕:无处安身时,克里斯

▷ 厉害的人，从来不靠情绪表达自己

就与儿子以玩游戏的方式，寻找安身之所。

最终，父子二人在想象中的恐龙的追杀下，逃到了一个山洞（男厕所）里过夜。

正是因为有着这样不抱怨的心态，这样处理负面情绪的能力，克里斯咬牙坚持着并竭力改变现状，最终等来了幸福的敲门。

所以幸福根本不会自己来敲门，美好也不会在抱怨中产生。

当问题来临时，正视它，接受它，改变它，如此才能给自己一个直面现实、解决问题的机会。最终不抱怨的心态会让我们发挥更大的力量，获得成功。

澳大利亚的约翰·库缇斯天生没有下肢，但他却是1994年澳大利亚残疾人网球赛的冠军，游泳健将，会用两只手开汽车，而且靠双掌走遍了世界上190多个国家和地区，成为"世界上最著名的残疾人演讲大师"。

约翰·库缇斯在讲到自己的人生经历时，谈到自己之所以可以活成现在这种状态，就是由于不让负面情绪充满自己的内心，更不让抱怨引发的沮丧之情，淹灭内心的激情。

库缇斯从来不抱怨，面对上天的不公、人生的不幸，他做的唯一的事情就是去面对，去接受，然后再想如何改变。

库缇斯有一句著名的言论："如果你能穿拖鞋的话，你是幸运的，你是没资格抱怨的！不是每个人都能够穿拖鞋的。"

所以，只有摆脱抱怨的束缚，才能不断增强自信心，进而获得更多改变的机会，从而改变自己的命运！

Part 3

情绪占据支配地位时,
智力可能毫无意义

人非草木，孰能无情？任何事物都会在人的心底引起一定的情感反应，当外界事物强烈地影响人的情感时，人的反应就会越来越强烈，最后达到极限。王小波告诉我们，"人一切的痛苦，本质上都是对自己无能的愤怒"。因此，内心强大的人，不会因外界影响丧失自我，动辄愤怒，而是会遵循自己的内心，管理好自己的情绪，让自己走得更远。

Part 3　情绪占据支配地位时，智力可能毫无意义

理智要回笼，情绪要管理

愤怒这一情绪倘若不加以管理，就会因为怒气攻心而失去理智，做出事后悔不当初的事情。

俗话说，远亲不如近邻。乡里乡亲本应该互帮互助，可是有人却因为琐碎小事大打出手。

2018年11月20日，衡水故城县一朱姓男子倒在血泊中。经查，朱某是被同村的高某打伤的。此二人平时就因为一些家常琐事而积怨甚深，谁也看不上谁。事发当天，朱某家的狗向高某狂吠几声，于是高某追至其家要用顶门棍打狗。正所谓"打狗要看主人"，朱某看到手持顶门棍的高某，打算上前理论。没想到，看到出来的朱某，高某气不打一处来，认为有其主必有其狗。新仇旧恨涌上心头，血气上涌，高某挥起顶门棍打向朱某，将其打倒。

上述事例中，当事人竟然因为一条狗的吠叫就丧失理智，对他人大打出手。细究事件背后的原因，其实全是愤怒这一情绪惹的祸。

人非草木，孰能无情？任何事物都会在人的心底引起一定的情

▷ 厉害的人,从来不靠情绪表达自己

感反应,当外界事物强烈地影响人的情感时,人的反应就会越来越强烈,最后达到极限,以某种形式发泄出来。愤怒就是这样的一种情绪。

作为七情六欲之一的怒,带给人的绝不是什么愉悦和美的享受,它令人面貌丑陋,伤身,伤人,伤情。为此,梁实秋先生说:"一个人发怒的时候,最难看。"

事实难道不是如此?

盘点一下描写发怒的成语:怒发冲冠、金刚怒目、怒火中烧、气急败坏、勃然大怒、雷霆之怒、瞋目切齿、疾言厉色、暴跳如雷、咬牙切齿……哪一个会让我们产生美感?

总之,一个人发起怒来,必定脸红脖子粗,那绝对有损形象。

不仅如此,怒这一情绪还会令人做出一些不理智的事情。正所谓,人们一愤怒,上帝就发笑;上帝一发笑,人就很难平心静气地思考。所以老祖宗才留下俗语:"火从心头起,怒向胆边生。"意即盛怒之下,理智皆无,为了发泄心中一时的气愤,于是做出不可思议的傻事,进而酿成不可挽回的大错。这也是为什么几乎所有人都会在怒气冲天之后为自己所做的事情懊悔不迭。

一次,成吉思汗带着一帮人和心爱的鹰出去打猎,结果到了中午仍一无所获。心有不甘的他就一个人带着皮袋、弓箭和心爱的飞

Part 3 情绪占据支配地位时,智力可能毫无意义

鹰,继续上山,希望有所收获。

他顶着烈日走了好久,并未发现什么猎物,却越来越渴。终于来到了一个山谷,他发现有水从上面一滴一滴地缓缓滴下。大喜之后,他忙从皮袋里取出杯子,耐心地接那一滴一滴滴下来的水。

眼看杯里的水快满了,成吉思汗正打算送到嘴边喝,一股疾风刮过,杯子从他的手里被打落。到口边的水被弄洒,这让成吉思汗又急又怒。他寻找罪魁祸首,发现是自己的爱鹰。打不得,骂不得,他只好低声诅咒一声,捡起杯子重新接水喝。

当水又一次快满时,又一股疾风刮过,水杯再次被弄翻。成吉思汗原来打猎一无所获积存的怒气,被激发出来。怒气上涌之际,成吉思汗顿生报复心。当他第三次将水杯接到七八分满,猎鹰再次袭来时,成吉思汗迅速拿出尖刀,把鹰杀死了。

因为杀鹰时杯子被打落,掉入了山谷,为了能喝上水,成吉思汗就用力向山上爬。到达山顶,他发现那里果然有一个蓄水的池塘。他正要俯身喝个痛快,猛然发现池边有一条大毒蛇的尸体。此时他才恍然大悟,爱鹰之所以数次打翻杯子,是为了救他的命。

愧悔交加的心情充斥在成吉思汗的心中,他深刻地感受到了冲动是魔鬼的道理。

愤怒这一情绪倘若不加以管理,就会让人因为怒气攻心而失去

▷ 厉害的人，从来不靠情绪表达自己

理智，做出事后悔不当初的事情。因此明朝的陈于陛曾说："天下有不如意事，不当忿激与争。"

在现实生活中，一些人常会因为鸡毛蒜皮的小事而被情绪牵着鼻子走，结果影响了自己的心情，伤害了周围的人。

因此，要想不做出令自己悔不当初的事情，就要学会管理自己的情绪。

对于一些易怒的人，笔者建议，不但要将"制怒"二字挂在心上，甚至可以将这两个字贴在墙上当作自己的座右铭。

一个人之所以发怒，原因有很多，其中很重要的一个原因应该是受到屈辱。人生来都好面子，为荣誉而发怒经常被看作合情合理。然而就算此种情况，倘若缺乏理智，仅为宣泄情绪而发怒，其结果往往不但不能解决问题，甚至可能自取其辱。

切记：只有管理好情绪，不动辄发怒，才能成就最好的自己。

记得曾在网上看见过这样一句话：

"头等人，有本事，没脾气；二等人，有本事，有脾气；末等人，没本事，大脾气。"

对此，我深深慨叹概括得巧妙。虽然用这一标准对人进行分类或许并不准确。不过其中所说的道理却没错：一个人的脾气，永远不要大于自己的能力。

Part 3　情绪占据支配地位时，智力可能毫无意义

我们观察周围的人会发现，办公室里脾气最大的人，往往是单位里混得最差的员工。这种人不努力工作，只知道怨天尤人，即便是一件小事，也可能让他们大发雷霆，愤懑万分。

一个家庭中，不管是丈夫还是妻子，倘若在家庭中经常发脾气，那么他（她）往往工作或生活得并不开心，做事不顺利，所以才将一腔怨气发向最亲的人。

相反，凡是成大器的人，我们几乎看不出他们的脾气。这些人有担当，有胸襟，细心又专业，果断又浪漫。

是他们没脾气吗？非也，是他们从不把脾气当作武器，或发泄自己情绪的渠道。

王小波说："人一切的痛苦，本质上都是对自己无能的愤怒。"内心强大的人，不会因外界丧失自我，动辄愤怒，他会遵循自己的内心，管理好自己的情绪，让自己走得更远。

▷ 厉害的人，从来不靠情绪表达自己

日子过的是心情，千万要放下坏情绪

人活在世，生活中不可能处处是阳光，身边也不可能时时有花香。如果想过得幸福、快乐，就要清楚日子过的是心情，千万要放下坏情绪。

那年去西藏玩，住在藏民卓玛老人家中。卓玛老人七十多岁了，身体却棒得让年轻人嫉妒。老人家徒四壁，被子千补百衲，锅也豁了牙子。就是住在这样的一个破屋子里，过着如此寒酸的生活，老人的脸上却溢满了笑容。

当得知我们一行人来自繁华的都市，老人热情地要为我们带路。上山的一路上，卓玛老人像个孩子一样，笑声不断，给我们讲了许多山间趣事。

中午，我们邀请老人共进午餐，老人吃着我们准备的肉罐头，不断地夸着味道不错，却丝毫没有艳羡之情。饭罢，我们到林间游玩，回来时发现老人佝偻着身子在阳光的照耀下，睡在一片草丛间，那么随遇而安，那么安然若素。

Part 3　情绪占据支配地位时，智力可能毫无意义

望着老人那安适的睡容，我不由得想到了"日子过的就是心情"这句话。就物质生活而言，老人的生活或许比不上都市人，但就心情而言，都市人未必能比得上老人。

生活在繁华都市的人们，享受着最为现代化的生活，却深受不良情绪的困扰，由此引发了诸多身心方面的问题。

一位生理学家曾做过一个实验：把一支玻璃管插在放有正好是零摄氏度的冰水混合物的容器里，然后收集人们在不同情绪状态下的"气水"，描绘出了人生气的"心理地图"。实验发现，将人在生气时呼出的"气水"注射到大白鼠身上，大白鼠几分钟后就会死亡。

由此可知，人生气时的生理反应十分强烈，分泌物比任何时候都复杂，且更具毒性。因此，那些经常处于负面情绪之中，尤其是爱生气的人，很难健康，更难长寿！

M大学毕业后，来到上海工作。工作单位在外滩。由于附近没有适合的房子可住，他只好租住在宝山一个犄角旮旯的地方，每天用将近2个小时在住处和公司之间奔波。

每天早上，M从挤进人潮汹涌的地铁站的那一刻开始，心情就开始一点一点变得糟糕。早高峰，地铁进出口处人挨着人，人推搡着人，上下地铁，拥挤不堪，一旦不努力挤就可能错过一趟地铁或者下错站，进而浪费了时间。

▷ 厉害的人，从来不靠情绪表达自己

于M而言，这将近2个小时的路程，让他的情绪糟糕到了极点。每天早上抵达办公室，M感觉自己就好像打了一场架，还没开始工作便已经筋疲力尽。下班回家的路程也是如此。尽管工作并没有那么艰辛，但他每天却被自己的情绪搞得疲惫不堪。

这种恶劣的情绪让M在半年后患上了神经衰弱、轻度抑郁。最终他不得不选择离开上海，回到家乡休养。

为了治好抑郁症，M开始学习心理学的相关知识，终于了解到情绪这个概念，认识到情绪与人的身体健康之间的关系，明白了不良情绪是一种自我损耗。当我们因为外界的不良影响而引发负面情绪时，我们体内的压力荷尔蒙皮质醇水平就会升高。而这种激素会关闭思维的很大一部分功能，激活冲突与防御机制。在这种战斗或是逃跑模式下，个人的直觉对现实感知的糟糕程度就会被夸大。由于皮质醇的分泌会持续一段时间，一个人如果没有任何意识提醒自己需要走出这样的情绪处境，就会受困其中，反复感受被夸大和不断膨胀的负面情绪，最终每天困在"生气—累—再生气—继续累—继续生气—莫名其妙生气—莫名其妙总是很累"的死循环中，找不到出口。

一个人，每天的精力值都有一个总量，负面情绪的波动越大，对其精力损耗就越大，这个人剩余的可用精力就越少。因此，为了

Part 3　情绪占据支配地位时，智力可能毫无意义 ◁

避免在情感精力这一个维度损耗过多的精力指数，我们应该有意识地关注自己的状态，检查自己是否条件反射地莫名就陷入了负面情绪之中，并且要尽量寻找将自己解放出来的方式。

要做到这一点，我们必须清楚地认识到，人身体之病痛，自己难医；人心情之病痛，必须自己医，良药妙方只有一个：时刻保持良好、积极、快乐、健康的心态！想开了幸福，想不开就痛苦。

为此，我们要管理好自己的情绪，不要让坏情绪控制自己。

我们要脱离坏情绪的控制，就要认识到，人活在世，生活中不可能处处是阳光，身边也不可能时时有花香。如果想过得幸福、快乐，就要清楚日子过的是心情，千万要放下坏情绪。

像卓玛老人那样物质生活虽然贫乏的人们，之所以能活在快乐之中，活得自由自在，就在于他们深谙此理。

▷ 厉害的人,从来不靠情绪表达自己

职场要成功,情绪要管理

真正让我们落后于别人的,并非颜值,也非学历,而是一个人的情绪管理能力。

所谓"三十而立,四十不惑",人过四十,所谓不惑,就是看明白了许多事情,清楚了引发自己情绪问题的原因在于自己对事情的看法,进而学会了管理情绪。

管理好情绪,对于职场中的人而言,是成功的重要前提。

因为工作的原因,我认识了许多职场成功人士。在聊到他们是如何取得如此大的成就时,我发现他们共有的一项能力就是情绪管理能力。这一能力是他们成功的重要前提。

不到三十岁的Julia现在已经是某大型外资企业的部门主管,手下有十多个人,而且这些人的平均年龄要比Julia大。

相当多的人对于Julia竟然能管理平均年龄比自己大、资历比自己老的员工,深感不可思议。而Julia回忆自己从事管理工作以来的历程,感受最深的就是,作为管理者,只要管理好自己的情绪,

Part 3　情绪占据支配地位时，智力可能毫无意义

就可以管理好部门。

在任部门主管前，Julia是公司连续几年的销售冠军，绝对是个做业务的能手。她最大的优势是擅长与人沟通，人际关系特别好，就连部门最难相处的业务员老秦也与她关系融洽。

作为一名业务部门的主管，要面对的事情很多，其中最重要的是帮助下属处理好情绪问题。Julia刚上任的时候，公司正实行"末位淘汰制"，公司上下人人自危，每个人的情绪都不好。在巨大的压力之下，部门员工对Julia传达的话置若罔闻，导致很多工作根本进行不下去。

面对这种困境，Julia的心情也很糟糕，但她意识到发脾气不能帮助自己解决问题，于是她先调整好自己的情绪，然后分析大家情绪的根源，结合本部门的现状和公司的发展要求，制订了本部门的工作计划，并向公司高层提出了自己的想法。

她一方面与公司高层斡旋，提出更科学地调动员工积极性的方法，一方面寻求在现有的规章制度下，疏导团队成员的情绪，想办法激励他们的工作热情，帮助他们树立信心。

由于她没有自怨自艾，抱怨自己生不逢时，而是努力寻找办法，鼓励大家一起努力，最终她的努力和热情改变了部门的现状，也得到了公司高层的认可。

▷ 厉害的人，从来不靠情绪表达自己

年底的时候，Julia领导的部门不但超额完成任务，而且团队的凝聚力也空前提升。

Julia的成功，首先要归功于她出色的情绪管理能力，这让她不但能管理好自己，也能管理好下属，进而获得成功。

相反，管理不好自己的情绪的人，更无法帮助他人管理情绪，最终在职场不断遭遇滑铁卢。

小丽进入职场已经近两年了，但她总是高不成，低不就，连续换了好几份工作，还是一事无成。

进入第一家公司工作时，她经常抱怨连天，动不动就说公司领导过于要求完美，脾气不好，动辄骂人。自己是来工作的，不是来挨骂的。结果在一次领导又因为她工作失误发脾气时，她一气之下辞了职。

随后没多久，她到了另一家公司工作。

新公司环境好，领导也宽容，但小丽干了没多久，又开始抱怨，声称公司领导的确不大发火，但公司业绩却连连下滑，领导每天不务正业，不是喝酒就是应酬，导致很多有能力的员工都自谋出路。

半年后，小丽又加入了找工作的大军。

小丽的身上集中体现了相当多的职场人士的特点。他们对上司和同事有着诸多的要求，一旦这些人不合他们的意，他们就会产生严重的情绪问题。每天让坏情绪充斥于自己的内心，影响了工作，影响了周围的人，也影响了自己的工作积极性。

这种坏情绪导致他们不断跳槽，想寻求让自己最满意的工作。但他们不清楚的是，没有一个公司是完美的。他们对每一份工作都不满意，固然与用人单位的管理有关，但最重要的是他们没有调整好自己的心态，产生了诸多的情绪问题，在工作中，受到不良情绪的影响，进而做出了不理智的选择。

事实上，在职场上，拉开成功者与失败者差距的，就是情绪管理能力。

真正让我们落后于别人的，并非颜值，也非学历，而是一个人的情绪管理能力。

一家餐厅里，正值就餐高峰，服务员都在紧张地忙碌着。突然，一间包房里传出争吵声。

原来最初上的两道菜顾客都快吃完了，其余的菜还没上来。在多次催促无果后，顾客忍不住发起脾气，声称没上的菜不要了，准备结账走人。服务员则说后厨已经在做的菜不能退。结果双方一个要走，一个不让，吵了起来。

包房里的争吵，引得食客们频频回首张望，影响实在不好。

一个年轻的领班快步走来，先对没能及时上菜向顾客连连道歉，请对方多多理解，并保证以最快的速度上菜，随后轻声安慰服务员，让他马上去后厨催菜，确保以最快的速度上菜。

几秒钟之间，顾客的情绪平息下来，菜也很快送上来，一切变得井井有条。

同样的问题，不同的人采用了不同的处理方式，虽只是一个细节，却值得圈点。为什么相同的年龄，一个成了主管，一个却只是普通的工作人员？除了机遇的问题，能力的差距不容忽视。而决定这个差距的，或许就是一个人的情绪管理能力。

因此，职场要成功，情绪管理是前提。

自带"灭火器",千万不要乱发脾气

生而为人,就该有一颗积极向上的心,无论何时,都不应该有过多的抱怨,要以一颗包容的心,站在别人的角度去理解别人。

禅宗中有这样一个故事:

一个妇人一遇到不顺心的事就向邻居、朋友发脾气,时间一长,她和邻居、朋友的关系搞得很僵。为此,她终日闷闷不乐。

一天,她将自己的苦闷向好友道出,好友听后建议她去问庙里的老禅师,或许这位得道高僧可以帮她解决这个问题。

这天,她早早地来到寺庙,问老禅师:"大师,我为什么总也管不住脾气呢?"

老禅师笑而不答,将她带到一个小柴房的门口,请她进去。妇人很奇怪,不知道老禅师葫芦里卖的什么药,硬着头皮走进了柴房。

没想到,老禅师迅速把门锁上,转身离去。

妇人顿时气不打一处来,不由得破口大骂:"死和尚,干吗把

▷ 厉害的人，从来不靠情绪表达自己

我关在里面哪？快放我出去……"

结果无论她骂什么，老禅师都不理不睬。妇人骂了好一会儿，见没人理她，于是变骂为求。结果她哀求了半天，老禅师仍置若罔闻。

软硬都无效，妇人不得不沉默下来。见此情景，老禅师来到门外，问她："你现在还生气吗？"

妇人没精打采地说："我现在只生自己的气，我何苦到这鬼地方来自找苦吃。"

"一个连自己都无法原谅的人怎么可能原谅他人呢？"老禅师拂袖而去。

转眼到了中午，老禅师又来问她："还生气吗？"

"不生气了。"妇人回答说。

"为什么呢？"

"气也没用啊。"

"你的心中还有气，如果爆发仍会剧烈。"老禅师说完又离开了。

傍晚，老禅师第三次来到门前，没等他问，妇人马上说："我现在不生气了，原因是不值得气了。"

"你现在想的是值不值得生气，看来你的心中仍有气。"老禅师转身就要离开。

当老禅师迈步时，妇人对着老禅师的背影轻声问："大师，究

Part 3　情绪占据支配地位时，智力可能毫无意义

竟何为气呢？"

老禅师没回头，只是顺手将手中端着的一杯茶倾洒在了地上。

妇人看着地上的水渍很久很久，向老禅师叩谢后回去了。

我们从这个故事中可以获得不同的启发：在相当多的情况下，我们一味地将自己的情绪归咎于他人，认为是他人伤害了我们。殊不知在很多时候，伤害我们的就是我们自己，我们在向他人乱发脾气的时候，伤害了他人，也伤害了自己。

如果你正像这位妇人一样，遇事小题大做，被情绪牵着鼻子，如果你常因为生活中的一件件小事向他人大发脾气，那么你就要注意管理好情绪，自带"灭火器"，让坏情绪远离你。

如何做呢？那就是要合理调控情绪，让负能量远离你。

负能量如同一味毒药，可以摧毁人的意志，削减人的热情，令人自暴自弃，让人颓废消沉。

一个人心怀负能量，就会整天无精打采，怨天尤人，这种不良情绪和做法，必然会影响到他人对你的看法，造成人际关系紧张。

试问，有谁愿意与一个心胸过于狭隘，整天愁眉不展，满身负能量的人接近？

有人说："和什么样的人在一起，就会拥有什么样的人生。"身处繁华尘世中，我们总会遇到形形色色的人，若能够万事都舒心地

▷ 厉害的人，从来不靠情绪表达自己

随自己，何其不易！

因此，当你整天被烦躁所困扰，无法控制自己的情绪时，周围的人看到你就会退避三舍。心情压抑郁闷时，你首先要做的就是反省自己，试着寻找负能量产生的原因，管理好情绪，让负能量远离你。

我们要清醒地认识到，没有人会喜欢看见一双始终郁闷的眼睛，更没有人会喜欢与一个满身负能量的人做朋友。为此我们首先要摆正心态，让正能量充满自己心中，让自己快乐起来。

我们要认识到，正能量是一种精神滋补，能让人动力十足，以感恩的心态，素心面对尘世纷扰，任凭红尘喧闹，胜不骄，败不馁，"不管风吹浪打，胜似闲庭信步"。

我们要认识到，许多时候，许多的人和事，都要正确地面对，而且要以乐观积极的心态对待，因为人是靠心态活着，唯有保持良好的心态，才能坦然地面对遭遇的一切。只有做到这样，我们的人生才会大放异彩！

我们要认识到，生而为人，就该有一颗积极向上的心，无论何时，都不应该有过多的抱怨，要以一颗包容的心，站在别人的角度去理解别人。如此一来，我们方能获得他人的理解和尊重，方能感受到送人玫瑰手有余香的幸福感。

负能量的可恶之处不仅在于其会令人心情抑郁，削减人前行的动力，而且它会快速传染给其他人。因此我们要试着远离满是负能量的人，让自己尽量与充满正能量的人在一起，收获满满的力量、快乐与幸福！

远离负能量，管理好情绪，这是我们做人该有的标准！

▷ 厉害的人，从来不靠情绪表达自己

保持清醒与冷静，不让冲动捆绑你

能否在事情发生的瞬间，先整理好自己的情绪和思维，再做出反应，决定着一个人会拥有怎样的生活。

又是一个周末，乐乐睁开双眼，看着冷清的房间，让自己更深地缩进被子里。随后孤独将她层层包围。

原本今天应该是一个快乐的日子，原本此时的乐乐应该打扮得光鲜亮丽，正走向与好友相聚之地。然而，乐乐的一时冲动，毁了这场期待已久的约会，也毁了与闺密多年的友谊。

前段时间，单位工作繁忙，乐乐连续熬夜，不停地赶工作。好友雯雯看到她在朋友圈里发的状态，提醒她注意休息，别为了工作最终搭上身体。

乐乐不由得用语音向好友吐槽老板黑心，压榨人。雯雯劝她，凡事尽力而为，但不要总抱怨，这样形成习惯，影响不好。正在气头上的乐乐，原本想发泄一下，获得好友的安慰，结果换来的是说教。

Part 3　情绪占据支配地位时，智力可能毫无意义

她顿时怒气上涌，冲口就是："是呀，你又不用加班，自己的老公是老板，站着说话不腰疼！"

雯雯沉默了好久没回复语音。乐乐也很生气，将手机扔在了一边。

转眼，工作忙得差不多了，乐乐想联系雯雯，但想到自己那天说的几句伤人的话，又有些担心雯雯还在生自己的气。

实际上，雯雯是一个自尊心特别强的人，虽然是在男友的公司上班，但她一直和其他员工一样，从不搞特殊化，更是低调处理二人的关系。

乐乐知道，自己的话一定让雯雯很伤心。怎么办呢？

乐乐在床上打了个滚，挣扎了半天，在朋友圈发了一条信息："寂寥周末独憔悴，悔不当初伤亲人。"

结果乐乐没想到的是，一个多小时后，她接到了雯雯的电话。雯雯张嘴的第一句话就是："你情绪好点了吗？"

乐乐不由得泪湿眼眶，半天说不出话来。雯雯叹了口气，说："我知道你最近太累了，情绪不好。所以我原谅你了。不过，你下次说话如果还是这么冲动，可就真的伤透我的心了！"

乐乐憋了一肚子的话，突然一句也说不出来。

不过她暗暗庆幸，如果不是认识了十几年，雯雯可能早就不搭理自己了。

冲动是魔鬼，这话说的真没错。

因为冲动，很多人失去了原本可以好好解决问题的机会，一瞬间就把矛盾激化到无法调和。

因为冲动，一些人将小事变成大事，引发祸事，害人害己，留下终生遗憾。

……

从心理学的角度分析，冲动是由外界刺激引起的，它是一种突然爆发、对后果缺乏清醒认识的行为。这种行为缺乏理智且带有一定的盲目性。

由此可见，冲动是行为系统不理智的表现，是人的情感特别强烈、基本不受理性控制的一种心理现象。

冲动行为产生的背后原因是什么呢？

心理学研究表明，当一个人缺少安全感，过度关注个人安全或过度担心自己的行为失控铸成大错时，就容易产生行为失控的心理。

这一心理现象的发生与周围环境、生活习惯、睡眠状态有密切的关系。当一个人在生活中遇到挫折、面对不适应的新环境、压力过大、缺乏运动和失眠时，行为就容易失控，即冲动。

在现实生活中，这些失控行为的表现形式是什么呢？那就是遇事易怒和易急。

Part 3　情绪占据支配地位时，智力可能毫无意义

遇事易怒之人在现实生活中相当常见。而生活是一个大火炉，一不小心我们就会沾上火星。遇事易怒之人，则随时都能沾上这些小火星。

比如去餐厅吃饭，服务员因为人太多，茶水送得慢；去商场买东西，导购的态度不够热情或太过热情；行走在路上，无意中被行色匆匆的路人撞一下或碰一下……总之，这些看似无伤大雅的事情，总能让遇事易怒之人火冒三丈，瞬间由温顺猫咪变身狂躁狮子。

而一旦事情过后，这些人就会悔不当初，为自己刚才的行为后悔不已。不过下次遇到相同的事情，他们依旧是同样的反应。因为他们在这些情况下做出的行为，是习惯性行为，是一时冲动，是一种情绪的发泄。

遇事易急之人的突出表现就是凡事沉不住气。无论他们面对的是好事还是坏事，第一反应永远是着急：好事急着昭告天下，坏事急于担忧焦虑。结果常常因为好事没发生而失望，坏事白担心而虚惊一场。

一般来说，无论是遇事易怒还是遇事易急之人，生活品质通常都不会太高。因为他们随时可能被自己的情绪——冲动掌控。

相比这两种人，在生活中还可以看到与之截然相反的另外一些

人。他们面对任何事情都一副淡定从容的样子，颇有一种泰山崩于前而不动容的潇洒。这些人之所以能够保持这种状态，是由其对情绪管理的能力决定的，而这种能力又是由他们的学识、见识、品格和修养决定的。

相比遇事就怒发冲冠或遇事就急得如同等待被审判的人，他们懂得冷静地谋划自己的未来，尽最大的努力，做最坏的打算。面对问题，他们的第一反应永远是"我要弄清楚发生了什么事"以及"下一步我应该怎么办"。

他们淡定地应对着当下发生的一切事情，享受着生活赋予的权利，不断提升着自己的幸福值。

我们知道，生活永远向前，当下是它存在的唯一地方。它不会因为我们单方面的期望而停下脚步，而我们能否享受生活的快乐，提升自己的幸福感和生活品质，则是由我们能否科学处理好当下的事情引发的情绪决定的。

遗憾的是，相当多的人在谈到生活品质时，往往将其归结为物质条件的富足程度，忽视了其心理层面的含义。实际上，一个人的生活品质的高低，是由物质和精神共同决定的，而决定着精神方面的重要因素就是我们看待事情的方式和角度。

心理学家研究发现，每个人的头脑中都会形成某种固定的思维感知模式。当我们感到沮丧或者遇到挫折时，我们的大脑就会告诉我们一些事，比如你会成功或者你会失败，然后我们就会按照这种模式采取行动，甚至不愿意尝试一下其他路径。

而一个人遇事的第一反应恰好暴露了这种固有的思维模式。这种反应对我们的工作、生活、婚姻……产生了全方位的影响。

因此，能否在事情发生的瞬间，先整理好自己的情绪和思维，再做出反应，决定着一个人会拥有怎样的生活。

诚如培根所说："冲动，就像地雷，碰到任何东西都一同毁灭。"如果不能很好地处理这枚"地雷"，就有可能给生活带来各种麻烦，甚至把一个人美好的一生都毁掉。

每一个成年人均会经历诸多的事情，内心均会积压着相当多的情绪，但无论事情多大，情绪多大，我们都要生活和前行。

因此，能否管理好冲动这一情绪，决定着我们是否可以保证自己的生活品质，幸福而快乐地生活。

与其让情绪支配我们，成为情绪的奴隶，被打乱生活，被削减幸福值，不如清醒和理智地面对当下的事情。

一个人可以有个性，有底气，有态度，但无须将冲动当个性，不要将怒气当底气，更不必将糊涂当态度。

做人不妨如林清玄那样："以清净心看世界，以欢喜心过生活，

> 厉害的人，从来不靠情绪表达自己

以平常心生情味，以柔软心除挂碍。"

如此一来，我们就能做到活得洒脱、聪明，"常与同好争高下，不与傻瓜论短长"。

坦诚地沟通，不怕你不理

在生活琐事面前，一定要保持冷静，学会稳定自己的情绪，并且客观地做出分析和判断，真诚地沟通，方能获得圆满的结局。

H是一名公交车司机，他的老婆M是一名售票员。结婚两年后，双方的真性情渐渐显示出来。H性子急，M性子娇，于是家里经常出现M做错事，H一边补救，一边唠叨的场面。

时间一久，M因为经常被H奚落，情绪特别不好。不过她并不和H争吵，而是不吃饭，上网调节心情。

这天，H又因为一件事斥责M，M这回干脆连餐桌边也不靠，径直回到卧室，打开电脑，一边放音乐一边玩游戏。H一看，怒气上涌，但想到前几天M的反应，知道自己继续说下去，两人势必争吵起来。于是就用不锈钢饭盒装上饭菜，来到卧室，哄着M说："快吃饭吧，你看噘着嘴多难看。"一边说，一边顺手拿起桌上的镜子放在M面前。

▷ 厉害的人，从来不靠情绪表达自己

没想到，M拿过镜子，一下摔得粉碎。H压抑着的上涌的怒气，心想，自己压着火气，好言哄劝，她不但不领情，还摔东西。这毛病惯不得，得让她知道轻重。

H伸手抓起不锈钢饭盒，狠狠地摔在了地上，嘴里说着："不吃拉倒！摔什么东西？"随后，他又将饭盒盖摔在地上，气呼呼地说："不是想摔东西吗？大家一起摔好了。"见M还是不理，H摔门而去。

H到底惦念着M，在外面转了好几圈，不停地思考着刚才自己的举止。三个小时后，H回到家。一进门，他先开始慢慢地扫地，然后把东西全部收拾干净，用锤子把饭盒修好。看到M一直没有理自己，H便主动和M说话，但M的态度一直淡淡的。

转眼三天过去了，M还是不理H。H想着这样下去可不行。于是在这天早晨M要上班前，H赶紧告诉M，晚上请她吃饭，问她想吃啥。M的表情松动了一些。

晚上吃完了饭，看到M心情不错，H趁机说："老婆，咱们以后都不要摔东西了，好吗？""我摔的又不是值钱的东西！"M还是有一点儿不服。"等你有钱了，可能你觉得电视机都不值钱了，也就把它摔了。问题不在于东西本身值不值钱，关键是这个习惯不好。"M说不过他，就不再说话了。

接下来的几个月，M再没有摔过任何东西，也没跟H吵过架，

Part 3 情绪占据支配地位时，智力可能毫无意义

改掉了摔东西泄愤的坏习惯。

在生活琐事面前，一定要保持冷静，学会稳定自己的情绪，并且客观地做出分析和判断，真诚地沟通，方能获得圆满的结局。

有人说："能控制情绪的人，才能控制人生。"

道理绝大多数人都懂，可惜能做到的人寥寥无几。

在相当多的情况下，人都是在情绪的控制下，任性地处理当下的事情，事后却悔不当初。实际上，只要我们在事情发生时，略加忍耐，事后坦诚沟通，所有事情都会轻而易举地解决。

孔子与弟子周游列国，困于陈、蔡间，断粮七日。弟子子贡伺机而出，得一石米而归。于是颜回和子路马上开始煮饭。

在等饭煮熟的那段时间里，众人纷纷寻找地方休息。孔子休息之地恰好就正对着灶房门。

不久饭香四溢，孔子为饭香吸引，睁开双眼，恰好看到颜回正偷偷把一团香喷喷的饭往自己嘴里塞。孔子不动声色，假装没看见，又将双眼闭上。

等颜回将饭端来给孔子时，孔子说："我刚才梦到祖先来找我，我想先拿米饭来祭祖先。"

颜回急忙劝："这锅饭我刚才已经吃了一口了，不能用来祭祀！"

孔子问其原因，颜回说："因为刚才煮饭的时候，房梁上掉了些

灰尘落在锅里，我觉得沾了灰的白饭扔掉可惜，于是就抓起来吃了。"

这是出自《吕氏春秋》的一个经典故事，它提醒我们，知人难，断事亦难。

在相当多的情况下，我们所见、所闻之事未必都是真的。倘若我们任由情绪支配自己，仅凭只言片语就急着下判断，轻率地做出决定，或许就会在了解到详情后悔恨不已。

倘若控制情绪太难，那么不妨在遇事时，后退一步，如同故事中的孔子一样，先保持沉默吧。

当我们用沉默代替躁动，就不会说错做错，更不会伤人伤己。

这样的保持沉默并非冷暴力，而是用沉默让自己冷静下来，给自己时间来清醒头脑，思考问题，以用平和的态度看清事情的全部，做出理智的选择，正确地解决问题。

人生不如意事十之八九，好事、坏事终成往事。面对不如意的事情，能用实力说话的时候，就别用情绪说话；能用时间消化的东西，就别用情绪自苦。

不要简单地做出判断，要学会处理矛盾的方法：首先明确冲突的主要原因是什么，双方分歧的关键在哪里；然后再冷静地进行分析，找出解决问题的方法；最后坦诚地与对方沟通。如此一来，不怕对方不理，不怕事情无解。

面对事情的发生，千万不要口无遮拦，图一时痛快。须知，"良言一句三冬暖，恶语伤人六月寒"，生气时的恶语、生气时的决定甚至可能毁掉一个人。

一天晚上，母亲和女儿吵架了，吵架时两人互不相让。

女儿气愤地问："我能借车吗？"

母亲生气地回答："不能，为什么你就不能走路去？"

女儿更愤怒地说："好，我走路，我会走过去的，你知道吗，我希望我在半路被强奸！"

母亲接着对女儿喊道："我也希望你在半路被强奸！"

争吵之后，女儿孤身一人出门了。

不幸的是，一语成谶，女儿真的在路上受到伤害，还被烧死在一块废弃的广告牌下。

这是电影《三块广告牌》里的一个片段。故事中的母亲无论如何都不会想到，自己生气时的一个不经意的决定，一句冲动下的发泄之语会使自己永远地失去了女儿。

正所谓，一念地狱，一念天堂。

在相当多的情况下，生活中太多的伤害和遗憾都是由我们自己一手造成的。

许多人最终要为不计后果的冲动付出沉重的代价；许多人逞

▷ 厉害的人,从来不靠情绪表达自己

一时的口舌之快,尽管解了一时的心头之恨,却让自己不得不付出千百倍的代价来修补。

然而,纵千般努力,万般付出,世间感情一旦有了裂痕,便如卡在喉间的一根刺,难吐难咽,横在其中。

因此,学着管理好情绪,适时沉默,真诚沟通,当理智回笼时,幸福也就不远了。

Part 4

你和高情商之间,
只差一种情绪自控力

情商高的人，心胸都比较宽广，不会因为一点小事而斤斤计较。他们非常善于管理自己的情绪，让自己保持一种愉悦的心情，也能让自己在不好的环境中转移注意力，不去刻意地记住一些烦心的小事，使自己心胸宽广，变得更加豁达。

真正的情商高手，总能保持感性和理性的平衡

情绪反映着一个人的修养，折射着一个人处理事情的能力。因此，要避免冲动伤人伤己，就要在提升自己的内在的同时，学会管理情绪，让理性和感性得到平衡。

L是我的大学同班同学，长得甜美可爱，人品也相当不错，因此成为班里班外众多男生追求的目标。不过，直到毕业，这朵班花也不曾被任何男生成功撷取。

毕业不久，L结婚的喜讯就传来了，据说男方年纪轻轻就事业有成，而且家庭经济条件也不错，是所谓成功男一枚。

然而没想到的是，在最近的一次同学聚会上，我却听闻L离婚了。是L的丈夫主动提出的，她无论如何都不能挽回对方的心。

想到初闻喜讯时L还是幸福美满的样子，如今却已经物是人非。大家在错愕、惊讶之余，不免心生愤愤不平之情。要知道L可谓才貌双全，这样的女人竟然也会被嫌弃？！

直到有一次，我偶遇与L相熟的W，才获知L离婚并非因为什

▷ 厉害的人，从来不靠情绪表达自己

么小三上位，而是L本人的原因。

L这个人虽然长得漂亮，但做人、做事极为情绪化。结婚前，她还能管住自己的情绪，结婚后就完全放任了。一旦打不通老公的电话或者找不到老公，她就上演"夺命连环call"，根本不顾丈夫的感受；一旦心情不好就向丈夫耍脸色，一言不合就摔东西，一有分歧就提离婚。

夫妻之间，都说小吵怡情，但倘若总是这样，也会渐渐地透支原有的感情。最终，L的丈夫忍无可忍，铁了心要离婚。

不独L，我们身边很多的夫妻之所以缘尽，很多时候并非因为原则性的问题，而只是一些小的分歧和冲突。而之所以会因小事而引发冲突，归根结底就在于他们没能管理好自己的情绪，不能在感性和理性之间保持平衡。

细看我们身边，相当多的时候，为我们的情绪问题埋单的都是我们身边亲近之人，或是父母，或是兄弟姐妹，或是另一半，或是好闺密、好哥们儿。这种行为何尝不是一种自私、低情商的表现？

正是由于这种低情商，造成了众多个和L一样的人，在无数次地放纵自己的情绪时，伤害了他人，最终也伤害了自己。

在非洲草原上，有一种吸血蝙蝠，它们常依附在野马的腿上吸血，就像在豹子耳边不停烦扰的蚊子。它们在吸饱野马的血之后悄然离开，但不少野马却因为它们被生生折磨而死。

动物学家研究后说，事实上，蝙蝠吸的血量非常少，并不足以造成野马的死亡。这些野马的真正死因是暴怒和狂躁。它们剧烈的情绪反应是造成它们死亡的直接原因，而吸血蝙蝠对它们来说只是一种外界的挑战。

因为一件小事而暴跳如雷、大动肝火的人不在少数。他们用自己的错误惩罚别人，同时也用他人的错误惩罚自己，最终导致了如同野马一样伤害自己的结局。

由此可见，情绪反映着一个人的修养，也折射着一个人处理事情的能力。因此，要避免冲动情绪伤人伤己，就要在提升自己的内在的同时，学会管理情绪，让理性和感性得到平衡。

所以，真正的情商高手，总能保持理性和感性的平衡。

情绪是人做出行为的原始力量，是人潜意识深处的一种提示，每一种情绪都代表着不同的提示。产生坏的情绪乃是人之常情，愤怒或是悲伤，负面抑或消极，这些情绪造就了我们的七情六欲，可以让我们充分感知这个世界的酸甜苦辣。

但这并不代表我们就可以随意放纵自己的情绪，让其如脱缰的野马一样狂奔。

放纵自己的情绪伤害自己或他人，是一种犯罪。稳定的情绪才

▷ 厉害的人,从来不靠情绪表达自己

能让我们找回力量、自信,形成乐观、豁达等美好的品质。

因为,情绪是有成本的,管理好自己的情绪才能管理好自己的人生。

相当多的人说他们知道自己不应该发脾气,可是做不到;他们知道自己不应该焦虑担心,可是做不到;他们知道恶语伤人六月寒,但在发火的时候却无法控制自己。

果真是这样吗?

其实,情绪是可以控制的,我们倘若认识到放纵情绪的危害,就有能力避免不应该出现的伤害。而实现这一切的前提,是我们要改变自己的心态和看事物的角度,即提升自己的情商,让自己成为情商高手。

比如,今天你去爬山,准备在山上野餐。结果到了山下,突然下起了雨。这时,你可以有积极和消极两种情绪选择。积极的情绪选择是可以享受一下雨中登山,或是雨中野餐,伴着沙沙雨声,尽享野趣。消极的情绪选择就是一边骂着老天,一边生气自己或朋友怎么选了这样的一天来爬山,起个大早白白淋雨,而且吃不好喝不好,搞不好还得感冒,真是越想越生气,一生气或许就会对周围的人发脾气,进而形成了恶性循环。

不过,我们必须清楚的是,引发我们的积极或消极情绪的根源并非下雨这件事,而是我们对事情的看法。我们要意识到,我们无法决定和改变自然界的变化,但是我们可以调整自己的看法。

而这就是高情商的人的过人之处。

他们意识到自己的想法其实是情绪的"控制器",而掌握这个"控制器"的是自己,一个人应该做情绪的主人而不是奴隶。

他们知道,稳定的情绪可以让自己吸引更多的外力,因为它是别人了解自己的途径,因此他们不要被情绪捆绑,而是用自然平和的心态去面对人生,进而在云淡风轻之间解决面临的诸多问题。

他们更知道,拥有了积极、稳定的情绪,才能将人生的进度条牢牢地掌握在自己手里,只有学会控制情绪,做一个拥有稳定情绪的人,才能获得内在的力量,为自己的成功锦上添花。

提到林肯,每一个美国人的评价都很高,但相当多的人不知道的是,他还是一位管理情绪的高手、情商高手。

然而他的夫人玛丽·托德却和他截然不同,她差不多是美国历史上最不受欢迎的"第一夫人"。有人曾评价:"林肯一生最大的不幸,不是他的遇刺,而是他和玛丽·托德的婚姻!"

对于这个总是挑剔自己的妻子,林肯以高情商管理自己的情绪,用宽容和理解面对妻子的情绪。

一个阳光和煦的下午,林肯夫妇与客人们在旅馆里用餐。

▷ 厉害的人，从来不靠情绪表达自己

就在大家聊得正酣之际，玛丽突然拍案而起，林肯温和地问："亲爱的，怎么了？"

然而他得到的回应却是玛丽泼到他脸上的热咖啡。

在场的所有人都目瞪口呆、惊恐万状地看着这一切，不知道接下来林肯会是怎样的反应。

而林肯一声不响，默默地将脸上的咖啡擦掉，继续与客人们谈天说地。

尴尬解除后，有人迷惑不解地问林肯何以当时没有任何反应，林肯的回答是：

"她是我的妻子，谁能比我更了解她呢？如果我的沉默能够换来她情绪上最大限度的纾解，那么我何乐而不为？"

"生活并允许对方生活"这句话，堪称林肯的终生信条。

可以说，林肯在处理事情的时候，找到了理性与感性之间的平衡，坚持用"生活并允许对方生活"的原则来处理事情，以此堵住了情绪的缺口，成功地等到理性的光辉普照自己的内心。

所以，真正的情商高手具备认识和驾驭自我情绪、他人情绪的能力，即通过让感性等待理性，寻找到二者之间的平衡。

而这一过程包含了认知、协调、引导、互动和控制等行动，要求我们不但要强调内在的挖掘，还要注重外在的联动。

这是一个浮躁与焦虑并存的时代，情绪化已经成为很多现代人的"通病"，相当多的人碰到一点麻烦就大发雷霆，遇到一点小事就将其演变成惊涛骇浪。

但世界如此美妙，我却如此暴躁，这样实在不好。成功路上，最大的敌人不是怀才不遇或者资历尚浅，而是自己缺乏对情绪的控制。

村上春树说过一段话："你要做一个不动声色的大人了。不准情绪化，不准偷偷想念，不准回头看。去过自己另外的生活。你要听话，不是所有鱼都会生活在同一片海里。"

真正的情商高手，总能在感性和理性之间保持平衡，不会让任何一方处于绝对控制的地位。

▷ 厉害的人,从来不靠情绪表达自己

你管理情绪的能力,决定着你的人际关系

一个人无法永久掌控外在的环境,但可以掌控个人情绪的高峰与低谷,进而掌控自己的信念与做法。

阿基勃特是美国标准石油公司的一名普通职员,他以积极的工作态度、高昂的工作激情获得了事业的成功。

工作中,他无论在什么场合签名,都不忘附上一句公司的宣传语——"每桶4美元的标准石油"。时间一长,他就获得了同事和朋友们送的绰号"每桶4美元"。

公司董事长洛克菲勒听说这件事后,问阿基勃特:"别人用'每桶4美元'的外号叫你,你难道不生气吗?"阿基勃特给出的回答是:"'每桶4美元'不正是我们公司的宣传语吗?别人叫我一次,就是替公司免费做一次宣传,我为什么要生气呢?"

洛克菲勒听后非常感动。当洛克菲勒卸任董事长一职时,他让阿基勃特接替了自己的位置,因为他知道,一个可以管理好自己情

绪的人，可以胜任这一职务。

喜、怒、哀、惧是人的四种基本情绪，以这四种基本情绪为基础，可以组合成相当多的复杂情绪。

面对不同的环境和事物，人会产生积极和消极两种情绪体验。前者能够充实人的体力和精力，提高人的活动效率和潜力，使我们获得健康的身心，进而营造良好的人际关系。后者则会使人难受，抑制人的活动潜力，降低人的自控潜力和活动效率，使人做出一些事后悔不当初的事情，破坏良好的人际关系。

因此，你管理情绪的能力，决定着你的人际关系。

A和B是同事，在公司分别管理着一个部门，但这两个部门的工作氛围却完全不同。

A性格耿直，不能容忍工作中出现任何问题，就算不是她本人的错，她也会自责很久。因此与她合作过的同事都对她又敬又怕，选择对她敬而远之。小林最初到公司时是跟着A的，可以说是A手把手教会了小林。

A虽然为人真诚，但不善于管理情绪，于是与之最为亲近的小林经常受到她的情绪的波及。

一次，因为公司上层工作安排的问题，A颇为气闷，工作时一直沉着脸。在这种氛围的影响下，小林战战兢兢地工作，但还是出

▷ 厉害的人，从来不靠情绪表达自己

了错。为此，A对小林一顿批评，甚至此后几天不给小林一个笑脸。

一年后，小林再也无法忍受A的这种情绪，在申请转岗无果后，辞职了。当然，小林也承认A是一个好人，业务能力强，但情绪管理能力太弱，情商太低，让人很难轻松地同她共事。

相反，B却是一个高情商的人。她是一个情绪管理高手，从不让自己的负面情绪影响到他人。

一次，B因为工作的问题和A发生了分歧，不同于A的一脸愤怒，B神态自然地回到办公室，有条不紊地安排着下属的工作，根本没表现出任何的愤怒和不平。以至于过了好几天，B的下属才从A的下属处获知了这件事。

周围的一些人给B的评价是太假了。但再细想一想B的处事，还真没伤害到什么人，无论是大事小事，她总能合理安排，就算有分歧，她也会平和地沟通，让大家在保留自己的意见的同时，良好地合作。可以说，B管理的部门里，同事间的关系都比较融洽，或许这也是因为受到了B的处事态度的影响。

因此可以说，隐藏情绪是礼貌，也能够见出一个人的自制力和修养。

中国人在夸奖一个人的时候，常用"不迁怒"一词。所谓不迁怒，就是不把自己的怒气发到不相关的人头上。即使前一刻跟别人火冒三丈，后一刻，遇到与那件事无关的人，也能隐藏情绪，表现得若无其事。

一个能管理好自己情绪的人，才能有大的担当。反之，一个不能管理好自己情绪的人，是无法担当大任，演好人生这场大戏的。

现实生活中，我们每个人都会遇到各种各样的事情，引发不同的情绪。而生活原本就是由丰富多样的情绪构成的，可以说多姿多彩的生活缺少不了情绪。

一位老奶奶成天发愁，邻居问她怎么了，她说天晴的时候怕卖伞的大儿子生意不好，下雨的时候怕小儿子的洗染店的衣服干不了。乐观的邻居劝道："你天晴的时候为小儿子高兴，下雨的时候为大儿子高兴就是了呀！"此后老奶奶换了一种态度对待生活，变得整天乐呵呵的。

当我们情绪不好时，不妨换个角度看问题，如此就可以管理好自己的情绪，让自己开心。

一个人无法永久掌控外在的环境，但可以掌控个人的高峰与低谷，其中关键就在于掌控自己的信念与做法。

善于控制情绪的人，才能掌控自己的人生，让自己的每一天都在快乐中度过。

▷ 厉害的人，从来不靠情绪表达自己

若能管理好情绪，秒变情商高手

真正情商高的人，会在与人交往时洞察他人的需求，以真诚和善良的心态与人交流；会掌控局面，给自己和他人留余地，宽容待人，约束自己；会分清场合，得体玩笑，让他人如沐春风。

生活中经常听到有人发牢骚，也经常看到一些人尽管一言不发，却神情忧郁，精神恍惚。不必多问就可以推知，他们必定是碰上了令人气愤或烦恼的事情了。

事实上，我们每个人都或多或少遇到过一些不称心如意的事情。而此时，只有管理好自己的情绪，才能科学地解决问题，让自己秒变情商高手。

H是某高中的物理老师，在当地可谓小有名气。每一届他教过的学生毕业后，对他都赞不绝口。

小高中考成绩优异，得以升入这所梦寐以求的高中。巧的是，物理学科就是由H老师执教。小高终于得偿所愿，可以见一见这位大名鼎鼎的老师了。

令小高没想到的是，H老师的长相普通，根本没有外界说的大咖样。但开学一段时间之后，小高便发现H老师身上有一种独特的魅力，那就是他从不发脾气。

因为这个特点，每次上H老师的课，大家都心情愉悦。下课铃响了，大家还意犹未尽。当然了，全班同学的物理成绩也因此都相当出色。

升入高二后，学校调整了教师配置，H老师被调到高一教普通班的物理学科，小高他们这两个实验班的物理则由另一位老师接手。听到这个消息，小高和他的同学都感到很吃惊，没想到学校竟然如此调整，内心愤愤不平，既舍不得H老师，又格外担心他。

这天中午吃饭时，H老师和新物理老师一起来看同学们。学生们格外开心，围着H老师问这问那。

"老师，你怎么不教我们了？我们好想你呀。"一个学生问H老师。

H老师笑眯眯地说："高二物理太难了，我教不好。"

一旁的新物理老师也笑眯眯的。

H老师的情商之高令人佩服！

试想，原来教实验班，却被调去教普通班，尽管是工作的安排，但通常会令人产生不舒服的感觉，进而有一定的情绪。但我们从H老师身上看不到任何痕迹，这反映了他的情绪管理能力之高。

▷ 厉害的人,从来不靠情绪表达自己

面对学生的提问,倘若情商不高,那么回答可能就是对学校工作安排的不满,对自己待遇不公的愤懑,但H老师不但"笑眯眯",而且答得如此巧妙,让接手工作的新物理老师不会尴尬。

我们往往会发现情商高的人,心胸相对都比较宽广,不会因为一点儿小事而斤斤计较。他们非常善于管理自己的情绪,让自己保持一种愉悦的心情,也能让自己在不好的环境中转移注意力,不去刻意地记住一些烦心的小事,使自己心胸宽广,变得更加豁达。

当然在生活中,我们也总能看到这样的人:他们一切以自己的情绪为中心,不能合理控制情绪,想做什么就做什么,想说什么就说什么,从来不考虑他人的感受,还自以为个性直爽。如果这种人出现了情绪问题,那么他人的任何一个令其不满意的行为,均会成为罪状。

大林和几个哥们儿的家庭周末小聚,单身好多年的同事熊哥将新交的女友妙妙也带来了。

先到的几对夫妻围坐在一起聊天。大林的妻子美琪获知另一个哥们儿的妻子怀孕了,担心自己将感冒传染给她,于是就戴上了口罩。

这时,熊哥带着女友妙妙走了进来,众人纷纷与新人打招呼。妙妙只笑了笑,没其他反应,随后就坐下来开始玩手机。

小姑娘害羞，大家都能理解，于是女人们继续着之前的话题，男人们则在一旁开始打牌。因为美琪的孩子已经两岁了，于是怀孕的哥们儿的老婆就向美琪询问一些孕期注意事项。

这时，玩了半天手机的妙妙先是盯着美琪看了半天，然后突然问道："你干吗戴口罩啊？聚会上戴口罩是不是很另类呀？"

美琪连忙解释说自己感冒了，不能传染给大家，尤其是孕妇。

妙妙撇了下嘴，说："没那么娇气吧？不就是感冒吗？再说了，怕传染就别来聚会，在家待着什么也传染不着。"

美琪和怀孕的那位听完都感觉不舒服，但美琪还是笑着说："可不是嘛，我也想在家待着，不过要是在家待着，就不能享受和大家相聚的快乐了。……"

结果妙妙却说："那是，有人请客，不吃白不吃。"

大家顿时静默了。

所幸这时菜上来了，于是众人团团围坐，开始吃了起来。

鉴于妙妙的"惊人之语"，几个女人都不敢再和她搭话。接下来的时间，妙妙成了看客。

没想到没过多久，妙妙就不停地追问熊哥是不是吃饱了，可不可以走。熊哥自然要问她怎么了，妙妙便抱怨其他几个女人只管自己聊天，不理她，所以吃不下，想赶紧回家。

熊哥劝说"多相处几次就好了",结果妙妙竟然说"不想和这些人认识,气都气饱了"。

最终,这次聚会不欢而散。

很明显,故事中的妙妙就是一个没学会控制情绪,情商不高的人。这类人就属于"喜怒不择轻重,笑骂不审是非"之人,极易给他人带来负面情绪,进而造成人际关系紧张。

真正情商高的人,会在与人交往时洞察他人的需求,以真诚和善良的心态与人交流;会掌控局面,给自己和他人留余地,宽容待人,约束自己;会分清场合,得体玩笑,让他人感觉与之相处如沐春风,而不是倍感痛苦和压抑。

诺贝尔文学奖得主赫曼赫塞说:"痛苦让你觉得苦恼,只是因为你惧怕它、责怪它;痛苦会紧追你不舍,是因为你想逃离它。所以,你不可逃避,不可责怪,不可惧怕。你自己知道,在心的深处完全知道——世界上只有一个魔术、一种力量和一个幸福,它就叫爱。因此,去爱痛苦吧。不要违逆痛苦,不要逃避痛苦,去品尝痛苦深处的甜美吧。"

面对人人均会遭遇的情绪问题,真正高情商的人承认情绪的存在,清楚情绪本身并无对错、好坏之分,了解每一种情绪都有其价值和功能,并为其提供一个适当的空间。

如此一来，我们就可以成为情绪的主人，在不让其左右我们的思想和行为的同时，接纳自己的内心感受，进行有效的情绪管理，发挥情绪的价值和功能。

社会每分每秒都在变化，作为社会人，我们只能让自己适应环境，因此倘若我们能学着改变自己以适应环境，就会清醒地认识自己，知道自己的优点和缺点，清楚自己的所长和所短，进而管理好自己的情绪，在面对问题的时候，秒变情商高手，扬长避短，利用周边的优势，促进自己的成功。

▷ 厉害的人，从来不靠情绪表达自己

你对待坏情绪的方式，决定了你的层次和高度

成熟的人善于倾听，能用最大的耐心释放对对方的善意；成熟的人乐于表达赏识，能首先对他人表达认同。

当今社会，几乎每个人都面临着生活的压力，在压力之下，出现沮丧、愤怒或恐惧等情绪是人之常情。这些坏情绪人人均有，倘若一个人不能管理好它们，缺乏控制情绪的能力，就会情绪不稳定，一点点刺激就会让其丧失理智，完全沦为情绪的奴仆，被情绪左右。

2018年的重庆公交事件，曾牵动了无数人的心。

公交车之所以冲入江中，原因竟然是一名女乘客因坐过站，未能在目的地下车，遂要求司机临时停靠，但遭到司机拒绝，于是对司机诸多指责。最终双方由解释争吵演变为辱骂互殴。结果情绪失控的司机几次放开方向盘还击，导致车辆失控，与一辆小轿车相撞后冲破栏杆，坠入江中，车上的15人无一生还。

对此，我们感到悲愤，一个人的坏情绪竟然葬送了自己和另外

十几个人的生命，这是对自己和他人生命的不尊重，是一个人层次低、眼界窄的表现。

我们不由得感叹，坏情绪是如此可怕，一个人对待坏情绪的方式是多么重要。

因此可以说，一个人对待坏情绪的方式，可以决定其层次与高度。

上一家公司的同事老王和小李是两个开车风格截然不同的人，因此坐他们开的车，你的感受也截然不同。

坐老王的车，你不但感觉心里踏实，而且可以轻松地做自己的事情，或思考问题，或听听音乐。偶遇他人超车，老王会礼让对方；遇到蛮不讲理之人，他会淡然一笑，冲对方摆摆手；遇到行人等在斑马线上，他会减缓车速，请行人先行。总之，坐他的车，你会对这个平时话不多、不太惹人注意的人，肃然起敬。

相反，坐小李开的车，你就有点儿受罪了。这位纯粹是一个"路怒症"患者，路况稍不如意，他会狂按喇叭、拍方向盘，甚至摇下车窗怒骂他人"怎么走路的，没看见车呀""你会不会开车"等；被别了车，一定要找机会别回来。你劝其少安勿躁吧，他马上会跟你急。实话实说，平时看着小李长得帅气，谈吐文雅，真没想到会是这样的脾气。

老王和小李开车的风格足以让我们看到两人不同的层次和高度。而这种层次和高度，就是来自他们对坏情绪的管理能力。

▷ 厉害的人,从来不靠情绪表达自己

像小李这样的人,生活中并不少见。他们在"耿直""不虚伪""心直口快"的幌子下,任自己的坏情绪对他人实施暴力伤害。他们不在意他人的感受,更不会换位思考,缺少同理心。他们整个的世界观,可以总结成一句:"我就是我,不一样的烟火。你能拿我怎么办?"

没错,我们不能拿这种人怎么办,但情绪会将这种人"凉拌""热拌"。心理学上的踢猫效应就形象地说明了"凉拌""热拌"的后果。

个性胆怯的员工小王因为工作原因受到老板的严厉批评。他心怀愤怒,无处发泄,带着一肚子的怨气回到家中。恰好儿子调皮,惹妻子生气了,小王劈头将儿子臭骂一顿。儿子感到委屈,和小王顶了几句嘴,于是小王冲上去打了儿子一巴掌。儿子又怒又气,愤而冲出家门。到了门外,正好一只猫在地上打滚,儿子就将怒气撒在了猫身上,对着在地上打滚的猫狠狠地踢了一脚。猫受了惊,跑向马路中间。不料一辆卡车疾驰而来,为了躲避猫咪,把刚刚尾随猫跑出来的孩子撞死了!

很明显,踢猫效应说明的就是坏情绪对人的负面影响。当我们不能管理好这些坏情绪的时候,坏情绪就会如同蝴蝶效应一样不断传染并扩大,最终酿成非常严重的后果!

作家亦舒说,一个人真正成熟的标志,就是发觉可以责怪的人越来越少。

这其中的道理相当简单，因为成熟的人善于倾听，能用最大的耐心释放对对方的善意；成熟的人乐于表达赏识，在他们的字典里，认同永远排在偏见和不满之前。

成熟的人都是高情商的人，他们能管理好自己的情绪，不让其伤害身边的人；他们都是智者，不会让人生因情绪而高开低走，将一手好牌打烂。

当悲伤、愤怒等坏情绪找到你时，不要撒泼打滚，这会让你颜面尽失；不要拿东西乱摔一气，以泄心头之恨，这会降低你的层次；不要开口咒骂，逞一时之快，这会显得你没有素质；不要默默忍受，自行消化，因为下一次你或许会在情绪的泥潭里陷得更深……

有人说，如果世界上有地狱的话，那就存在人们的心中。研究也发现，一般人的一生平均有十分之三的时间处于情绪不佳的状态，当一个人沦为了情绪的奴隶，他就与身处地狱一般无二了。

何不学着提升自己的层次和高度，识别自己的情绪来源，理智地对待情绪，利用情绪去提升自己。

如此一来，你会变得淡定从容，遇事面带浅笑，不急不躁，不哭不闹，你的内心会变得强大，在修炼自己的同时，在人生道路上走得更远。

▷ 厉害的人,从来不靠情绪表达自己

发挥情绪的价值,控制自己的暴脾气

高情绪价值是一种人格魅力,它让一个人积极向上,让一个人充满正能量,让与其交往之人感到愉悦。

每个人都有一种最有助于健康的力量,那就是良好情绪的力量。假如一个人没有情绪地生活着,那么这个多姿多彩的世界对他来说,将毫无意义。他会无所谓悲伤忧愁,也无所谓欢欣快乐。因此面对坏情绪的到来,我们要学着提高管理情绪的能力,发挥情绪的价值!

何为情绪价值? 简单地说,它就是一个人影响他人情绪的能力。

一个人越能给其他人带来舒服、愉悦和幸福的情绪,其情绪价值就越高;一个人总让其他人产生别扭、生气和难堪的情绪,其情绪价值就低。

提到自己的顶头上司吉米,安迪就不由得星星眼。问她为什么如此崇拜吉米,安迪给出的答案是:舒服。怎么解释这种舒服呢?

开会对于大多数员工来说都是一件痛苦的事情，因为会上谈正事的时间远远要少于上司批评、指责和说教的时间。但于安迪及其同事来说，吉米主持的会议则是令人期待的。

吉米在主持会议时，总是喜欢采用圆桌式，大家围坐在一起，颇似恳谈会。吉米会让每个人都愿意说出自己的想法，而且在每个人发言后，惯用"我喜欢你的这个想法（看法、提议）"给以肯定，让每个人都感受到了被认可。

最难得的是，吉米从不高声批评下属，习惯用赏识来释放正面情绪。比如茱丽是一个马虎的家伙，经常丢三落四。吉米注意到茱丽的这个问题后，不是对其批评指责，而是在一次茱丽圆满地上交工作时，充满期待地对她说："做得相当圆满。相信你以后都会给我这些喜悦。"

遇到这样的上司，你又怎么可能不喜欢呢？纵然你有坏情绪，在他这里也变成了努力向上的力量。

吉米的成功就在于，他能够发挥积极情绪的价值，让自己的好情绪影响对方，给对方舒服、愉悦的感觉，进而引发了对方相同的情绪，促成了工作效率的提升。

不独吉米如此，试看我们周围那些成功人士，几乎无不具备这种发挥情绪价值的本领。这种本领，不但体现了他们的高情商、

▷ 厉害的人，从来不靠情绪表达自己

过人的情绪管理能力，也体现了他们的自信，无须借助情绪表达自己。

我们听说过很多日本企业的员工因工作过劳死的事件，也看到了相当多的日本企业的员工在工作时舍身忘我，是什么原因让他们如此沉醉于工作，甘于奉献呢？其中的一个原因就在于日本企业的管理者发挥了积极情绪的价值。

在日本企业里，管理者成功地运用积极情绪的价值将员工尽心竭力为企业工作的热情激活。其最大的秘诀就在于让员工有"被信任"感。要注意的是，这种运用积极情绪价值的方法，不只是让管理人员有"被信任""被重用"感，而是让每个人都获得"被信任"感，意即每一位员工都被作为"人"而得到信任和尊重。

如此一来，员工因为获得了信任和认可而增强了自信心，迸发出活力，甘愿发挥特长，为企业的发展贡献出自己的每一分力量。

日本人常说："生意的成功与否，完全看主管用人的态度，是信任员工的能力，还是否定他们。"可以说，日本企业的成功、日本制造业的优秀，正是因为他们将"员工都是优秀的"这一情绪价值传导给了每一位管理者，使之成为企业越做越强的驱动力。

相反，倘若日本企业的管理人员在用人时，心存防备，认为员工总在偷懒，老板总认为"员工就是来挣我的钱的，不会和我一条心,我要处处防着他",那么这种消极的想法就会相应让员工产生"老板会不会坑我?我如何才能让老板兑现承诺?我如何保护自己的利益不受侵害?"等诸多负面的情绪,结果双方整日提心吊胆,甚至积怨在胸,又谈何快乐工作?工作效率如何提升?

不只管理者在管理上运用情绪价值可以提升管理效率,在亲密关系中,倘若能正确地发挥情绪价值的作用,同样可以起到积极的作用。

恬恬的男朋友是一个超级懒的人,即使屋子已经乱到没有下脚的地方,他也绝对不会收拾。恬恬给他提意见,他不耐烦地反驳:"能不能好好聊天了!我不是住得好好的?"

在数次沟通无效后,恬恬换了一种策略。

每次男朋友做了一点点家务,恬恬都会立刻给予赞美。比如:"你太厉害了,碗比我洗得干净多了。""多亏有你,不然我都注意不到桌子脏了。""你太有天赋了吧,第一次煲汤就这么棒。"……

慢慢地,恬恬的男朋友开始相对主动地帮助她分担部分家务。当然了,要想把男朋友培养成家务小能手,恬恬还需要继续努力,于是恬恬继续运用着这种策略。

在好的情绪里,我们收获的是愉悦感、幸福感;在糟糕的情绪里,我们就算获得再多的物质享受,也无法弥补内心的失落和幸福感的缺失。

▷ 厉害的人,从来不靠情绪表达自己

高情绪价值是一种人格魅力,它不但可以让一个人积极向上,充满正能量,还可以让与其交往的人感到愉悦。相反,低情绪价值的人,天天抱怨,动不动就"抓狂",充满了满满的负能量,会降低自己和他人的价值感和幸福感。

情绪伴随我们一生,用好它的价值可以相互促进,用不好它的价值就容易铸成大错。

暴脾气只能逞一时之快,并不能为我们带来实质性、有利的情绪价值。因此,不妨过简单宽容的生活,赶走坏情绪对我们带来的伤害,学会控制自己的情绪,做一个能够控制自己人生的人。

认清坏脾气的源头,你才能喜获胜利

坏脾气是情绪上的一个误区、一种心理病毒,它同其他病毒一样,可以使人重病缠身、一蹶不振,甚至会影响到一个人的生活、工作、学习和命运。

发脾气,是生活中常常碰到的现象。不少人脾气暴躁,遇事容易冲动,不能理智地控制自己的脾气,特别是面对一些不顺心或自己看不惯的事时,常常容易发怒,同周围的人争吵,说出一些使人难堪的话,既伤害别人,又伤害自己。

一个男孩经常发脾气,不是向着周围的伙伴,就是向着家里的亲人。结果时间一长,朋友们都疏远了他,亲戚们也不再像从前一样喜欢他了,他感到非常落寞。他知道全是自己的坏脾气惹的祸,但实在不知道如何管住坏脾气。

父亲将他的苦恼看在眼里,却什么也不说,只给了他一袋钉子,并告诉他,以后每次发脾气的时候,就在院子的篱笆上钉一根钉子。如果某一天没有发脾气,就可以从篱笆上拔掉一根钉子。等到篱

▷ 厉害的人，从来不靠情绪表达自己

笆上的钉子被全部拔光时，朋友们就会重新回到他的身边。

第一天结束后，他数了数篱笆上的钉子，是37根。以后的日子里，他尝试着控制自己的坏脾气，于是每天钉的钉子在逐渐减少。

慢慢地，他发现控制自己的脾气，实际上比钉钉子容易得多。终于有一天，他发现篱笆上一根钉子也没有了，他高兴极了。

他把这件事告诉了爸爸，爸爸带他来到篱笆边对他说："你看，篱笆上的这些钉子虽然拔掉了，但上面的钉子洞还在，而且篱笆洞永远也不可能恢复原样。这就如同你向别人发脾气，和别人吵架，说了些难听的话一样，会在对方的心里留下一个像钉子洞一样的伤口。你向别人发脾气的次数越多，别人心上的伤口就越多。孩子，从明天开始试着用自己的好脾气，帮助那些人将伤口抚平吧。"

从此以后，他不再向别人发脾气，而是学着用好脾气待人。慢慢地，他凭着自己的好脾气赢得了他人的喜爱。成年后，他更是因为自己的好脾气赢得了他人的尊重。

人心灵的伤口比身体的伤口更难愈合。当我们将坏脾气发泄到他人身上时，就如同将一把刀插在他人的内心，虽然最后刀被拔出来了，伤口也能愈合，但伤痕仍会存在。

坏脾气是一柄双刃剑，你在用它伤害别人的同时，也伤害了自己。它会影响你的人际关系，引发亲密关系问题。

肖丽和丈夫李刚是大学同学，工作后又在一个单位上班。在工作稳定后，二人的恋情落实，不久就结婚了。

婚后由于生宝宝影响了工作，尽管产后工作仍旧出色，但肖丽还是与升职的机会失之交臂。与此同时，李刚却稳妥地升了职。

获知李刚升职的消息，肖丽特别高兴，一家人专门去外面吃了一顿大餐，以示祝贺。

升职后的李刚，最初和原来一样，每天回家后会和肖丽聊一聊部门的工作，亲亲孩子，夫妻二人的感情依旧那么深厚。

然而，随着时间的推移，李刚的工作越来越忙，经常加班到很晚，周末也在家处理公事。肖丽偶尔让他陪孩子玩一会儿，李刚开始还能耐心解释自己忙，后来越来越没耐心，甚至大发雷霆，认为肖丽不理解自己。后来，这种情况越来越严重，肖丽感觉他好像变了个人。

又是一个周末，原来说好两个人带孩子去公园玩。中午一吃完饭，孩子就吵着要出发。当时李刚还在处理手中的事情，肖丽催了一下，没想到李刚竟然不耐烦地冲着肖丽大吼起来，还叫肖丽不要烦他。肖丽愣住了，不敢相信眼前的男人是自己的老公，孩子也被吓得在一旁哭。全家人出去玩的心情一下子全没了。

从那以后，夫妻二人开始冷战。

▷ 厉害的人，从来不靠情绪表达自己

佛说："怒者，心之奴。"意即一个无法控制怒气的人，只会成为情绪的奴隶，只会给亲朋好友造成困扰。

从心理学的角度分析，爱发脾气实际上是一种敌意和愤怒的心态，是人的主观愿望与客观现实相悖时产生的一种消极的情绪反应。面对如山的压力，倘若不能管理好情绪，就会产生越来越严重的坏脾气。

李刚就在过大的工作压力下，没能管理好自己的情绪，让负面情绪影响了自己的生活，脾气变得越来越暴躁，还造成夫妻关系紧张。

坏脾气是情绪上的一个误区、一种心理病毒，它同其他病毒一样，可以使人重病缠身、一蹶不振。

医学研究还表明，脾气暴躁，经常发火，不仅会强化诱发心脏病的原因，而且会增加患其他疾病的可能性。

巴巴拉是一个全职家庭主妇，每天的工作就是照顾好一家人的生活。她的儿子上了幼儿园，丈夫杰克则醉心于他的软件开发工作。但自从小女儿出生后，巴巴拉的脾气越来越不好，经常冲着孩子发脾气，有时不爱说话的杰克甚至会为此和她争吵起来。

日子就这样过着，两个孩子慢慢适应了妈妈的坏脾气，一到巴巴拉发脾气时，他们就会选择沉默或躲开。而杰克留在公司工作的时间也越来越长。这种变化不但没让巴巴拉的脾气变小,相反,她的脾气更大了,甚至会因为一点小事就发脾气,严重的时候竟然会摔东西。

生活就是这样,无论怎样,总要继续。这天,杰克回到家时,发现妻子巴巴拉竟然一反常态地没在唠叨,更没冲着两个孩子吼叫。全家人难得地在安静中吃完了晚餐。就在杰克因为巴巴拉的异常表现而不安时,他接到了家庭医生汤姆的电话。汤姆告诉杰克,巴巴拉患了胃癌,而且是晚期。

坏脾气不但伤感情,伤身体,严重的甚至可以改写人生,让人走向失败的境地。

W是我多年前在某企业的同事。有一天,我在地铁站与其偶遇。

W依旧是俭朴的衣着,手里提着装得满满的包,里面必定还是做不完的工作。他仍旧那么勤奋,仍旧憨厚地对我笑着。

闲谈中我得知,他还在原单位工作,仍旧是一名普通的员工。

我颇为不解,要知道不管是凭资历还是靠技术水平,他都理应升职了呀。

好在工作这么多年,历经沧桑,我清楚每个人都有着自己的想法,要把握好相处的分寸,不要急着下论断,以自己的想法替别人做主。

▷ 厉害的人，从来不靠情绪表达自己

聊着聊着，W开始抱怨起单位的诸多人和事，满满的怨气和愤怒充斥于他的话语中。

突然，W的手机响了，他接起电话，开始在电话中大声指责一个同事，说对方没把相关材料交给他，导致他熬了一个通宵也没完成工作。结果，放下电话，他突然想起什么似的，在手包里一顿翻找，竟然找到了那份材料。

他嘟哝一句，接着和我闲聊，又向我大发牢骚，说单位这次过节费少发了200块。

我哭笑不得地看着他，瞬间明白了他在单位里一直没能得到重用的原因。

没有人会愿意和一个不停地抱怨的人相处，也不会有人相信，一个连情绪都无法把控的人，可以成为一个合格的管理者。

在人生的路上，当你怒气冲冲地仇视一切时，当你的脾气超过一切时，你已经被他人超越。

我们必须要认清坏脾气的源头，学会管理情绪，练就好脾气，成为情商高手。

好脾气会给我们带来好运气，是一个人有涵养的表现，是一个人高层次的体现。

好脾气还是一个人的修养与气度的体现，是一个人最美好的姿态,是一个人的职场通行证。

认清坏脾气,管理好自己的情绪,凡事看得开,成就自己的好脾气,也会悄悄地成就自己。

因为当你控制住了坏脾气,许多时候,你也就把握住了自己的人生。

Part 5

积累"人生场景",
成为一个真正处变不惊的人

人的内心是一个丰富多彩的世界。反映着我们的内心的情绪更是多姿多彩，如同调味瓶，给我们的生活带来不同的滋味。其中，有对错误的恐惧的焦虑，有源自深深的自责的愤怒，有让人沉沦的忧郁，也有让人迷失方向的悲伤失落，更包括让人行如困兽的苦闷孤独。如何调剂好利于身心发展的佳肴，全看你管理情绪的能力。

过度焦虑折射对错误的恐惧

在焦虑情绪影响下,一个人很难冷静下来,继而做事越来越缺乏耐心,心情越来越浮躁,直接导致工作效率下降,长此以往将严重影响个人事业的发展。

提到著名男高音歌唱家帕瓦罗蒂,人们首先想到的是他那天籁般的歌声,其次就是他那庞大的身躯了。

但许多人不知道的是,帕瓦罗蒂的这种特殊的体形并非与生俱来,而是由于暴饮暴食所致。

帕瓦罗蒂一生演出过的场次不计其数,仅仅在纽约大都会歌剧院的演出就有379场。但是,他每次上台之前,都要胡吃海喝一顿。结果长期下来,就养成了暴饮暴食的习惯,形成了巨胖的体形。

最终,医生为了他的健康考虑,对他下了最后通牒:如果再这样吃下去,他会有生命危险。

此后,帕瓦罗蒂改变了暴饮暴食的习惯,取而代之的是对钉子的执着。因为帕瓦罗蒂的家乡流传着这样一个传说:生了锈的弯钉

▷ 厉害的人，从来不靠情绪表达自己

子会给人带来好运。

无论在全世界哪一座歌剧院演出，在开演前，帕瓦罗蒂必定会在后台昏暗的灯光下，弯着肥硕的身躯，认真地寻找着一枚弯头的钉子。倘若演出前他无法在后台找到这样一枚弯钉子，那么就算这场演出的报酬再高，他也会毫不犹豫地取消。为此，那些承接帕瓦罗蒂演出的单位往往都会在后台特意为他留下一枚弯钉子。当然了，他也因为这种原因的罢唱得罪了不少朋友，芝加哥歌剧院就因此永久地拒绝了他的演出。

分析帕瓦罗蒂暴饮暴食和对钉子的执着，其实均源于他紧张焦虑的情绪。一个人承受的压力过大，就会有喘不过气的感觉，进而形成心理负担，其表现形式就是过度紧张和恐惧。

如同帕瓦罗蒂一样，现代许多人也深受焦虑这一情绪的困扰。因此在现代人的语言中，焦虑成了一个高频词语，任何一件小事都可能变成焦虑的导火索。一旦焦虑的情绪找上我们，那么我们就会因为这种情绪的影响，出现诸多生理和心理的问题。

首先，焦虑会直接影响一个人的身心健康，让人的生活质量降低。人一旦被焦虑情绪所困，就会在这种情绪的驱使下变得易怒，暴躁不安。这种不安的情绪会影响个体与周围人的关系，导致人际关系紧张。这种人际关系的紧张又会反过来影响人的情绪，形成了一种恶性循环。

正所谓心灵的事情，身体会觉察。当焦虑作为一种负面情绪长期困扰着我们，就会令我们身心疲乏，进而引发失眠、抑郁症、冠心病、高血压等多种疾病。

其次，在焦虑情绪影响下，一个人很难冷静下来，做事情时越来越缺乏耐心，心情越来越浮躁，直接导致工作效率下降，长此以往将严重影响个人事业的发展。

究竟是什么原因让现代人背负着如此严重的焦虑情绪呢？这种焦虑情绪的本质是什么呢？

心理学研究表明，焦虑情绪的本质是一种对于潜在失控的恐惧，也就是说其本质就是害怕犯错。事实上，一个人终究要做事，于是错误的存在就成为必然，结果焦虑的存在也成了必然。

一年前W终于攒够首付，购置了一处房产。一家人高高兴兴地搬进新居不到半年，他所在的公司就因为经营不善，出现了诸多问题。随之而来的就是公司可能在年底前裁员的消息。

W忧心忡忡，一想到自己失业会造成家中房贷无法还，家人的生活无着，他就有很大压力。

这种情况持续了几个月，W的身体开始出现诸多问题。最严重的一次是因为腰椎出了状况，不得不在家卧床一周。

▷ 厉害的人，从来不靠情绪表达自己

很快年底到了，公司果真裁员，但 W 所在的部门却只裁了几个普通的业务员。W 为此长舒一口气，心情顿时轻松不少，之前的这样那样的小毛病也不治而愈。

在当今时代，焦虑就像是迎面来的风，总会在你前进时出现，而且你跑得越快，风就越大，换言之，越努力的人，就越容易焦虑。

临床心理学家史蒂文·贝格拉斯长期关注职场人士的心理问题。他经过研究发现，由于极度焦虑，这些人经常因为持续不断的微小琐事而精神高度紧张，偶尔享受一段轻松的假期不但不会令其情绪得以放松，反而会令其感到不安，甚至出现身体疾病。

而这些人之所以出现这种状态就是因为其内心害怕失去，一直在为达到目标而努力，一旦没有达到预期的目标，他们就会痛苦以及羞愧。同样，他们一旦达到目标，也并不开心，会因为失去挑战、目标以及动力而感到痛苦和不安。

史蒂文·贝格拉斯在他的作品《自我驱动心理学》中将以上现象称为"精疲力竭症"。这一症状经常出现在工作稳定的成功人士身上，是这些人因自身的压力引发的焦虑情绪。

焦虑带给人们的似乎总是无尽的忧虑，有人便将其视为洪水猛兽。但是为什么有人却将焦虑当作前进的催化剂呢？

这其中的原因就在于个体对焦虑的认识不同。一个人焦虑什么，就去做什么，认真去解决问题，而非看着问题发愁，那么焦虑就会成为前行的动力。

科学研究也证明，人的生存、发展，都离不开适度的焦虑。适度的焦虑，会使人更敏感，更富有创造力。因为"凡杀不死我的，必将使我强大"。

相比过度焦虑之人的急于求成、自我怀疑，适度焦虑的人，清楚地认识到自己能做什么，并为之用心努力，于是面对危机时，他们更能在一轮又一轮焦虑的洗礼下，不断进化，终于成为最好的自己。

因此不妨学着科学看待焦虑，让适度焦虑成为人生的催化剂，事业的助力器。

▷ 厉害的人，从来不靠情绪表达自己

极度愤怒催生暴力与反抗

愤怒，这一源于人的内心的自责情绪，倘若科学加以管理，可以让我们成功地生存下来，让我们为保护自己的利益而采取行为，让我们为争夺有价值的东西用尽心思，也会让我们为自己想要的生活而不断努力。

前几天我因为之前的图书封面修改问题，和设计师小芳几番沟通无果，颇有些着急。

这天一早，我的手机上就收到了她的邮件，主题是"改好的封面，尽快回复"。

到单位后，我急忙打开电脑，登录邮箱，看着修改后的封面，我终于不淡定了，拿起电话打过去。

"要求修改的几处为什么不改？不是说再出两套方案来比较吗？"

"怎么没改了？仔细看看再说。还要两套方案？这一套就改死了，哪那么多时间再弄两套？先看着这套方案吧，其余的过后再说。我这有好几个封面等着设计呢！"小芳的语气很不耐烦。

接下来，充斥于我的内心的只有一种情绪——愤怒。

那么，愤怒是什么？这种情绪的本质是什么？它是好是坏呢？

愤怒是人的基本情绪之一，具有爆发迅速、破坏力强的特点。这种情绪在出生几个月的婴儿身上就会表现出来。观察发现，约束婴儿的行为、控制婴儿的活动、强制婴儿睡觉等都会唤起婴儿的愤怒情绪。

美国心理学家雅克·希拉尔说："愤怒是一种内心不快的反应，它是由感到不公和无法接受的挫折引起的。"无论是一触即发，还是一味隐忍，愤怒都是坏情绪的红色警报，它实际上"告诉我们，别人对我们使了坏，或者我们内心的愿望无法满足"。

2016年2月20日晚，张某在一家餐馆吃饭时，因琐事与他人发生纠纷。一怒之下，张某持刀伤人，致使同桌人死亡，而他自己也因此受到了法律的制裁。

为什么相当多的人像张某这样，一旦觉得自己受到"侮辱"时，就会愤怒地挥起拳头，用暴力解决问题呢？

生理学研究表明，人一旦因为外界的原因引发了愤怒这一情绪，人脑中的杏仁核就会立刻释放肾上腺素，进面引起心率加快、血压上升等生理变化。在这样的变化下，战斗或逃跑模式就被快速启动，理性思维完全来不及反应，人就会做出攻击等伤害性行为。

维雷娜·卡斯特说:"任何形式的发怒,都隐含着一种对环境和周围世界的攻击性。"由此可见,在愤怒这一情绪的支配下,一个人在冲动之余会做出出格的事情就不足为怪了。

任何事物均有双面性,愤怒也是如此。

愤怒的情绪可以伤人,但倘若管理得好,它还可以助人,成为我们行动的力量。这就如圣雄甘地所说:"愤怒之于我们正如汽油之于汽车,给我们动力,推我们前行。愤怒能激励我们主动出击,做出改变,寻求正义。"

人类历史上,有着相当多的在愤怒的驱使下做出的正义之举。远的不说,单抗日战争中就涌现了许多愤怒之下的还击行为。

因此可以说,愤怒,这一源于人的内心的自责情绪,倘若加以科学管理,可以让我们成功地生存下来,让我们为保护自己的利益而采取行为,让我们为争夺有价值的东西而用尽心思,也会让我们为自己想要的生活而不断努力。

如何发挥愤怒的助人力量,就如心理学家艾耶·古罗·勒内所说:"我们必须要倾听自己的愤怒,因为它能帮助我们保持个性的完整。"

当我们认识到了愤怒的本质,就清楚地认识了自己,管理好愤怒这一情绪,使之发挥正向的力量,就可以让愤怒成为改变不公的动力,而非得理不饶人的手段。

Part 5 积累"人生场景",成为一个真正处变不惊的人 ◁

当我们管理好愤怒这一情绪,善用愤怒的力量,愤怒就会成为心灵的武器,激励我们做出改变,引领我们发现世界的美好。

▷ 厉害的人，从来不靠情绪表达自己

情绪抑郁诱人沉浸自我

生活本就是一首酸甜苦辣交响曲，美妙的乐声绝不是由一种曲调构成的。面对生活，如果不想被抑郁情绪笼罩，不妨尝试着感受情绪的五味，认识抑郁情绪的根源，理解抑郁情绪对一个人的双重意义，方能让自己脱离小小的自我空间，放眼天下，找到自己的正确位置。

　　随着最后期限的到来，她感到特别无助和痛苦。

　　原以为经过一夜的努力，最终方案可以定稿。然而天亮了，结果还是不尽如人意。

　　她用被子将自己紧紧地包起来，蜷缩在床上，仿佛这样就能感觉温暖一些。

　　当门外传来轻轻的敲门声时，她恨不得自己化身一缕轻烟，飘出去。

　　"Mary，起床吃饭吧。"

　　"我要再睡一会儿，你们先吃吧。"

　　门外是一阵沉默，随后是一声轻轻的叹息，伴着远离的脚步声。

Part 5　积累"人生场景",成为一个真正处变不惊的人

她更深地蜷缩下去,随后是一阵抽泣,无助感又将她包裹起来。

自从上周部门会议上自己的方案被否定,Mary就从开始的信心十足,到如今时时感到一阵一阵的难过和悲伤。她陷入严重的挫败感之中,总是感觉自己事事不如人,自己是天下最笨的家伙。

困扰着Mary的就是抑郁情绪。

抑郁情绪如同盘旋在现代社会上空的幽灵。任何人,任何时候,均可能遭到它的侵袭。这和性别、财富、身份、地位无关。无论是升斗小民,还是光鲜亮丽的商界精英、政界宠儿,都一样可以成为抑郁情绪的捕获对象。

也是因为它的出现,相当多的拥有高学历、高智商、高职位、众人艳羡的"天之骄子",最终陷入抑郁的泥潭,一蹶不振。

小蒋,这位以市状元身份考入全国知名大学的学生,开学初,曾幸福地在风景如画的校园里享受着天堂般的生活,然而开学不久,强手如云的校园、无数次的挫败让他体会到了失望和无力。于是他成了抑郁情绪的俘虏。

如同Mary、小蒋一样,太多的人在现实生活中遭遇了过多的事与愿违而非心想事成,遭遇了工作或者生活中的诸多不开心,于是他们因为被生活硌得生疼而情绪低沉,整天忧心忡忡,成了抑郁情绪的俘虏。

▷ 厉害的人,从来不靠情绪表达自己

他们之所以被抑郁俘虏,只是因为面对挫折和失败,他们过低地估计了自我才智和能力,过高地估计了周围的困难,让自己陷于低自尊的评价中,进而痛苦不堪。

实际上,生活本就是一首酸甜苦辣交响曲,美妙的乐声绝不是由一种曲调构成的。面对生活,如果不想被抑郁情绪笼罩,不妨尝试着感受情绪的五味,认识抑郁情绪的根源,理解抑郁情绪对一个人的双重意义,方能让自己脱离小小的自我空间,放眼天下,找到自己的正确位置。

美国作家伊丽莎白·伍策尔曾说过:"抑郁……意味着缺失。(它意味着对生活)没有效果,没有感受,没有回应,没有兴趣。"

没错,抑郁情绪就是对生活的迷失,是失去了对生活的感知。

抑郁情绪引发的对生活的迷失,会对人们产生消极影响。一个人一旦为抑郁情绪所困,就会变得比较颓废,看待事物比较偏激、片面,将自己封闭起来,拒绝改变,在相当长的一段时间内,迷失于生活之中,让自己的工作、学习、生活陷于停滞状态。

抑郁情绪是一个人失去了对生活的感知。处于这样的情绪中的人,会无法感知到生活中的快乐,触目所及都是灰茫茫的一片。而其实,人的生活原本应该是多姿多彩的。

人为什么会迷失呢?为什么会失去对生活的感知呢?

必须承认，人的迷失与莫名其妙发生的抑郁情绪其实更多的是一个人对自己的现状的失望、不满和抵抗。

因此要改变自己的抑郁情绪，首先就要弄清楚什么是生活，什么是真正的生活。

我们要清楚地认识到，在如今鸡汤和成功学大行其道的时代，所谓香车宝马，扬名立万，对金钱和名誉的追求，并非生活的全部。成功的定义绝非如此单一。

生活在霓虹灯下，穿行于高楼大厦、车水马龙之间，是一种生活；躬耕于田间，与清风明月为伴，享受劳作的快乐，是一种生活；献身公益，以清粥小菜为食，读书品文，是一种生活……

一个人倘若仅将满足原始欲望，过上纸醉金迷的生活定义为成功，以在朋友圈里炫富，亲戚之间夸耀，当作成功的标准，认为那就是生活的一切，那么当得不到这些的时候，便会不可避免地陷入沮丧、忧郁，甚至抑郁。最终，这种无尽的欲望之壑，必定会让我们永远被抑郁情绪包围，直至永堕阿鼻地狱。

相反，倘若我们能正确地看待抑郁情绪，意识到抑郁情绪产生的根源，就会不断思考奋进，给人生带来积极影响。

我们要认识到，无论我们如何渴望享受幸福快乐的生活，现实与想象总会存在或大或小的差距，当我们无法改变或只是没有找到合适的应对方法时,就会感到迷茫、无助和悲观。这都是相当正常的现象。

重要的是,我们必须认识到,这种时刻恰恰是我们自我反省的最佳时刻。我们要深刻反思自己的缺点、弱项和存在的误区,找到改善的方法,采取更有效的方法来应对当前的困境。如此一来,前路会重新绽放光明。

当我们心情抑郁的时候,不妨试着培养自己"不以物喜,不以己悲"的心境,认识到我们拥有大脑,拥有整个地球生物中最深邃奥妙的精神,何必一定要用那些外在的浮华来打扮和装饰自己的生活。

如此一来,当我们改变了心态时,我们就对成功有了新的定义,于是抑郁情绪就会成为我们成长的动力。

25岁的安是一位小有名气的编剧。

没人能想到,这位青春靓丽,人前侃侃而谈的女孩一度过得那么不快乐。而她的不快乐,就源于抑郁情绪的困扰。

大学期间,因为专业不是自己喜欢的,安失去了学习的兴趣,一味地沉浸于网络世界,在网络游戏和网络小说中度过每一天。

然而,要想顺利地从大学毕业,她就要完成每一门专业课的学习,取得合格的成绩。但于她而言,这实在是太难了。

看着明显让人无法接受的成绩，她情绪低沉，感到自己在同学面前似乎矮了三分。

安向一位心理咨询师网友倾吐自己的情绪，从对方那里，她获知这是抑郁情绪，于是开始了与这种情绪的抗争。

安通过阅读大量的书籍认识了抑郁情绪产生的根源，于是她坦诚地与父母沟通，勇敢地为自己重新定位，找到了自己人生的方向。

如今的安，从不强迫自己一定要写出什么知名的剧本，也不讲究锦衣玉食，而是带着双眼看世间的百态，随时开启一场说走就走的旅行。这样的她，反而收获了一部又一部反响不错的作品。

因此，面对生活给予我们的抑郁这味苦涩的调料，不妨为其加点盐，再用平淡之水稀释，那么在清风明月般简单的生活中，我们将不再沉沦于忧伤与苦闷，收获的或许就是人生的圆满与幸福！

▷ 厉害的人，从来不靠情绪表达自己

惆怅失落使人迷失方向

人的一生曲曲折折，世事有起有落，这是事物发展的规律，也是生命的常态。倘若一个人长期处于惆怅失落的状态之中，就会角色错位，找不到人生的方向。

几天前，朋友L来找我，一脸的落寞。

L曾经是一家公司的部门经理，也曾手握下属的去留大权，却转眼间权力尽失，成为职场失意人。

如今，不再每天为工作计划的制订、人员的管理烦忧的L，有了时间与朋友闲聊。

然而，在两个小时的闲聊中，L总不忘提到自己从前管理部门时的逸事，话里话外充满了对过去的留恋。

我看着L眉宇间的那份惆怅，知道这是失意人说得意事，一言一语倾诉的是内心的失落。

其实，L所承受的情绪困扰，是所有荣耀得而又失的人，曾经过着众星捧月般的生活而今门庭冷落的人都品尝过的，那就是惆怅失落。

一旦被惆怅失落缠住，人的内心会有怎样的感受呢？

一位知名人士曾这样叙述自己的感受："近来，我被一种莫名其妙的情绪笼罩着，我徒劳地想摆脱，可悲的是我连这种情绪是怎么回事都未弄清楚……世上万物仿佛一张大网直扣下来，渺小的我只有在大网之下做着莫名其妙的挣扎和寻找。大学毕业后，我就在现在的单位就职，周围的人因着职位和环境而羡慕我的机遇、我的幸运、我的一帆风顺。但是生活并非如人们想象的那么轻松愉快，在春风得意的背后，深深的精神危机围绕着我。无论繁忙还是悠闲，我的内心深处总被一种难以遏制的渴望灼痛着，无法安宁。"

这就是惆怅失落感的现实表现。

惆怅失落，就是被社会遗忘的空虚感，是一种身在其位却又不知自己生活在何处的茫然感，是心中无限的怅惘感。

一般来说，一个人产生惆怅失落感的原因主要有以下两点：

一是角色转变的不适应感，如前文中L在失去原来已习惯担任的角色时所产生的失落感。这种对角色变化的不适应，让他对自己的角色定位产生了疑惑。

二是理想与现实相差太远。现在相当多的职场人，总是对当下的工作充满厌恶，认为理应有更好的工作等着自己。然而他们中的

▷ 厉害的人，从来不靠情绪表达自己

相当一部分人却有着眼高手低的毛病，结果就是不停地变换工作，从一个公司跳到另一个公司，处于高不成低不就的状态。这实际上就是个人发展的现实与理想之间的差距导致的惆怅失落感。

当然了，个人在生活中找不到适合自己的位置时，也会有一种被生活遗忘的惆怅失落感。此时，人会感觉自己是个"多余的人"。突出的表现就是失业青年、退休人员的惆怅和失落感。

实际上，期望越高，失望越大。当一个人对生活抱着美梦般的幻想时，一旦想象的世界与现实之间产生了差距，他就极容易被沉重的惆怅和失落感包围。

由此可见，惆怅失落的情绪体验源于人生起落的变化，源于对未来的不确定性和无把握性。

在现实生活中，有些人习惯了荣耀，习惯了门前车水马龙，习惯了身边有甜言蜜语，习惯了赞美、掌声与鲜花，习惯了别人的阿谀奉承，于是当因为某些原因失去这些东西的时候，他们就不免产生所谓惆怅和失落感。

实际上，人的一生曲曲折折，世事有起有落，这是事物发展的规律，也是生命的常态。倘若一个人长期处于惆怅和失落的状态之中，就会角色错位，找不到人生的方向。

旭和女友相恋八年。八年的岁月，二人好像早已血肉相融。可是就在不久前,一次争吵后,女友提出了分手,并且动作迅速地从两人同居之地搬走了。

相处的八年中,不是没有过争吵,甚至有时吵得比这次还厉害,女友都包容和理解了,二人很快言归于好,这次却提出了分手。

旭感到一种前所未有的失落感充斥于心间。他越来越不愿意面对那个刻满了二人记忆的房间,因为那里的一切都让他更加不能理解女友的离去,内心的不甘让他倍感苦闷惆怅。

没过多久,旭获知了女友通过相亲认识了结婚对象,而且正在筹备婚礼的消息,他的失落和苦闷之情日盛。

朋友问他:"在你拥有的时候,你珍惜了吗?你有没有反思自己呢?是你的错,还是她的错?"

没错,人之所以产生失落感,是因为曾经获得。当这种获得一旦失去,如果不懂得随遇而安,内心就会充斥着失落感,进而苦闷不已,影响自己的生活。

面对得而再失,最重要的是要认清失去的原因,理性地调整自己的情绪,认识到世间事有得到就有失去,鱼与熊掌是不可兼得的,有人成功就要有人失败。当光明到来,黑夜就成为过去,两者不能并存。

一个人要认识到,只有脚踏实地,珍惜拥有,未来才会有更美好的生活。

只要能够把握好得失成败的心态，调整好自己对成功和名利的渴望，对现实的人情多一点体谅，就不会被所谓失落感笼罩。

苦闷孤独让人行如困兽

面对令人行如困兽的孤独苦闷感,我们一方面要将其看作生活中的调料,学会适度地享受,另一方面要提升自己的自信心和基本社交技能,让自己走出孤独的恶性循环,发现人际交往中的美好,感受生活的美好。

时光荏苒,岁月如梭,27岁的小生已经在现在这家公司工作5年了。5年间,发生了许多事情,小生也从一个翩翩美少年变成了一个体重180斤的胖子。

最近这几年,小生变得越来越孤独,不愿意与同学和同事交往,每天下班后就钻到自己租住的小屋中,不是睡觉,就是打游戏。

小生性格较内向,属于那种才气不外露、霸气不外泄型。他所在的公司工作繁重,加班没有加班费。不过公司老板却是一个有着雄心壮志的人。

每周的例会上,听着老板慷慨激昂地讲述着自己的宏伟蓝图,给大家画着一个又一个"大饼",小生就会默默地打开手机,翻看

▷ 厉害的人，从来不靠情绪表达自己

信用卡电子账单、房东催缴房租的短信。

小生感觉自己怎么也高兴不起来。每天如同一台机器一样，连续运转十几个钟头，还要面对老板的吹毛求疵。繁重的工作压力，没有知心朋友，让小生痛苦不堪，无比孤独。

事实上，小生的这些感受，是当今现代人的普遍感受。这种感受就是苦闷孤独感，是一种消极的情绪体验。

一项调查研究证明，都市中虽然有密密麻麻的高楼大厦、川流不息的车辆、拥挤的人潮，然而不管是公交车和地铁上的接踵摩肩，还是商场和公园里的熙熙攘攘，都会让现代人生发出一种前所未有的苦闷孤独感。

所谓苦闷孤独感，是一种封闭心理的反映，是感到自身和外界隔绝或受到外界排斥所产生的苦闷孤独的情感。

1954年，美国心理学家以每天20美元的报酬雇用了一批学生作为被测者，进行了有关孤独感的实验。

为了制造出极端的孤独状态，这些学生被关在有消音装置的小房间里，被要求戴上半透明的保护镜以尽量减少视觉刺激，还要戴上木棉手套，并在其袖口处套了一个长长的圆筒。甚至为了限制各种触觉刺激，实验人员又在他们的头部垫上了一个气泡胶枕。除了进食和排泄的时间以外，这些学生必须24小时都躺在床上。

就这样,一个所有感觉都被剥夺了的状态被营造了出来。结果,尽管报酬很高,但几乎没有人能在这项实验中忍耐三天以上。最初的8个小时,这些学生尚能撑住,此后,学生为了排遣孤独,或是吹起了口哨,或是自言自语,但都开始变得烦躁不安。

实验后期,一些学生会产生幻觉,一些学生会出现双手发抖,不能笔直走路,应答速度迟缓,以及对疼痛敏感等症状。而直到实验结束三天后,这些学生才能回到原来的正常状态。

这个实验告诉我们,人的身心要想正常工作就需要不断地从外界获得新的刺激,意即人需要打破孤独。在通常情况下,短暂的或偶然的苦闷孤独感不会造成心理行为紊乱,但长期或严重的苦闷孤独感则可引发某些情绪障碍,降低人的心理健康水平。同时,苦闷孤独感还会增加与他人和社会的隔膜与疏离,而隔膜与疏离又会强化人的孤独感,久之势必导致疏离的个体人格失常。

有关统计资料表明,苦闷孤独感已经成为现代人的通病。心理学家预计,随着社会变得越来越发达,现代人的苦闷孤独感会继续增长。

那么,是什么原因造成了现代人的这种苦闷孤独感呢?

现代人的苦闷孤独感,首先源于外在环境的影响。研究发现,越是发达的城市,人们的苦闷孤独感越强。这与环境的影响关系极大。一般来说，现代都市中的居住环境、紧张的工作环境和人与人之间的陌生感，均会催生人的苦闷孤独感。

其次，苦闷孤独感的产生也与个人相关。英国心理学家埃克森认为，人格的一个极端是外向，另一个极端则是内向。而每个人不是偏外向些，就是偏内向些。调查显示，56%的人性格都偏内向。性格偏内向的人的兴趣集中在自己的思想、观点、情感和行为上。他们不喜欢、不习惯或没勇气表达自己，不愿意将自己的情感暴露在他人面前，不愿意与人交往，喜欢将自己隐藏起来，但同时他们内心还特别渴望别人能真正了解自己。这种需要得不到满足时，便会陷入惆怅和苦恼，产生苦闷孤独感。

第三是一些人在人际交往中缺乏自信心和必要的社交技能，难以与他人建立亲密的友谊，因而产生了难以摆脱的苦闷孤独感。

面对都市化和竞争激烈的社会现状，面对令人行如困兽的苦闷孤独感，我们要做的就是，一方面将孤独苦闷看作生活中的调料，学会适度地享受，另一方面要提升自己的自信心和基本社交技能，让自己走出孤独的恶性循环，发现人际交往中的美好，感受生活的美好。

Part 6

如果我们可以改变情绪，
我们就可以改变未来

自信的人之所以能管理好情绪,就在于他们在改变自己的思维模式的同时,能调整做人、做事的态度。当面对生活中的黑暗和不如意时,他们不是抱怨,而是转变思维,以积极乐观的心态面对。一个学会转变思维的人,内心永远充满阳光,很少让自己情绪失控,等待他的必定是可以改变的未来!

Part 6　如果我们可以改变情绪，我们就可以改变未来 ◁

管理好情绪，自信第一

只有充满自信，我们才能提升自己的情绪自控力，才能处理好负面情绪，摆脱负面情绪的纠缠，将负面情绪变成积极情绪。

自信是一种感觉，一种变化的情绪。感觉是流动的，情绪是变化的。面对困难，如果能够有效地处理它，人就会变得自信，心情也会变得美好；如果不能克服，心情就会变得很糟糕，也就会对自己失去信心。

一个人自信与否是随着环境的变化而变化的；但环境是客观因素，对环境的感觉才是决定性因素。由此可见，自信是变化的情绪。

一个能够管理好自己情绪的人，是一个自信的人，其举手投足之间必定会散发出个人魅力，展示出个人优点，从而得到他人的认可，获得更大的成功。

M是我朋友金博士的同事。我在机缘巧合之下，与其在金博士家的节日聚会上相识，此后又有过几次小聚。在我的印象中，M是

▷ 厉害的人，从来不靠情绪表达自己

一个十分热情的人。与他交谈，你不但有如浴春风的感觉，而且总能从他那里发现自己的优点和长处。他会经常夸奖你的优点，让你感觉十分开心和自信。

不过一次偶然的机会，却让我发现了他的另一面。

那天，金博士约我谈一件事，因为要顺路处理点儿事情，我比约定的时间早了半个小时到达。

报了金博士的名号，前台人员将我请到休息室等候。之后我去洗手间时，听到从隔壁的会议室传来激烈的争吵声。

咦，听声音是M。

请原谅我的好奇心，因为我不敢相信M也会如此大吼大叫。

看到我惊奇的眼神，为我送水的前台人员笑着说他们的M副总正在和人会谈。吼声都大得传到外面来了，想必此刻他一定和对方争执得脸红脖子粗。

我惊讶极了，对于自己从前认识的M感到怀疑。不过再看一看前台人员淡定地回去工作，工作间中其他人也仿若没听到一样，不知道为什么，我觉得这是一种常态，于是转身安坐下来看起了书。

开完会金博士来见我，同来的还有M。他依旧那么温文尔雅，几乎令我怀疑刚才是错觉。

觉察到了我的惊异，M笑了起来。

Part 6　如果我们可以改变情绪，我们就可以改变未来

金博士告诉我，M和人争执是工作中的一个惯例，每当碰到不好谈判的客户，他一定会由最初的温和变成最后的爆发。而他一旦与对方进行愤怒的争执，许多看似陷于瓶颈的问题常常便能迎刃而解。

望着M明亮的双眼，目送他挺拔的背影，我明白了，他已经能自如地管理自己的情绪，可以让愤怒的情绪成为谈判的利器，帮助自己搞定难缠的对手；也可以让温柔、平和的情绪成为与人沟通的桥梁，将其热情、开朗、有趣的一面展示给朋友和同事。

这就是那些成功人士的过人之处。于他们而言，情绪管理的成功，建立在其过人的自信之上，而成功的情绪管理，又增加了他们的自信。

毋庸置疑，人人都想管理好自己的情绪，但我们必须清楚，管理好情绪不是目的，管理好情绪背后的收益才是我们的目的。那就是借助于情绪管理，让我们收获好心情，每天都很开心；让我们获得高效率，受到他人的欢迎；让我们增加助力，扫清前进路上的障碍……

而要做到这一点，自信是首要的前提。只有充满自信，我们才能提升自己的情绪自控力，才能处理好负面情绪，摆脱负面情绪的纠缠，将负面情绪变成积极情绪。

▷ 厉害的人，从来不靠情绪表达自己

荷兰著名哲学家斯宾诺莎在其作品《伦理学》中提出了"快乐与忧愁是完全可以相互转换的"这一观点。相当多的人无法理解这一观点，认为如此截然相反的两种情感是无法相互转换的。

然而，生活中相当多的事实证明，心态改变了，情绪就会改变。当我们心怀乐观的心态，那么忧愁等不良情绪自然就会远离。

一位国王每天都很忧愁，他不是担心军队打败仗，就是担心国库被人抢劫，再不然就是担心大臣会背叛自己……总之，自从坐上那个宝座，他一天也没快乐过。

一天，国王微服私访到一间简陋的农舍前。在这里，他听到了开心的笑声。他甚感奇怪，遂走上前去，想看一看什么人可以笑得如此开心。

国王推门而入，看到一个老人独自坐在一张简陋的饭桌前，看着手里的东西傻笑着。他是如此开心，以至于陌生人进来也没发现。

国王走近一看，原来他手里拿的是一小块烤肉。如此平常的食物，竟然会令他这么开心。

国王摇摇头，奇怪地问："一小块肉就让你如此开心？"

老头笑着说："肉虽然小，但可是我做了好久的木工活才攒钱买的，因此当然是一件快乐的事情。"

国王又问："你把攒的钱全部用来买一块烤肉，就不担心明天没钱吃饭吗？"

老人回答："那当然。快乐源于自己的心境，和明天是否可以挣到饭钱无关。"

国王在回皇宫的路上，反复琢磨着老人的话，感到实在无法理解。于是他想看一看，究竟老人在挣不到饭钱的时候，是否还能保持快乐的心境。

第二天，国王要求国内所有木匠必须到王宫门口站岗一个月，但酬劳要在月末一次性付清。老木匠当然也被召集到宫门外站岗了，直到黄昏才被放回家。

晚饭时间到了，乔装打扮的国王也在此时赶到老木匠家，原以为会看到老木匠正为饭没着落而唉声叹气，没想到却看到老木匠正在享用一桌美味佳肴。

国王忙问："昨天你已经花光了所有钱，是如何让今天的晚餐如此丰盛的？"

老木匠很幸福地笑着说："今天我受命去给国王站岗，蒙陛下恩典，可以得到一个月很好的报酬，不过要到月末才能领到。我脑子一转，将刚发的佩剑当掉，换来了这样一桌美味。"

国王故意问他："你就不担心明天没办法交差吗？"

老木匠胸有成竹地说："没关系，等发了工钱，我就把剑赎回来。

▷ 厉害的人，从来不靠情绪表达自己

至于明天，我想我会解决的。"

看着老木匠开心地享用着美味，国王觉得太不可思议了。

第三天早晨，国王来到宫门口，远远地看着老木匠。他果然挺胸抬头地站在城门边。当然，腰间也佩戴着一把剑。

国王灵机一动，低头对跟随的侍卫长说了几句话，侍卫长离开了。

很快，侍卫长抓着一个小孩来到城门边，并宣布这个孩子偷人财物被抓到，按律要当场斩手。随后，侍卫长随手一指老木匠，命令他拔出佩剑，斩掉小孩的右手。

老木匠一边将男孩护在身前，一边笑着请求侍卫长给男孩一个改正的机会。

侍卫长把脸一拉，严令老木匠马上执行。老木匠汗流浃背，手紧紧地把着剑鞘，拒绝执行命令。

侍卫长已经失去了耐心，拔出自己的佩剑，逼近老木匠。

戏剧化的一幕出现了，老木匠突然跪在地上，口中念念有词地说："神啊，显显灵吧，显显灵吧！如果您要惩罚这个孩子，请允许我砍掉他的双手；如果您愿意原谅他，请把我的宝剑变成木剑！"

随后，老木匠"刷"地一下抽出佩剑，围观的人发出阵阵惊呼声："神显灵了！是木剑，是木剑！"

看到这一切，国王终于忍不住大笑起来。

他知道，老木匠之所以能让忧愁不再，让快乐相随，关键在于他的心态和过人的智慧。

故事中的老木匠之所以能让自己保持快乐的情绪，就在于他面对问题时，善于改变思维，巧用智慧，解决问题，而非一味地忧愁当下，恐惧未来。

我们或许不能如故事中的老木匠一样睿智，却可以学他一样，改变我们的思维。

人的许多不良情绪是由生活中的诸多不如意引起的，而这些不如意产生的根本原因就在于我们想问题的思维。正是由于我们在认识问题的时候过于片面，才让情绪陷于固定模式，进而产生消极影响。

须知，同一个问题，看待的角度不同，心境也不同。上述故事中，倘若老木匠不能合理地看待事物，就不能灵活地解决问题，自然会引发消极情绪。相反，由于老木匠从积极的角度看待问题，巧妙地解决问题，于是让自己获得了愉快的情绪体验。

所以，当我们面对现实生活中的诸多问题时，首先要改变自己的思维，这样就可以化消极情绪为积极情绪，让自己变得快乐、自信起来。

当然了，要改变自己的思维模式并非说说那么简单，需要我们

▷ 厉害的人，从来不靠情绪表达自己

调整做人、做事的态度，以此调整我们的情绪。

自信的人之所以能管理好情绪，就在于他们在改变自己的思维模式的同时，调整了做人、做事的态度。当他们面对生活中的黑暗和不如意时，他们选择的不是抱怨，而是转变思维，以积极乐观的心态面对。

一个学会转变思维的人，内心永远充满阳光，永远不会因任何事情而情绪失控。

提高吸引力，全靠正面情绪

一个能管理好自己的情绪的人，必定是一个能成就大事的人，自然就可以引来钦佩的目光，吸引他人的追随。

一个人的成功是由多种因素促成的，在我看来，情绪管理就是其中一种重要的因素。这一重要因素可以增添一个人的魅力，提升一个人的吸引力，甚至可以让一个人的人生发生极大的变化。

周末应邀参加朋友的母亲的花甲寿宴。宴会上，同桌的一位谈吐优雅的女子A吸引了我。

宴会期间，同桌的B女性看着朋友的母亲，感叹自己的母亲心态不好，不停地说着母亲的情绪如何影响了子女，言语中诸多抱怨。

这时，A笑着对B说："真羡慕你，还能陪伴在母亲身边。我是子欲养而亲不在呀。"

听到这句话，B停下了抱怨，不好意思地笑了。

随后A和B热烈地聊起了有妈在的好处，听得周围的人不由得

▷ 厉害的人，从来不靠情绪表达自己

参与进去。大家谈起各自家中的老人的趣事，不时发出低低的笑声，气氛格外热烈。

宴会结束时，包括我在内的桌上的每个人都对 A 充满了好感。

事后想一想，A 之所以吸引我们，关键的因素就是她身上的那种无声的魅力。这种无声的魅力就表现在她能适时、得体地管理好坏情绪的影响，让积极的情绪影响自己和他人。

试想，倘若当 B 抱怨自己的母亲时，A 不是引导对方想到有母亲在的幸福，而是与之共同谈起母亲的不良情绪的诸多伤害，那么结果又会如何呢？

由此可见，A 是一个有极好的管理情绪能力的人。

一个人如果能管理好情绪，就可以增强自身的吸引力，可以自如地应对生活的各个方面，更好地掌握命运。

成年人的世界纷繁复杂，我们已经没有把情绪随意写在脸上的资格了。

稳定的情绪和出色的情绪管理能力，可以让我们在事情发生时，控制住局面，做到宠辱不惊，不让任何消极情绪影响周围的人和事，给身边的人莫名的安心和信心，仿佛这个世界上没有什么事情是不能解决的。

这种情绪管理能力，是一个人的修养和人品的体现，是提升个人吸引力的重要因素。

国学大师季羡林和作家臧克家在一家小饭馆吃饭时，一个孩子摔倒在地上。

季羡林连忙将孩子扶起，而孩子妈妈却误以为季羡林欺负小孩，于是就斥责他：

"一个大人干吗欺负小孩，要是我儿子受伤了，跟你没完。"

季羡林平和地看着这位妈妈，没有分辩，也没有与之争吵。

这时，周围的人看不下去了，纷纷指责这个妈妈蛮不讲理："是孩子自己摔倒了，这位先生好心帮你扶起他，你怎么不分青红皂白就骂人呢？"

听了周围人的话，这位妈妈知道自己误解了季羡林，骂错了人，不好意思地向季羡林道歉。

季羡林却淡然地说孩子没事儿就好。

事后，臧克家问季羡林："你明明被人误解了，她骂你，你为何不还嘴？"

季羡林笑着说："大家都看着呢，何须我来解释。"

不能不说，这个故事佐证了情绪见人品这一事实。

俗话说："宰相肚里能撑船。"一个能管理好自己的情绪的人，必定是一个能成就大事的人，自然就可以引来钦佩的目光，吸引他

▷ 厉害的人,从来不靠情绪表达自己

人追随。

真正的成功者会在遇到事情的时候,首先考虑如何解决问题,而不是让坏情绪影响自己。他们会在问题解决后,于夜深人静之时,留一点空间给自己,整理情绪,纾解自己。

相反,相当多的人之所以缺少吸引力,一个重要的原因是其情绪管理能力有待提升。

这样的人遇到事情时,情绪先于理智,冲动处事,不是宣泄性地哭泣,就是爆发式地耍脾气,结果不但影响了事情的解决,也毁了自己。

1809年1月,拿破仑获悉外交大臣塔里兰密谋造反,于是匆忙从西班牙战事中抽身赶回巴黎。一到巴黎,他就马上召集所有大臣开会,并在会上含沙射影地点明塔里兰要造反。不过塔里兰却冷静自持,和平时没什么两样。拿破仑看着这个不动声色的家伙,无法控制自己的情绪,故意逼近他说:"有些大臣希望我死掉。"塔里兰不但仍旧不动声色,还显出疑惑的神情看着他。

拿破仑忍无可忍,终于对着塔里兰粗鲁地喊道:"我赏赐你无数的财富,给你最高的荣誉,而你竟然如此伤害我。你这个忘恩负义的东西,你什么都不是,只不过是穿着丝袜的一只狗。"

说完他转身就离开了。其他大臣面面相觑,对如此失态的拿破仑深感失望。

而塔里兰还是保持泰然自若的样子，慢慢地站起来，转过身对其他大臣说："真遗憾，各位绅士，如此伟大的人物竟然这样没礼貌。"

很快，会上拿破仑失态和塔里兰镇静自若的消息迅速传播开来，拿破仑的威望降低了。

可以说，当拿破仑因为压力而在众人面前情绪失控时，其实他就已经失败了。

塔里兰成功地激起了拿破仑的怒气，让他在众人面前情绪失控，进而让大家都知道拿破仑是一个容易发怒的人，使之失去作为领导的权威。这种情绪失控引发的负面效应影响了人民对拿破仑的支持，进而导致最后的失败。可以说，拿破仑的情绪失控，正如塔里兰事后所预言的："这是结束的开端。"

于拿破仑而言，打败他的不仅仅是当时的战局，更重要的是他自己焦躁不安的情绪，这种情绪的出现让他失去了主宰大局的绝对权力。

当一个人情绪失控时，其行动就会快于大脑，如此一来，上天给予再多的机会，也无济于事。

鲁莽行事之人失败的原因不在智商，而在于情绪管理能力。他们因为情绪失控得到的结果就是犯了大错之后的追悔莫及。

▷ 厉害的人，从来不靠情绪表达自己

面对摧毁我们心理的火苗，我们要学会正确对待压力引发的负面情绪，不要让自己一味地沉浸于一种排斥情绪中，因为这样会引发更糟糕的结果。

一个叫爱地巴的人，每次与人发生争执，总是以最快的速度跑回家去，绕着自己的房子和土地跑三圈。为此他遭到了人们的嘲笑。

然而不知不觉之间，这个在人们眼中胆小怯懦的爱地巴却越来越受人欢迎，家境也变得越来越富有。

到爱地巴老年时，尽管他已经拥有了相当广阔的土地，但还保持着一生气就绕着房子和土地跑三圈的习惯。

这天，他又生气了，于是拄着拐杖开始艰难地绕着土地跟房子转圈。等他好不容易走完三圈时，太阳已经下山了，他就坐在田边喘气。

陪了他好一会儿的孙子恳求他："阿公，您年纪已经大了，附近地区也没有人的房地比您的更大，您不能再像从前那样，一生气就绕着房地跑啊！您可不可以告诉我，为什么您一生气就要绕着房地跑上三圈？"

爱地巴说："年轻时，我若和人吵架、争论、生气，就绕着房地跑三圈，边跑边想，我的房子这么小，土地这么小，我哪有时间，哪有资格去跟人家生气，一想到这里，气就消了，于是就把所有时间都用来努力工作。"

孙子又问:"阿公,您现在年纪大了,又变成了本地最富有的人,为什么还要绕着房地走三圈?"

爱地巴笑着说:"我现在还是会生气,生气时绕着房地走三圈,边走边想,我的房子这么大,土地这么多,我又何必跟人计较?一想到这,气就消了。"

这个故事告诉我们,人会产生各种各样的情绪,喜怒哀乐是人的本能,但遇到情绪问题时,能不怒不嗔,调整心态,才能收获成功的人生。

切记,发脾气是人的本能,管理好自己的脾气,提高自己的吸引力,才是本事。

▷ 厉害的人,从来不靠情绪表达自己

换个角度看问题,情绪也可有百态

要收获快乐与成功,不妨凡事多往好处想,换个角度看问题,如此一来我们就会乐观地看待人生道路上出现的各种挫折和磨难,发现问题的光明面,成就自己的一番天地。

送别是中国古代诗句中常见的主题,然而不同的人面对送别,却可以表达出不同的情绪,于是诵出不同的情思:

王勃高昂地吟出"海内存知己,天涯若比邻",诗中充满了乐观、向上的正能量。

李商隐情真意切地吟出"相见时难别亦难,东风无力百花残",百般离愁,万般不舍,一种凄楚之情充溢其间。

岑参大气磅礴地吟出"山回路转不见君,雪上空留马行处",一腔豪情跃然纸上。

……

同样的离别,为什么不同的人演绎出不同的思想感情呢?

其实原因无他,诗人看待问题的角度不同,引发的情绪体验自然也不同。

台湾著名漫画家蔡志忠说："如果拿橘子比喻人生，一种是大而酸的，另一种就是小而甜的。一些人拿到大的会抱怨酸，拿到甜的会抱怨小；而有些人拿到小的就会庆幸它是甜的，拿到酸的就会感谢它是大的。"

这段话告诉我们：同样的事情，不同的人持的态度不同，于是获得的感受也不同，一种是抱怨与不满，一种是庆幸与感谢。

人的一生不可能事事如意，有时也有不幸的事，倘若我们能换个角度看问题，就可以用积极的情绪、乐观的心态面对问题，结果或许是另一种情形。

具备了这样的心态，一旦痛苦袭来，人不会被悲观打倒，不会气馁失落，而是会尽力寻找痛苦的原因及战胜痛苦的方法，进而发现事物美好的一面。

罗伯特·怀特说："任何时候，一个人都不应该做自己情绪的奴隶，不应该使一切行动都受制于自己的情绪，而应该反过来控制情绪。无论境况多么糟糕，你应该努力去支配你的环境，把自己从黑暗中拯救出来。"

这句话道出了管理好情绪的重要性。那么如何管理好情绪呢？

首先，我们要换个角度看问题，与情绪为友，学着和情绪进行

▷ 厉害的人,从来不靠情绪表达自己

暗示对话。

一个农夫和一位农妇为邻。农夫总是快快乐乐的,农妇则总是忧心忡忡的。

农夫和农妇都有每天早晨向新的一天问好的习惯,不同之处在于,农夫是充满激情地说:"上帝,早上好!"而他的邻居,那位农妇则说:"上帝,早上好吗?"

一个早晨,农夫起床后发现阳光明媚,于是欣喜地叫着:"多么明朗的天空!"一院之隔的邻居农妇回应道:"是的。它同时也会带来炎热,我真担心会把农作物烤焦。"

上午,一场阵雨不期而至,农夫说:"真是一场及时雨,农作物可以开怀畅饮了!"邻居农妇却忧心忡忡地说:"但愿老天能见好就收,不然农作物可吃不消。"农夫安慰道:"不必担心,别忘了,我们都参加了洪水保险的。"

看到邻居总是忧虑重重,农夫想让她开心起来,为此费尽周折弄来了一条德国牧羊犬,特意请她观赏牧羊犬的精彩表演,期望听到她快乐的笑声。

农夫信心十足地让牧羊犬表演。他先是将一根木棍扔进湖里,然后大声命令:"去把木棍取回来!"牧羊犬立即向湖边飞速跑了出去。只见它在湖中上下翻腾着,一会儿浮出水面,一会儿沉入湖底,没多久就口衔木棍回到了主人身边。

农夫得意地问农妇:"这家伙表演得还可以吧?"农妇却手捂胸口,眉头紧皱着说:"我都快揪心死了!生怕它淹死!"

农夫一句话也说不出来了。

在现实生活中,一些人总是每天开开心心地生活着,烦恼好像永远也找不到他们的家门;相反,有一些人则每天困坐愁城、眉头不展,烦忧之事好像是他们家中的常客,时时光顾。

实际上,就如故事中的农夫和农妇一样,快乐和忧伤,各有其不同的现实原因,但最根本的原因在于我们看待问题的角度。

西谚云:"纵声欢唱的人会把灾祸和不幸吓走。"面对灾祸和不幸,一个人如果乐观相待,换个角度看问题,生活也就充满了希望和快乐。

生活时时存在快乐和痛苦、失败和成功,它们仅一线之隔。因此,要收获快乐与成功,不妨凡事多往好处想,换个角度看问题。如此一来,我们就会乐观地看待人生道路上出现的各种挫折和磨难,发现问题的光明面,成就自己的一番天地。

▷ 厉害的人，从来不靠情绪表达自己

人生旅途不带过多的情绪

要想成就一番事业，让人生旅途多些顺遂，少些烦恼，就一定要有宽广的心胸，不因委屈而失控，不因辱骂而沉不住气，无论何时都能管理好自己的情绪，如此方能百炼成钢。

小韩是一家文化公司的编辑。一段时间以来，她总是得罪人，人际关系越来越紧张。

其实说起来，小韩的专业水平相当高，业务能力强，但关键的问题是她的脾气比较急，对人、对事缺乏耐性，凡事稍微有些不合意就急躁起来。

有时同事向她请教问题，她说了一两遍后，对方还不明白，她就烦了："怎么还不明白呢？不就是这样，这样吗？"说得同事心里很不好受，再也不问她了。事后她也挺后悔，但一着急就是控制不住自己的脾气。

如果同事和她争论问题得不出结果，她就发怒了："算了，我不和你吵，急死人了。"

别人请她重复一下刚才讲过的一句话，她也不耐烦："我都说过了，谁叫你没听？"

与亲戚朋友相处，她也相当急躁。比如大家约好一起去办事，如果对方有点事来迟了，她就不耐烦："快点，这么磨蹭，麻烦死了。"

结果长期下来，虽然她为人热心，但是在单位，同事认可她的能力，但不愿意请她帮忙，更不愿意与她共事；在家里，亲戚能包容她，与之勉强来往，但大多与她话不投机半句多，朋友们则一个个先后离她而去。

从以上几个方面，我们可以看出小韩的问题就出在她的情绪上。在人生的旅途中，她不断地释放自己的坏脾气，为自己成长设限的同时，也影响了同行的人，结果让前行的路多了许多坎坷，少了许多快乐。

所谓优秀的人就是能适应任何场合，不让情绪影响自己的工作和生活，能游刃有余地处理生活中的琐事。

这样的人，因为能管理好情绪，所以无论身边有谁需要请教问题都能尽力用智慧和资源帮其化解，从而积累了自己的人脉，为自己的前行找到助力。

2017年，知乎上曝出了几大知名互联网行业先后处理了企业内部的几名管理人员的消息。这些管理人员之所以被处理，并非工作

▷ 厉害的人，从来不靠情绪表达自己

能力不行，而是他们不能管理好自己的情绪，在工作中随意发泄自己的负面情绪，进而给个人和企业造成严重的影响。其中一位管理人员，因为一些用户要卸载该企业的手机应用软件，盛怒之下在网络上怒喷网友，另一位管理人员，基于个人情绪，公开在企业招聘中将人分为三六九等，表达了对个别地区、个别专业背景的应聘人员的歧视。

可以说，这些管理人员在过分激动、愤怒的不理智情绪驱使下，说出了不理智的话，做出了不理智的行为，最终使事业受挫，甚至尽毁，不得不为自己的坏情绪埋单。

这些事例提醒我们，在人生的旅途中，我们会遇到太多的事情。面对这些事情，管理好情绪，保持冷静是上策，愤怒发脾气是下策，甚至是无能的表现。这种处理情绪的方式，会给自己带来无尽的烦恼。

因此，要想成就一番事业，让人生旅途多些顺遂，少些烦恼，就一定要有宽广的心胸，不因委屈而失控，不因受辱而沉不住气，无论何时都能管理好自己的情绪，如此方能百炼成钢。

小米领军人物雷军喜欢亲自召开产品发布会，总被人说普通话和英语发音不标准，雷军不会因此产生情绪问题吗？相信一定会有，但他处理情绪问题的方式是将网友的恶搞娱乐化，以此达到宣传小米的目的，最终为企业节省了很多营销费用，让小米一步一步走进大众的心中，成就了自己的事业。

"快手"面对各大论坛上痛骂其低俗和恶俗的帖子，不是勇敢地怼过去，而是选择包装自己，用华丽的广告词和充满活力的画面来塑造形象，最终成为年轻人记录自己生活的工具，述说年轻人自己的语言。

在"梦幻西游"和"大话西游"上线后，网易的创始人丁磊被斥为奸商，丁磊没情绪吗？他处理情绪问题的方式是闭口不言，任你骂来骂去，我赚我的钱。结果多少年过去了，骂的人累了，网易却发展得越来越好。

真正的成功者，面对情绪问题，深谙管理情绪的艺术，面对情绪绝不感情用事，而是用理智说话，所以成就了自己的事业和人生。

▷ 厉害的人,从来不靠情绪表达自己

不为失败找借口,只为成功管情绪

聪明的人面对失败,从不用情绪为自己找借口,而是管理好自己的情绪,为自己的再次出发助力。

墨西哥市,随着夜幕的降临,奥运会田径比赛的主体育场也慢慢地被笼罩于夜色之中。格林斯潘,这位享誉国际的纪录片制作人终于完成了当天马拉松比赛优胜者们领取奖杯、庆祝胜利的镜头制作,回看空无一人的体育场,顿感一阵疲惫袭上全身。

他一边自言自语着"该回宾馆休息了",一边打算离开。

就在这时,他突然看见一个右腿绑着沾满血污的绷带的人远远地跑进了体育场。这个人顺着跑道气喘吁吁、一瘸一拐地跑了一周,抵达终点后才一下子瘫倒在地……格林斯潘意识到,这是最后一名马拉松运动员。

在好奇心的驱使下,格林斯潘向这名运动员走去,询问他明知是最后一名,为何还要如此吃力地跑到终点。

这位名叫艾克瓦里的坦桑尼亚年轻人轻声答道:"我的国家从

两万公里外把我送来这里，不是叫我在这场比赛中起跑，而是派我来完成这场比赛的。我要跑到终点，尽管我已经在奔跑队伍的最后面，但我有着和他们一样神圣的目标：我要跑到终点，即使已经不再有人为我加油，我也必须这样做，因为我的背后有着祖国的凝望……"

艾克瓦里的话令格林斯潘热泪盈眶。他被这位运动员那没有任何借口，没有任何抱怨，职责就是他一切行动的准则的做事态度深深地打动了。

随后，格林斯潘用镜头将奥运史上这动人的一幕传递到了世界上的每一个角落。

在这个故事中，艾克瓦里之所以能打动制片人，打动我们，源于他永远不为失败的情绪困扰的精神，源于他不为失败找借口的做人、做事的态度。而这正是那些能管理好自己的情绪的人的共同特质。

在生活中，相当多的人一旦出现情绪问题，就会影响学习或工作。尽管他们给出的借口五花八门，但细细分析这些借口，你会发现其实都与他们对自己的情绪管理能力差有关。

因为不能管理好情绪，于是一旦问题发生，他们或如炸了毛的鸡，或如霜打了的茄子，万般情绪写在脸上，就差向周围的人宣告

▷ 厉害的人，从来不靠情绪表达自己

自己的愤怒、不如意了。

这样做的结果就是将自己的情绪明明白白地写在脸上，将自己的态度清清楚楚地告诉他人，甚至将自己的一切都如同放置在X光下，让人一眼看透。

一个人倘若被人一眼看透，说好听些叫清纯，说难听些就是愚蠢了。这样的人，在大多数情况下会成为职场倾轧的牺牲品。

聪明的人面对失败，从不用情绪为自己找借口，而是管理好自己的情绪，为自己的再次出发助力。

因为他们知道，只有管理好自己的情绪，让自己没有借口，方能激发一个人最大的潜能。无论是谁，在人生中，只有不找任何借口，勇敢地面对失败，才能真正成长起来，才能不至于让自己被此后的诸多失败麻醉。

因为他们知道，以情绪为借口为自己开脱是一种坏习惯，一旦养成了这样的习惯，不但无法管理好自己的情绪，而且连工作也会变得拖沓，无效。

因为他们知道，真正的成功者，是不为失败找借口，只为成功管情绪的人。

因为他们知道，当一个人不能管理好自己的情绪时，一旦遭遇失败，就会被情绪打倒，一味地沉浸于自怨自艾或迁怒于他人中，以此逃避失败。而实际上，管理好情绪，冷静地面对失败，及时为失败做总结，不但可以避免养成逃避问题的习惯，而且可以培养直面失败的勇气。

更重要的是，一个人经历了失败的打击，就学会了怎样面对生活中的诸多不如意，就找到了管理情绪的方法，从而让人生多了一段不可多得的经历，找到了通往成功的道路。这就是所谓"吃一堑长一智"的道理。

当初，数学家波里埃一生执着钻研平行公理，因为一直不曾成功，屡屡受挫之下，他灰心失望，最终被失败的痛苦打败，于绝望中痛苦地死去。然而，对于探究这个问题时那种智慧被吞噬的无力感和失败感，罗巴切夫斯基却能勇于面对，在七年中他无数次地承受失败，最终找到失败的原因，获得了成功。

试想，倘若罗巴切夫斯基在面对失败时，也深感沮丧和失望，也一味地沉浸于情绪的困扰之中，那么等待他的不是成功，而是如同波里埃一样的结局。

真正自信的人，面对失败所做的是管理好情绪，调整好自己，让失败向成功转化，让可能变为现实，最终在理性情绪的支配下，经过不断的探索和科学的分析，从失败中吸取教训，总结经验，指导今后的工作，进而总结与超越失败，最终在现实中获得成功。

▷ 厉害的人，从来不靠情绪表达自己

所以说，自信的人，清楚失败并不代表什么，只要管理好自己的情绪，认真从失败中总结经验教训，就可以从失败中获益，从勤奋中崛起，这才是正确的成才道路！

只有抛弃用情绪找借口的习惯，才能冷静面对问题，才不会为工作中出现的问题而沮丧，才可以在工作中学会大量的解决问题的技巧。如此一来，情绪问题就会离你越来越远，成功则会离你越来越近。

美国成功学家格兰特纳说过这样一句话："如果你有自己系鞋带的能力，你就有上天摘星的机会！"

请试着管理好自己的情绪，不让它成为我们为自己开脱的借口，将时间和精力用于努力工作上。

Part 7

厉害的人,
从来不靠情绪表达自己

现实生活中,能够拥有一份美丽心情的人,不是因为获得的多,而是由于他们计较的少。因为他们深深地懂得:多,有时也是一种负担,是另外一种失去;少,并非真正不足,而是一种隐形的有余。很多时候,于隐忍之间,审时度势地选择舍弃,并非全然失去,而是一种更宽阔、更博大的获得!这才是处变不惊的真本事。

能干的人不是没脾气

能干的人不是没脾气,只是因为他们学会了管理自己的情绪,积累了"人生场景",练就了处变不惊的真本事。

又到周末,朋友之间再次相聚。

推杯换盏之间,大刘谈到自己公司的主管,连连感叹,不停地竖拇指,意味深长地说"此人不可小觑"。

大家最初颇不以为然,不过听了大刘讲的几件事,细细思量,感觉还真是这么一回事儿。

大刘的这个小上司,年纪轻轻就坐到了主管的位置上,论阅历,公司比他资深的大有人在;论资历,排在他前面的人更不可计数。为什么坐在主管位置上的人是他,不是别人呢?关键的原因就在于小主管脾气特别好。

就拿前几天的事来说吧,因为连续加班,下面的员工情绪特别不好,一些老员工甚至开始找到小主管骂娘,扬言要辞职。而小主

▷ 厉害的人，从来不靠情绪表达自己

管呢，满怀理解，赔着笑，主动掏腰包给加班的人买夜宵不说，加班后还开车将大家一一送回家中。结果项目结束后，他们部门没有一个人辞职，且任务圆满完成。

不过，要说小主管脾气好，也不尽然。比如前几天，一名新员工屡次迟到，多方谈话无果，小主管二话没说，直接请其走人。公司分配季度奖金时，错将大刘他们部门的系数搞错，弄得大刘他们部门的奖金生生降了一个等级。就在大家因为奖金的问题大声吵闹时，小主管不动声色地提取了相关的数据，直接找到了老总，有理有据地讲明理由，帮助大家争取应得的奖金。

小米听了大刘的讲述，长叹一声："这位小主管不是没脾气，而是人家情绪管理得好。"

没错，能干的人不是没脾气，只是他们懂得管理自己的情绪，积累了"人生场景"，练就了处变不惊的真本事。

他们知道，在情绪上计较，是不成熟的表现，更是情商低的体现。把脾气发出来，是本能；把脾气压回去，才叫本事。

闻名上海滩的大亨杜月笙，之所以能从一个乡下孤儿一跃成为呼风唤雨的"上海皇帝"，凭的正是有本事，没脾气。

杜月笙待人不分等级，无论对方是贫是富，是卑是贱，均以礼相待。其家中用人常说："杜先生好伺候，我们做错事，他也轻言细语。"

Part 7 厉害的人,从来不靠情绪表达自己

杜月笙没发达前曾做过水果买卖,因此练就了一手削水果的本领,被称为"水果月笙"。后来,他飞黄腾达了,大多数人在他面前都刻意不提这件事,担心这段不堪回首的往事会触怒他。

但杜月笙本人全不在意,还经常当众表演削水果,并总是笑着将削好的水果分给大家吃。杜月笙出门时,其身后总会跟着一帮乞丐,他们吹着口哨,大喊着"水果月笙,给点钱",杜月笙也不生气,还盼咐手下多给点。

杜月笙常说:"别人存钱,我存交情。"因为他知道,钱财可以用完,交情却永远存在。因此,他一生仗义疏财,救人于危难之间,连普通百姓找他办事,他都和颜悦色地说"你的事情,我晓得了""我会替你办好""好,再会"。

正是这样的好脾气,让杜月笙不但得以在当时上海滩的黑白两道间游刃有余,甚至获得了普通老百姓的爱戴。

可以说,杜月笙的一生,成功于六个字:有本事,没脾气。而这正是真正的成功人士的写照。

中国有句老话是"阎王好见,小鬼难缠",这从一个侧面说明了真正的成功者,必定平易近人,气度温和,能管理好自己的情绪。

思想家伏尔泰于1727年访问英国。当时的英国人非常仇视法国人,看不起伏尔泰,一群英国人甚至向他怒吼着:"杀了他,把

▷ 厉害的人，从来不靠情绪表达自己

这个法国人吊死！"伏尔泰不气不恼，好脾气地说："英国人，你们因为我是法国人而要杀我，其实我因为自己不能成为英国人而一直备受心灵的煎熬。"结果这群英国人听了不但停止了对他的攻击，甚至为他的到来欢呼，居然一路送他安返寓所。

现实生活中，那些太过计较的人因为不能管理好自己的情绪，在面对事情时，不仅拉低了自己的智商，也失去了快乐。

事事计较，不如管理好情绪，认真做人，踏实做事。在脚踏实地，一步一个脚印的过程中，好脾气会帮助你书写出人生的新乐章。

做事第一，伤人的情绪放一边

一个能够抛开情绪的影响，理智地做事的人，方能成就大事，方能被委以重任，成为人生的赢家。

我外出办事，顺便到朋友阿豪的公司取些物品，并与他在休息室聊了一会儿。

这时，一个其貌不扬的女孩走来，向我笑笑，接着低声向阿豪请示了一些事情，随后就离开了。

阿豪笑着说："不要小瞧我的这个小助理，她可不一般。"

我讶异，不知这个小助理因何能得到老板如此夸奖。

阿豪简单地告诉我，助理雯的不一般就在于她在工作中，能做到做事第一，将伤人的情绪放一边。

雯刚入职的时候，被安排在前台工作。这期间发生的一件事，让阿豪看到了雯的独特之处。

那天一早，阿豪看到员工老王在前台处向雯道歉。一问才知道，前两天，老王误认为雯没将要递给客户的合同递出，向雯大发脾气，还斥责雯连花瓶也做不了，干脆辞职回家得了。

换作一般的女孩，早就因为老王的话发怒了，但雯没有与老王争吵，而是打开抽屉，将一份快递收发清单和一沓厚厚的收据取出来，交给老王，并告诉他，按公司的规定，任何人因公务递快递，都要签名，自己这里没有关于那份快递的寄出通知和老王的签字。

老王一愣，接过清单细细地翻看，果真没自己的签名。老王急忙回到办公室查找，才发现是自己记错了，忘发了。

老王道歉离开后，另一个前台敏怪雯没脾气，雯笑着说："发脾气解决不了问题，做事第一，脾气先放一边吧。"

这件事之后，阿豪留意了雯的表现，发现她的确是做事第一，脾气放一边的人。于是没过多久，雯就被调来做了阿豪的助理。

细细分析现实中人们做事，通常有三种境界：第一种做事的境界是用手做事，就是凭感觉、直觉、感情和情绪做事；第二种做事的境界是用脑做事，深谋远虑；第三种做事的境界是用心做事，无论何时何地，都坚持自己的理想和信念，毫不动摇，绝不屈服。

上述故事中的老王和雯，分别属于凭情绪做事和用心做事的人。前者遇事易被情绪左右，一旦发起脾气或者被别人的一句话影响，就会整天都心情糟糕。后者则理智大于情感，遇事冷静分析，用智力，而不是情绪处理问题。

一个能够抛开情绪的影响，理智地做事的人，方能成就大事，方能被委以重任，成为人生的赢家。

相反，受情绪支配的人，一旦情绪上来就六亲不认，控制不住自己，更谈不上主动思考，解决问题，因此他们无法被委以重任，也就失去了向前发展的可能。

古罗马皇帝哈德良是一个对人及其才华有着高明判断力的人。一次，他手下的一个将军自认为理应得到升迁，就以自己长久服役为理由，请求皇帝提升自己。

他说："我应该升任更重要的领导岗位，因为我经验丰富，参加过10次重要战役。"

哈德良不予正面回答，而是随意地指着绑在周围的战驴说："亲爱的将军，好好看看这些驴子，它们至少参加过20次战役，可它们仍然是驴子。"

由此可见，如果一个人遇事不加思考，只凭着情绪和直觉做事，那么无论积累了多少经验，都永远不能转化为能力。他做事也就将永远处于第一种境界。

所以，成功的职场人永远记得能干第一，伤人的情绪放一边，方能凭思想和智慧做事，达到做事的最高境界。

▷ 厉害的人，从来不靠情绪表达自己

凡事有主见，不让坏情绪影响自己

那些获得升迁，取得较高成就的人，大多时候并非才华横溢，也并非智商过人，其成功的秘诀就在于可以坚持自己的主见，保持情绪稳定，不为他人的情绪所左右。

生活和工作中，每个人都难免会有坏情绪，或许我们会因为坏情绪而变得焦躁不安，或许我们会因为坏情绪而发一场脾气，或许我们会因为坏情绪而干脆一走了之……不过，这些做法，对于我们的个人发展都不会产生积极的影响，更不会对问题的解决产生实际的作用。

因此，真正成功的人，凡事有主见，不会让坏情绪影响自己。

清晨，打卡钟响过后，汤姆才气喘吁吁地赶到，嘴里还说着："迟到两分钟就要扣钱，真不是人过的日子。"

正专注工作的杰森和吉姆对视一眼，抬头看看表，9点过5分，看来汤姆又迟到了。实话实说，杰森并不喜欢汤姆这个人。虽然自己才来到这家公司半个月，但每天都可以听到汤姆的抱怨，话里话外对公司诸多挑剔。杰森一度曾想告诉汤姆"牢骚太盛防肠断"，

Part 7 厉害的人，从来不靠情绪表达自己

但想一想对方是老员工，自己这只菜鸟还是老实点儿吧。

年轻的杰森和吉姆想凭自己的能力在公司大干一场，因此他们在工作上充满了激情和热情，渴望通过自己的努力得到上司的赏识。由于汤姆在公司已经工作了4年多，于是杰森和吉姆凡事都喜欢向他请教。但每次汤姆都懒洋洋地说："年轻人，悠着点，想那么多干吗？你看着吧，用不了多久，你就和我一样，过一天算一天了。"

不管汤姆是有意还是无意，慢慢地，杰森发现吉姆对工作的热情减弱，于是私下里提醒吉姆不要听汤姆的，要坚定自己的信念，一个人只要努力，心血一定不会白费。

在杰森的鼓励下，吉姆打起精神，工作热情不减反增。汤姆见了，又说："你们两个傻小子，收起你们的那点梦想吧。这个社会只有会混的人、有关系的人才有未来。你们看到迪克没？那小子比我还晚来一年，现在竟然是部门经理了。知道为什么吗？因为人家有后台，是老板的亲戚。……"

听了汤姆的话，杰森也会偶有怀疑，不过他随后就调整了自己的情绪，告诉自己：工作是老板的，能力是自己的。所谓铁打的公司，流水的员工，自己只要努力工作，提升能力，总有一天会得到机会。不过吉姆却再次动摇了。

过了一段时间，汤姆又悄悄告诉两人："我最近面试了几家公司，

▷ 厉害的人，从来不靠情绪表达自己

其中一家不但是上市公司，规模大，而且福利好，办公环境好……"

就这样，汤姆隔几天就会在私下里对杰森和吉姆说说公司的不好、外界的美妙。慢慢地，吉姆动摇了，开始渐渐觉得现在的工作没有前途，缺乏发展空间，产生了换工作的念头。杰森苦劝无果后，仍旧在汤姆的抱怨声中坚持着自己最初的信念。

半年后，吉姆跳槽到了另一家公司，重新开始试用期，而杰森因为工作优秀，成绩突出，成为一个核心项目的成员，离开了那个充满了汤姆抱怨声的办公室。而汤姆呢，虽然还在混着日子，但据说人力资源部门已经在制定新的考核标准，汤姆的好日子马上就要到头了。

在这个故事中，吉姆因为汤姆的坏情绪感染，不能坚持自己的主见，最终严重影响到了自己的工作。而杰森则能不为坏情绪左右，坚持自己的信念，事业获得了提升。

无论是在职场还是在生活中，那些获得升迁，取得较高成就的人，大多时候并非才华横溢，也并非智商过人，其成功的秘诀就在于可以坚持自己的主见，保持情绪稳定，不为他人的情绪所左右。

因此，管理好我们的情绪，不但可以避免坏情绪的影响，而且可以帮助我们坚定自己的信念，提升对他人负面情绪的免疫能力。

当忍则忍，需发则发，这是成熟的表现

当忍则忍，需发则发，这是一个成熟的人管理情绪的原则，更是这样的人深谙情绪管理之道的高明之处。

"奇怪了，好脾气的艾米今天发脾气了！"这消息一阵风似的传遍了公司上下。

也难怪大家如此惊异，作为行政总监艾米的好脾气在公司众人皆知，不过据说艾米今天发完脾气，竟然搞定了以脾气暴躁闻名的技术总监。

过去，艾米与技术总监沟通，总是以谦让、理解、宽容为原则，因此不论是多么难处理的问题，总经理让艾米出马，保证马到成功。技术总监给出的理由是，艾米的温柔无人可挡。

不过，今天艾米化身暴怒狂狮，怒骂技术总监，这又是怎么一回事儿呢？

原来公司开始了一个新项目，研发部门连续奋战几个月了，过

▷ 厉害的人，从来不靠情绪表达自己

着不眠不休的日子。艾米体谅大家，专门在公司附近的酒店订了两间房，供大家休息。没想到，这天艾米去酒店为研发人员送水果，竟然发现技术总监带着几个人在玩斗地主，而不是休息。

见此情景，艾米瞬间暴怒，冲着技术总监毫不客气地骂了过去，斥责他不爱惜自己的身体，也不体恤下属，明明应该休息，却领着大家胡闹……就这样，艾米不停地怒吼，技术总监由开始的怒目相对，到后来的低眉顺眼，乖乖地听话休息。

看到技术总监的表现，艾米收敛了刚才的情绪，随后安排好一切就离开了。

事后有人问艾米为何发脾气，艾米答曰："当忍则忍，需发则发。"

没错，当忍则忍，需发则发，这是一个成熟的人管理情绪的原则，更是这样的人深谙情绪管理之道的高明之处。

怒火的背后总是隐藏着痛苦，但是不分青红皂白地乱发脾气也是愚蠢的。因此，要掌握好"当忍则忍，需发则发"这一原则。

所谓当忍则忍，是因为面对愤怒这种坏情绪，倘若能忍一时之气，就可以化愤怒为力量，使之成为前进的动力。

美国情绪管理专家罗纳德博士说："研究表明，暴风雨般的愤怒持续时间往往不超过12秒，爆发时摧毁一切，但过后却风平浪静。控制好这12秒，就能排解负面情绪。"

那么，如何理解当忍则忍呢？

那就是要有做事的原则和底线，这是忍的前提。否则一味地退避忍让、委曲求全，不建立自己为人处世的原则和底线，最终损害的是做人的尊严。

如何理解需发则发呢？这又涉及发怒的原则和技巧问题。

人际交往中，对于自己的情绪，并非一味地忍就好。有时，把握好情绪处理的原则，适时地发脾气，不但有利于身心健康，还可以让情绪成为我们的助力。

美国著名生理学家坎农曾进行了一系列实验，分析了情绪状态对胃肠功能的影响，得出的结论是：人的情绪属于高级中枢，会影响神经系统，从而影响胃肠道的蠕动、分泌、供血等功能。而胃肠道是最能表现情绪的器官之一。当我们情绪激动时，尤其是愤怒时，就会食欲降低，进而影响身体健康。相反，一项研究也证明，只要不是过于激动，愤怒对人的身心健康是有好处的。当出现紧张情绪时，那些对短暂愤怒做出反应的人，会有一种控制和乐观的感觉，这种感觉正是那些反应为害怕的人所缺乏的。

因此，在令人紧张害怕的情况下，愤怒是一种合适的情绪。相比恐惧，它对人的健康更为有利。

当然了，要想让愤怒成为有利的力量，就必须学会把这种能量向外发泄。而这就涉及了需发则发的技巧问题。那么如何做到这一点呢？

首先，我们要认识到愤怒是对过度刺激的一种基本的生理反应，是大脑设定的程序，要科学地理解这一情绪的正常性，明白它是一种正当的感受，是我们内在消极情感中正常的一部分。

我们要接受自己内心的这种情感，而非掩盖和压抑它。我们要认识到，在人与人的关系中，总是充满着积极和消极两种情绪，这两种情绪会唤起我们积极和消极的情感，甚至有时两种情感可以同时被唤起。

其次，我们要学会正确地表达这一情绪。相当多的人在愤怒情绪的影响下会做出伤人、伤己的行为，原因就在于他们没能学会正确地表达愤怒情绪的方式。实际上，愤怒的表达包括言语和非言语两种方式。前者表现为一些语气、语调和措辞，后者表现为肢体动作，如打架。

很多时候，我们拒绝承受别人的愤怒，也不想表达自己的愤怒。其实，只要方法恰当，愤怒是可以表达出来的。一味隐忍可能会让愤怒更加强烈地爆发，关键是找到一个平衡点。毫无疑问，认清自己的需要，学会表达愤怒，就会和他人建立更健康的关系。

正确地表达愤怒这一情绪，最科学的方式就是言语表达。不管是成人还是小孩，借助言语将愤怒的感受用语言表达出来，这就是对自己的感受加以解释。如此一来，相当于将身体和情绪承受的过度愤怒的象征意义编码出来。当情绪情感可以用语言表达或被象征性地编码时，大脑就可以管理人的行为，帮助我们理清冲突的缘由，发现解决的途径。

在此过程中，我们可以先将自己从情境中抽离出来，分析一下对方的处境，试着理解、接受和原谅他人，让我们化愤怒为力量，改善个人的生活、工作环境，创设和谐的人际关系，激发个人发展的原动力，享受积极的情绪带给我们的力量。

林肯做总统的时候，陆军部长向他抱怨自己受到一位少将的侮辱。林肯建议对方写一封尖酸刻薄的骂信作为回敬。

信写好了，部长要把信寄出去时，林肯问："你在干吗？"

"当然是寄给他呀。"部长不解地问。

"你傻呀，快把信烧了。"林肯忙说，"我生气的时候也是这么做的，写信就是为了解气。如果你还不爽，那就再写，写到舒服为止！"

因此，当我们的内心产生愤怒这一负面情绪需要疏导发泄时，不妨像林肯说的这样，用写信的方法去表达，那么愤怒就会逐渐消失，让我们认识自己和他人，从而改变我们看待问题的角度，让自己获得提升。

▷ 厉害的人，从来不靠情绪表达自己

切记，在发怒的过程中，不要忘记自己的目的是重新找到关系中的平衡。因此在此过程中，不要滔滔不绝，不要不容对方说话，也不要在对方面前让步。只有找到修整双方关系的方法，才能真正达到目的。

情绪低潮,要学会自我激励

要真正战胜情绪低潮,就要学会自我激励,学会塑造自我和自己想要的生活。而坚持、思考和行动是最好的药剂。

堂妹雅丽所在公司的人事变动已经尘埃落定,不知道雅丽是否已成功晋升为部门主管。

星期日,我还赖在床上就接到了雅丽的电话,她约我出去大吃一顿。以我对她的了解,凡情绪发生大的起伏,她必定会大吃一顿,这次不知是怎样的情绪。

到达约定的餐厅,雅丽已经在大快朵颐。见我进来,她指了指对面的位置和点好的美食,让我抓紧动口和动手。于是我们相对狂吃。

吃罢美食,温暖和幸福的感觉充溢着全身。我一边擦着嘴角,一边问她:"看样子是坏消息了?"

雅丽笑了:"那是一定的了。你不知道,这几天我情绪低落到

▷ 厉害的人，从来不靠情绪表达自己

了极点，不过我告诉自己，女人当自强，在哪里跌倒的就在哪里爬起来。于是我决定用一顿美食安慰自己失落的心，然后再起航出发。"

看着雅丽的气色，我知道，我的这个永远不服输的堂妹，再次用自我激励战胜了情绪低潮，又会满血复活地在职场打拼。

生活中像我堂妹雅丽这样的人并不少见。他们能够在意识到自己的情绪问题时，及时纾解，自我激励，从而让自己练就了处变不惊的本事。

在人生的旅途上，每个人都希望自己是至高无上的国王，希望拥有一份舒适的工作，希望自己最好是某大公司的总裁，希望自己拥有一个幸福的家庭，儿子可爱、女儿美丽，且都聪颖过人……总之，希望自己拥有一切美好，并为之努力拼搏。

但现实常常是骨感的，有时不但让人希望落空，还会剥开生活丑陋而残酷的一面让我们看。于是有人因现实的丑陋和希望的破灭而一蹶不振，有人则在失望之后自我激励，再次扬帆踏上征程。

人是社会的动物，生活在现实世界中，我们就要认识现实世界的残酷，就要认清自己的能力，既不过高地估计自己，也不过低地贬损自己。

相当多的人之所以产生失落感，是因为内心存在太多不合理的希望。一个人如果没有正确、理智地估计自己，那么因此产生失落的情绪便在所难免。当我们过高地估计自己,萌生超出自己实际能力的希望时,等待我们的只能是希望如美丽的肥皂泡一样轻易地破碎,失落的情绪将我们包围,我们就会处于情绪低潮期。此时,我们都会因为失败或挫折而灰心丧气,无论如何也打不起精神,任何人和事都激不起我们的好奇心和斗志,不愿意出门,不愿意与人说话,甚至认为做任何事情都无意义。

法国作家雨果曾说过:"思想可以使天堂变成地狱,也可以使地狱变成天堂。"因此,在人生的道路上,我们必须认识到,无论是在生活中还是在工作中,不可能一帆风顺,遭遇挫折和失败是难免的。

面对挫折和失败带来的负面情绪——情绪低潮,我们要不断塑造自我,增强自己的心理能量,学会自我激励。而这则决定了我们最终是以乐观的态度还是悲观的态度面对挫折和失败。

所谓自我激励,就是将自身已有的行动动机激活并使之变得强烈,最终付诸行动。它是行动动机的催化剂和兴奋剂,是我们实现人生目标的强大推动力,可以令我们沉寂的动机活跃起来并付诸行动,帮助我们走出情绪低潮。

在人生道路上,在我们不断塑造自我的过程中,对我们影响最大的莫过于选择乐观的态度还是悲观的态度。一个人只要学会自我

▷ 厉害的人，从来不靠情绪表达自己

激励，那么离成功也就不远了！一旦掌握自我激励，自我塑造的过程也就随即开始。

如何自我激励呢？

首先，我们可以用积极扮演角色法来激励自己。

一般来说，失落是处于情绪低潮时常有的感受。而这种失落感经常是由于角色错位造成的。要战胜这种低落的情绪，我们就要认识到当下自己担任的角色或许并不是最适合的，并非一个理想的角色。

但我们也必须认识到，任何一个角色都是组织中一个不可缺少的环节，积极扮演就会体现出这一角色的主要作用，个人的价值也会因此而实现。而且，只有对当下的角色保持积极的热情，积极地去扮演，不断地提升自己的才能，才能实现自己的期待。

一个年轻人雄心勃勃地要成为某知名企业的一员。结果首轮简历筛选，他就被淘汰下来。年轻人因此受到极大的打击。几经思考后，他重整旗鼓，决心找到原因，继续努力。

经过一段时间的学习后，他信心满满地再次将简历投到这家公司。然而，结果仍是令人失望的。看着他失落的神情，招聘官安慰性地说："你准备得再好些再来面试吧。"

又过了一段时间，这个年轻人第三次走进这家公司的大门参加面试，这次他还是没有成功。但比起第二次，他的表现要好得多。就这样，这个年轻人先后5次踏进这家公司的大门，最终被公司录用，成为公司的重点培养对象。

在人生的旅途上，或许我们追求的风景总是山重水复，不见柳暗花明，或许我们前行的步履总是沉重、蹒跚的，或许我们需要在黑暗中摸索很长时间，才能找寻到光明……这都没关系，重要的是，我们能认清自己的角色，明白自己的所长及所短，能以勇敢者的气魄，不断地提升自己，让自己具备足够的能力去扮演这个角色。

其次，我们可以学会用奋斗让自己产生充实感，进而战胜失落感。

失落感的产生，是因为个人在社会生活中失去了位置，个人的价值找不到实现的方式。而奋斗可以让一个人显示自己的能量，是一个人突破失落的最佳方式。因此，要想战胜失落感，就要证明自己是对社会有用的。

看一看那些奋斗着的人，他们无论遇到怎么样的挫折和失败都不会感到空虚，因为进攻就是最好的防守，也是最佳的突破方式。

当然，在奋斗的过程中，我们必须认识到，实现目标的道路绝非坦途，而总是呈现为一条波浪线，有起也有落。为此，我们要安排好自己的休整点，制订出自己的时间表，随时调整计划。如此一来，

▷ 厉害的人，从来不靠情绪表达自己

就可以让自己不因事业的起伏而产生过大的情绪波动，让自己始终保持对工作和生活的激情。

第三，我们要学会想象，让坚持、思考和行动帮助我们重塑自己。

一个人要真正战胜情绪低潮，就要学会自我激励，学会塑造自我和自己想要的生活。而坚持、思考和行动是最好的药剂。

欧阳多年来一直坚持练习瑜伽，有朋友问她瑜伽给她带来了什么，她的回答是，让自己坚持、思考，从而行动，帮助自己战胜情绪低潮。

的确，一旦遇到事情，尤其是情绪低潮，欧阳应对失败和失落感的方法就是到瑜伽会馆去，在一招一式中舒缓情绪，净化思想，从而得到放松。

这天，因为工作的不顺，欧阳又产生了极度的失败感，情绪特别低落。于是下班后，她来到瑜伽会馆，在教练的指导下练了起来："把我们的手张开，想象那是你的翅膀。你飞起来了，在蔚蓝的天空中，风从你的发梢吹过，有鸟儿与你一起飞翔，阳光照在身上，暖洋洋的。"

欧阳闭上眼睛，努力想象着自己飞翔的感觉。一分钟、两分钟，她忘却了自己，感觉自己真的飞起来了。

这真是一种奇妙至极的感觉。在纷杂、喧嚣甚至残酷的现实中，欧阳获得了快乐，那些不良的情绪也随之离开了。

现实生活中，那么多的残酷问题摆在我们的面前，一个人只有不停地奔跑，努力地工作，才能去解决、克服和超越这些困难。但是，我们千万不要忘了，我们还有一个巨大的快乐空间，这个空间就是想象。

也许我们不能掌控现实世界，但想象的空间就在我们手里，一切由我们自己做主。

你是不是快乐，往往取决于你的想象力。因此，不妨在情绪低潮时，试着给自己一个空间，让自己自由想象，于想象中让心灵放松，让低落的情绪远离。

▷ 厉害的人，从来不靠情绪表达自己

尊重他人，放下自己的控制欲

不断觉察自己，学着接纳，才能放下，在不断的反思中改变自我，如此一来，我们才能尊重他人，放下自己的控制欲。

堂姐来北京出差，约我周六见面。周六清晨，我就驱车前往约好的地点。

到达约定的地点时，堂姐已经在等我了。我们边喝茶边聊天，享受着难得的放松。

这时，堂姐的手机突然响起。从她接电话的话语中，我知道打来电话的是她的婆婆。

放下电话，堂姐开始向我吐槽婆婆的问题。原来婆婆来电话是想让堂姐帮一帮小姑子。堂姐的小姑子在老家生活，前段时间为了孩子上学，打算买一套学区房，因为手中的钱不够，商业贷款利率又高，就想从哥嫂这里借些钱。

我从堂姐的言谈中获知她并不想帮小姑，理由是自己手头并不宽裕，除了固定的每月孝顺双方老人的钱，两个孩子上学也要花钱。

而我本人一向赞同家人之间在力所能及的情况下要互相帮助，而且我知道堂姐的丈夫只有这一个妹妹。她的公婆住在老家，一直是由这个小姑子照顾的。于是我就开始苦口婆心地劝说她，比如帮助了小姑子，丈夫安心，利于夫妻之间的感情；这是一种情感投资，以后自己遇到问题时，小姑子同样可以伸手帮忙……总之，我说了一堆。

结果无论我说什么，堂姐都没同意。我心里又急又气，仗着从小一起长大，关系最亲，于是就数落了她几句。这时，原本还和我争论的堂姐沉默了。

最后，我借口中午要去见客户和堂姐匆匆分开。

一路上，我生气堂姐的不懂事，生气她不听劝，带着满腹的负面情绪回到家。到家后，我和妻子谈起了堂姐的事。说着说着，我突然意识到自己做错了。堂姐和我说到婆婆的电话、小姑子借钱的事，并不是要听我的什么教训，只是向我倾诉，诉说自己的不快。而我却自以为是地教训了她一番。

可以说，堂姐要的是A，而我给的是B。我所给的并不是她想要的，而我却因为人家的不听规劝，心生不快。

在这件事中，我所做所想均超越了尊重对方这个界限。更糟糕

▷ 厉害的人，从来不靠情绪表达自己

的是，我全盘否定了堂姐的想法，完全站在自己的角度，对她妄加评议，根本没有考虑她的立场和感受。

我凭什么觉得自己的想法就是对的？即使是对的，难道对方就必须接受我的建议？与堂姐的婆婆和小姑子相处的是她，而不是我。我不但对别人的生活指手画脚，还为此产生了消极情绪，影响了自己。

真是没有比这更愚蠢的行为了。

事实上，生活中有很多像我这样的"热心人"，为别人的事操碎了心，因为别人的事情而影响了自己的情绪。我们之所以会因为别人的事情引发负面情绪，原因就在于我们错误地将自己的看法强加给他人，犯了不尊重他人的错。

我认识一个姑娘，她很头疼跟妈妈的关系。她已经快30岁了，可衣服什么的还都是妈妈给买。如果自己买了衣服，不合妈妈的心意，妈妈就会很不高兴。不可否认，妈妈买衣服的眼光确实不错，上学的时候，她穿的衣服在同学中总是最好看的。

可是，如今妈妈已经60岁了。你能想象一个60岁的人，给30岁的人买的衣服是什么样儿的吗？可是，她不敢表达，更不敢反抗。她的对策就是，穿着妈妈买的衣服出门，到了外面，换上自己买的衣服。好几年了，一直如此。

她知道妈妈很辛苦，很用心。可是，这样的"用心"，她觉得好累。衣服是这样，上学、工作、找对象，更是如此。如今快30岁了，还没有找到合妈妈心意的男朋友。

其实热心并没有错，错的是我们的行为背后透露出一个信息：控制欲太强，总想干涉或主宰他人的生活。

何为控制欲？

所谓控制欲，就是指对某一件事情或者某一个人，在一定程度上的绝对支配，不允许有意外的情况发生或者出现差错。对人来说，是指绝对的占有，思想上、行为上都不允许出现违背的意思。

控制欲是一个相当糟糕的东西。它披着"我这都是为了你好"的外衣为所欲为，一旦无法达到目的，就会伤害他人，也让自己产生焦虑、愤怒等负面情绪。

事实上，控制欲只是控制者自己的心理需求，它是弱者的心理，是示弱行为，是控制者为了抚慰自己的焦灼与不安而表现出来的言行。

就其本质而言，控制欲是不尊重对方，主观而坚定地认为自己是对的，而对方是错的。在控制的过程中，控制者的内心是相当焦虑和痛苦的，可以说其情绪受制于被控制者的一举一动。因为其行为对对方是无效而有害的，所以最直接的后果是破坏了关系，于事无补。

▷ 厉害的人，从来不靠情绪表达自己

一个人一旦成了控制者，其心理力量就会越来越弱，情绪就会越来越紧张、恐惧、绝望。相反，那些不存在控制欲的人，其内心是放松的。他们内心中更多的是爱与期待，但却不会处心积虑地控制他人。他们可以坦然地接受任何事实，因此就可以战胜负面情绪对自己的胁迫。

在人际关系中，聪明的人永远知道，在人与人相处中，最大的安全感来自我们的内心。我们可以打开心门，坦然地接受事实，努力地控制自己的情绪，勇于对自己的生命负责。

而要做到这点，就需要我们放下控制欲，学会爱自己，学会给自己内心填满爱的能量，给予对方尊重，从而使双方都感到幸福。

如何管理自己的情绪，放下自己的控制欲，给予他人尊重呢？

首先，我们要学会察觉自己身上的控制欲。要知道，相当多的控制欲极强的人，并不知道自己的负面情绪来源于控制欲。他们甚至会为自己感到委屈，有一种"我将真心付明月，奈何明月照沟渠"的痛苦感。

所以，要管理自己的情绪，就要警惕我们的控制欲，尊重他人的选择，放下所谓"我都是为了你好"的执念。

其次，我们要学着放下控制欲。当我们察觉到自己的控制欲引发的负面情绪时，就要学着放下控制欲。

要想做到这一点,一是要学会尊重事情本身的发展,对人与事心存敬畏之心。要认识到万事万物皆有其发展规律,我们仅能猜测可能的发展方向,而无法认定事情必定会如何发展。所以不妨让事情顺其自然地发展,到时你会惊奇地发现,原来这才是自己心中所想的最好的结局。

而要做到这样,就要心有他人,有大自然,还要有整个宇宙,要培养自己宽广的心胸,要能包容一切未知。

二是要接受自己的控制欲,试着与自己的控制欲交朋友。其实,控制欲只是欲望的一种,它之所以会对我们的情绪、行为产生影响,会让我们变得疯狂,其根源就在于我们内心无法填满的欲望。所以,我们要认识到,它本来就是我们内心的一种存在,无须刻意将其抛弃,更不必想方设法逃离。我们要试着与其成为朋友,让它可以安然存在于自己的内心中,成为一只温顺的兔子,而不是狂怒的狮子。

三是要接纳自己的不完美。要接受自己的控制欲,我们就要接纳自己的不完美,认识到人非圣贤,孰能无过;要明白,作为已知的宇宙中的万物之灵,我们也同样存在不足之处,也会犯错误,也会有失误,也需要不断学习和改变,我们无法控制的事情的发生是相当自然的。

这样一来,你就接纳了自己的控制欲。然后你就会发现,其实

▷ 厉害的人，从来不靠情绪表达自己

自己的控制欲并非糟糕透顶，它可以让你变得活泼自信，只不过要注意把握好它的度，不让它伤害自己，伤害别人。

总之，不断认识自己，学着接纳自己，在不断地反思中改变自己，我们就能尊重他人，放下自己的控制欲。

/总序/

中国科幻的"NEXT"希望在哪里

韩 松

中国的科幻正处于一个重要的转折关口。一方面,它在中国各界和国际上引起越来越大的关注;另一方面,它也面临如何承前启后、推陈出新的迫切问题。

科幻是文学大花园里的一支。但最近看到很多年度文学荐书排行榜上都没有科幻。包括类型文学优秀图书,也没有科幻,至少没有我们认为的那些优秀的核心科幻。这与科幻的热度不符,也一定程度上让人感到是否创作有些乏力?科幻创作中抄袭现象虽是个例,但也敲响了警钟。

大量的科幻图书涌现,数量逐年增长,但是一些出版社却反映销售不好。我接触到了一些读者,发现他们对于科幻的了解,仍仅限于《三体》。这让人认识到科幻仍然是小众。而随着微信、短视频和游戏市场的扩大,更多受众还会被分化。

国内的科幻活动越来越多、越来越热闹华丽,科幻奖也已有十几个、最高奖金达百万元人民币,但期待中的精品还是较少。《三体》问世十年后,就再没有产生这样的轰动作品。这是否是一种能被接受的常态化呢？毕竟世界范围内也没有出现"三体现象"。但这仍然不能阻止我们对精品的追求。我看到有读者给我留言："斗胆说一句，科幻作品虽然越来越多，但总觉得令人惊艳、拥有瑰丽世界观的仍然是不够。"

国内创作之外，近年译作的增加也十分迅猛。我们的科幻，从生成到发展，都一直受着国外的影响，特别是不少灵感来自美国这个科幻大本营。我觉得中国科幻仍然需要潜心向世界学习。但是译作现在有些鱼龙混杂，有些译作的质量仍需要提高。另外国际环境的变化也给引进工作带来了影响。

被寄予很高期待的科幻电影，自《流浪地球》后也在不断努力，但是距离受众的愿望还有明显的距离，实践或许正在证明，科幻电影终究是最难的一件事情。急功近利蹭热点的几乎都很难成功。

许多地方在搞科幻产业化，不少资本涌入科幻圈，但从打雷到下雨，再到怎么能有更大的雨下，仍在探索。科幻产业园区到底怎么打造？科幻究竟是不是人民生活的刚需品？科幻产业的投入怎样才能创造出应有效益？这些都还需要用事实来回答。

中国科幻从晚清诞生至今，发展了一百多年，它的源头还在于文学的创作，在于作家们精益求精的写作。

正是在这个时候，未来事务管理局与博峰文化合作推出了"NEXT"科幻作家个人作品集系列。"NEXT"就是"下一代"的意思。故名思义，它精选了未来局十余位年轻签约科幻作者的作品，这些作者有较强的个人风格和特色，也在一定程度上反映了中国科幻创作未来努力方向，正是着意于承前启后、推陈出新。

作为国内科幻文化的推动者，未来事务管理局不仅与国内最优秀的科幻作家有着长期合作的关系，也一向重视对年轻科幻新秀的培养。在成立发展的几年里，未来局不断从各类科幻征文比赛、平台投稿及自创的科幻写作营课堂中寻找、筛选和指导最有潜力的年轻科幻作者，帮助他们创作出具有时代感、能被当下读者欢迎的科幻作品。这些作者近年来取得了众多的成绩，积累了相当数量的科幻作品，并收获了多种科幻奖项、广大读者和评论界的好评。这套丛书的出版，就是对这个现象的总结。

这些作者，最大的一九八二年出生，最小的一九九五年出生。这两个时间点让我很是感慨。我正是在一九八二年开始科幻创作的，那年在《红岩少年报》上发表了我的第一篇科幻小说《熊猫字字》，而一九九五年我在《科幻世界》上发表短篇小说《没有答案的航程》并获得了银河奖。

那个时候的科幻创作、发表和出版都还是比较艰难的，我和其他不少作者，更多是怀着对科幻的满腔热爱，只是不停地学习，埋头不断地写，而较少考虑能否发表和出版。这样坚持下来才积累了一定量的作品，也逐渐形成了自己的风格和特色。

我读了"NEXT"作者的作品，好像又看到我以前的样子。我感到他们很有才华和天赋，他们的创作是美好而杰出的，更重要的是，从他们的字里行间，能感受到对于科幻的无比热爱，并由此创造出了与众不同的科幻意象。我觉得，写科幻就是要按照自己喜欢的感觉和方式去写。首先只有能被自己接受、能够打动自己、自己觉得写得舒服的，才有可能是好的作品。从这个意义上，这些年轻人的作品，可以说反映了科幻的初心。

新时代的中国科幻还需要更多的时间来沉淀。但保持初心无疑是它当前最重要的追求之一。我希望能有更多的年轻作者，能够不凑一时热闹而更多地学习，能够找点时间去甘于边缘化，能够安安静静地坚持纯正的科幻写作，能够不自我设限地作天马行空的自由想象，用以表达自己的真情实感和对宇宙人生的认真思考。这就是中国科幻"NEXT"的希望。

/自序/

呼吸的语言

昼 温

你有没有思考过,自己每天都在用的语言到底是什么?

萨丕尔说,语言是人类特有的、非本能的交际方法,是表达思想、感情和愿望等主观意志的符号系统,我却无法抑制地将语言想象成一种有生命的物体——它们顺着神经游移,跨越精巧的细胞,却不受任何束缚;它们在意识的深渊里蛰伏,不断融合、分裂、升华;它们是大脑暗夜里无尽又璀璨的星星,人类社会因为它们的存在而存在;它们的蜕和孢子攀爬在巨大的脊椎骨架上,吞吐着悠久的历史和伟大的文明。当你发声,颤动的空气里飞出一只言蝶;当你落笔,瞬间的思维便诞下一颗足以在万千头脑中萌发的花种。

我写了很多关于语言和语言学的故事,最终成了这样一本书。我还要写更多,希望你能喜欢。

最后,我想特别感谢我的母亲,感谢她永远坚定的支持和鼓励。

目录
Contents

001	偷走人生的少女
032	失语之爱
055	泉下之城
072	猫群算法
111	落光
148	白虫
180	沉默的音节
213	埃塞俄比亚凤凰
242	温雪
268	言蝶
296	最后的译者

偷走人生的少女

零

楼道里静得可怕。

门后一丝不祥的气味悠悠而来,唤醒了刻在每一个人类基因里的恐惧——那是同类生命腐败的味道。

我无法想象屋内的场景,我不敢看她的脸。

十年过去了,她选择经天纬地,我选择偏安一隅,只是命运的代价,没有人能拒绝承受。如果一切重来,她还会选择打破一切壁垒吗?

"阿妈……"我听到她小声地呼唤,只是再也不会有回答了。

一

我是在公交车上第一次遇见赵雯的。

很少有人会和邻座的陌生人交谈，可旁边穿着一身大码运动装的姑娘一直拉着我说话。她扎着很高的马尾，露出了光亮的额头，绿边眼镜又窄又长。脸上没有化过妆的痕迹，笑起来也完全不顾形象，我还以为是个读高中的小妹妹。聊起来才知道，我俩都是去山前大学外国语学院报道的研究生。这下她显得更热情了，还不知道年龄和名字，就一口一个"阿姐"叫我。

"阿姐，你是什么专业的呀？"

"语言学。"

"哦？这是干什么的？赚得多吗？"

我一时语塞。我还真没考虑过这个专业怎么赚钱。

"呃……不太多吧……你呢？"

"同声传译啊，听说过没？可赚钱了。"

"同传？咱们学校好像没开吧？"

"哦，我录的是笔译专业，不过也差不多嘛。努努力，什么事干不成呢？我上网查过了，同传可是一小时就能赚好几千的行当，阿姐要不要也转到我们专业来？"

"我？还是算了吧……"

尴尬地笑了笑，我心里开始打鼓：这小姑娘真是研究生？笔译和同传，差得可不是一星半点吧？

据我所知，全世界特别优秀的同声传译者不超过两千人。

物以稀为贵。同传译员确实身价高，所需的素质也是一般人难以企及的。优秀的双语听说能力，百科全书式的知识体系，过硬的心理素质和优秀的人际交往能力缺一不可。你要充分理解他的这一句话，同时嘴上翻译着他的上一句话。你要在数百个精通至少一种语言人的面前，让自己的大脑持续多任务高速运转。

因此，更重要的是天赋。

就像锻炼身体一样，每种技能都是对大脑的训练。需要无尽的重复练习加深记忆，高压的外部环境训练反应，博大的阅读量重塑思维。同传译员就像站在奥运会赛场上的顶级选手，首先要有的就是一个优秀的大脑作为基础。

我不知道小雯符合多少，但芸芸众生多为凡人，能符合的人很少很少。

眼前的姑娘一副胸有成竹的样子，难不成真的天赋异禀？

二

开学第一天，我们成了室友。

一起办理入学手续时，小雯高中生一样的造型和蹦蹦跳跳的走姿引得路人纷纷侧目。

她骄傲地告诉我，她的本科学校又称"考研基地"，很多人一入学就开始准备考研。大家都是在高考大省拼杀出来的，又一五一十地把高中生活复制进了大学，一过就是四年。

简直不可思议。我知道刚上大学的孩子或多或少能保持高三养成的学习习惯，但这"惯性"很快就会在轻松自由的环境中消失殆尽。

我以为坚持上几个小时的自习已经很厉害了，小雯却说，每天学习十二个小时以上才是标配。

"如果整个学校都保持着这股劲儿，就不会松懈，这就是努力的力量。"

每当小雯回忆起那段生活，面孔就会发亮。

"阿姐，你知道吗，有一次我连续学习了二十个小时呢！"

我望着她，有些敬佩，也有些心疼。

付出四年青春的代价来到这所少有本校毕业生愿意留下的学校，值不值得呢？

为了尽快当上同传，小雯又开启了"高三模式"。

她每天七点准时在教学楼前练习口语，一见我就会大声打招呼：

"阿姐！"

我也冲她挥手，旁边路过的同学看了会笑。

"这就是程碧那个扬言要当同传的室友啊。"

"对呀。"

"句子还挺流畅的，就是她带着大葱味儿的口音……能进口译行当就怪了。好好当个笔译不行吗，天天在这搞笑。"

"怪不得和程碧关系好呢，都那么——"

"嘘！她就在那呢……"

我装作没听见。

当晚，我带着她重新学了几遍音标，可乡音难改，收效甚微。

读不准单词时，她总会可怜巴巴地望着我。这让我想起那些窃窃私语的路人。她是我唯一的朋友，我得帮她。

三

和小雯不同，我是本省最优秀的神经语言学家杨嫣教授的硕士生。我决定利用学术优势。

在知网上查了好几天论文后，我变得悲观起来。

很多人知道"语言关键期"假说，即六岁之前是语言学习的最佳时期，之后人类大脑的语言感知和发音能力开始衰减，十二岁后将进一步退化。成人再想学习语言，就只能从母语语音知觉出发感知新的语音结构。在这个过程中，母语的影响无处不在。

更有研究表明，不到六个月大的婴儿就具备区分语音范畴的能力，十二个月后就可以在脑内建立一套系统的母语语音识别图。也就是说，一岁之后再学外语就已经不太可能练成母语一般的完美语音了。

多年在外国居住的日本人说起英语来仍然 /r//l/ 不分，不是因为他们不知道要分 /r//l/，而是日语中对这两个音没有区分，母语经验导致的注意力分配问题使其在讲话时没有办法对它们进行正确感知。

我从三年级开始学习英语，发音尚且不够完美。二十二岁才开始正式学习英语语音的小雯大脑早已成型，中式口音积重难返。

很多文章在最后都劝外语学习者放弃对口音的完美追求，我也深以为然。

印式和日式英语那么难懂都已经获得了广泛认可，有点中国口音又有何妨？说不定等中国强大了，Chinglish 也能成为官方英语的一种。

"小雯，你学得太晚了，每个音都有问题，很难矫正。不过你的词汇量很大，合适的岗位很多，不一定非要做口译。"

她看着一摞论文，愣了半晌才开腔。

"阿姐，你相信人能够改变命运吗？"

四

我当然不信。

小雯不知道，我也曾试图打破命运置在面前的壁垒。

那年我十五岁，以全市第二的中考成绩进入了山前市有名的贵族高中就读，一年光学费就要二十万元。

我家拿不出二十万元，但也用不着——为了拉高本科录取率，学校特地免了我的学费。

开学当天，我坐了两个小时的公交，又拖着箱子走了一个小时，在一片农田深处找到了那个即将吞噬掉我所有青春的校园——金色的尖顶在秋日的午风中傲然而立，马路上没怎么见过的汽车停满了操场。

一个人把行李挪上楼，我几乎筋疲力尽。那时，我还没有后悔把箱子里都塞满书——那些小小的砖头，后来砌成了我心里最坚实的堡垒。

推开门，几个女孩正在房间里打闹。她们像洋娃娃一样，从头到尾都经过了精心的打理。画着自然的妆容，长长的披肩发细软柔顺。我那时还扎着高马尾，挂着黑眼圈，身材因为长期伏案学习而臃肿，一件化妆品都没有见过。勉强应对她们的寒暄，感觉自己像一个丑小鸭。

我记得她们恰巧站在洒满阳光的窗前，周身散发出淡淡金光。

那是隔绝在我们之间的，一道金色的壁垒。

三年高中生活，我有舍友，有同学，却没有朋友。

我不想再回忆融不进话题时的尴尬，文艺活动只能当观众的不甘，在食堂只会挑青菜的窘迫。

眼界，学识，资源，经历，胸襟。同学们人都很好，但巨大的差距还是无可避免地将我从每一个团体中排挤出去。就像水中气泡，直到破碎也无法融入汪洋。

若有若无的孤立变成了我自觉主动的远离，三年沉默寡言的寄宿生活，最终剥夺了我与同龄人亲密相处的能力。

离开那所贵族高中后，身边也有了家境相仿、性格相似的同学，可我远离人群太久了。不会接话，不会揣摩言外之意和女生之间的小心思，看不懂气氛是热烈还是尴尬，除了孤独别无选择。

直到遇到小雯，我的世界里才算闯入了其他人。她直白又可爱，什么情绪都放在脸上，不需要我去揣摩。

物以类聚，我的防线能够为她融化，也许因为我们都是怪人吧！

五

那次交谈过后，小雯请我去家里玩。

她带着我乘公交车穿过整座城市，来到了市郊的一个老式小区。五颜六色的衣物在家家户户的阳台上飘舞着，楼道破旧阴暗但还算整洁。

"阿妈！我回来了！带着阿姐！"小雯拉着我的手，欢快地叫道。

"来了来了！"

一位老妇人应声而出。她花白的头发很长，在脑后扎了一个松松垮垮的马尾。这个发型在老年人间很少见。岁月在她脸上的印刻也格外用力，如果不说，我会以为她是小雯的奶奶。

更引人注目的是她右侧空空的袖口。

我假装没看到，乖巧地问阿姨好。

她露出和小雯一模一样的灿烂笑容，拍拍我的胳膊，热情地把我迎进屋。

小雯告诉过我，阿姨早年在流水线上被机器绞去了一只胳膊。工厂以操作不当为由克扣抚恤金，她硬是逼着老板保下了工作。老板没有为此吃亏——在苦练下，阿姨单手操作的效率甚至高过了大部分熟练工，也供出了小雯这个家族中的第一位大学生。

过了几年，自动化机械的普及让她彻底失业在家——人工效率再高也高不过机器啊。即使这样，阿姨还是教出了乐观向上的小雯，让我肃然起敬。

进屋后，我看见逼仄的房间里堆满了半成品竹篮。阿姨也不避讳，领我落座后就坐在了一边，脱下鞋子开始编竹篮——用一只左手和两只脚。

小雯也很快开始动手,竹条在指尖翻飞,也不耽误说话。看着她们工作,我有点手足无措,只好喝水掩饰尴尬。

"阿妈,医药费你别担心,我很快就能当同传赚大钱了。"

听了这话,我差点儿被呛到。

"真的?妮子这么厉害吗?"

"当然,还有阿姐帮我呢,是不是呀阿姐?"

"啊?啊,当然,我肯定会帮的……"

我赶紧又端起杯子佯装喝水。

回到屋里,我拉住了她。

"小雯,我给你讲我高中的事是希望你顺其自然就好,有些事情真的是没办法的,不要做无用功。"

小雯转过身,我发现她眼角有泪。

"阿姐,我知道你是为我好。我也知道,我练了那么久也没起色,去了十几家公司都没有撑过一面。我又有什么办法呢?阿姐有顺其自然的资本,我停下来就什么都没有了。而且阿姐自己也没注意到吧,要不是成绩好,阿姐怎么能免费上高中呢?所以努力还是有用的,对吧,阿姐,对吧?对吧?"

六

这个颤颤的问题,我没法回答。

努力?对于大多数事情来说,光努力当然没用。

刚到那个昂贵的高中时,我以为人与人的差别只是原生家庭的经济问题,未来总有机会追上。只要我工作后继续努力,只要我……

开始研究神经语言学后，我才认识到现实远比自己的想象更加残酷。

尽管没有婴儿时期那么剧烈，我们的大脑还是处在变化之中的。青少年甚至成人的大脑都会在对外界刺激作出反应的过程中不断被重新塑造。但这个塑造有很强的阶段性，有些时机错过了就是永远错过了。

一岁时开始学习一门语言，就能轻易掌握母语般的纯正发音。

三岁时获得足够的爱抚，寻找伴侣时就不会过度渴求关注。

六岁前建立好延迟满足机制，长大后就不会轻易被薄利引诱。

十二岁时学会了批判性思维，就很难被谣言和假新闻蛊惑。

如果在青春期……如果那时的我哪怕有一个朋友，我也不会失去体察他人情绪和气氛的能力，也不会被迫忍受那么久的孤独。

所以，努力有用吗？

努力睁大双眼，就可以让盲人重获光明吗？努力保持呼吸，就可以延长人类的寿命吗？仔细侧耳倾听，就能听到鲸鱼的歌声吗？

我们和他人的差距，是眼界，是金钱，是父辈的积累，更是大脑的构造。

隔绝在人与人之间的，是生理的壁垒。

所以，我要告诉小雯吗？

我要亲手打碎她的幻想，夺走她一直以来的依靠吗？

我要一字一句地告诉她，接受现实吧，努力一点用都没有吗？

还有，在这个社会环境下……

小雯泪眼婆娑，我的心也柔软了起来。

"好吧，我帮你……"

七

　　查阅资料后，我指出她的障碍是早期双语者和后期外语学习者之间的壁垒。

　　这不仅仅是语音，更是语义理解与语码转换的问题。成长在双语环境中的人在翻译时不需要激活其他脑区，可以减轻大脑负担、专注翻译任务。

　　小雯想要尽早当上同传，除非在生理层面重塑大脑。

　　幸运的是，从脑神经机制层面探讨外语教学和语音机制的研究还不少。一些学者根据现有的神经语言学理论提出了纠正外语口音的方法，只是实践的不多，有的甚至很玄妙。

　　不过，我一直深信奥地利哲学家恩斯特·马赫说过的一段话，"Knowledge and error flow from the same mental sources, only success can tell the one from the other."真理和谬误本是同源，不试试怎么知道呢？

　　我研究方法时，小雯也没闲着。她又拿出了那股狠劲，抽出所有时间拼命练习。更难能可贵的，是她也学着在图书馆找资料、看论文，试着去理解艰深的理论，口音也在一点一点变好。

　　随着一起讨论的时间增多，一些变化在小雯身上悄然发生。

　　我有点害怕：小雯变得太像我了。

　　她说英语的时候像我，这没问题，毕竟是我一直在教她。她的穿衣风格开始向我靠拢，这也说得通，是我说服她放弃了高中生风格的外套，带着她去大商场一件一件地挑。可她的神态和走路姿势也越来越像我了，还有一些她本不该有的小动作……

我上大学后常年留着披肩长发，低头时常需要将耳边的头发撩起。小雯则一直梳着清爽的马尾，露着光光的额头。她每次都梳得很认真，发际线处几乎没有一点儿碎发。

那天一起在食堂吃饭时，她下意识地做出了撩头发的动作，和我一模一样。我心一惊，放在嘴里的饭菜也瞬间没了味道。小雯没有发觉什么，还在对付餐盘里的青菜。我咽了咽口水，勉强自己继续吃。那顿饭，味同嚼蜡。

更恐怖的是，小雯的思维方式也越来越像我了。

平时聊天尚且不论，一门公共课的老师竟然判定我和小雯的小论文有雷同嫌疑。我们没有互相抄袭，可我拿过她的文章细细阅读时，也无法怀疑老师的判断：太像了，遣词造句，布局谋篇，文风的选择和脉络的整理，还有背后想要表达的观点和思想，都太像了。任谁看都是她同义复现了我的论文。

为了保住我的分数，小雯当场承认抄袭。

"没事，阿姐，成绩对我来说没用，你还要读博呢。"

我很感激小雯。

但我怕了。

八

那天晚上，我辗转难眠。

到底是怎么回事？

有人说夫妻、兄弟和闺蜜会在长时间亲密相处之后彼此相像，会在日常生活中无意识模仿对方。可也就一个多月的时间，能像到这种程度吗？

也许我们只是走得太近了。也许我们本来就是一类人。也许……

不过，这样不好吗？

有多少人渴求知己，希望拥有能够完全理解彼此的好友，高山流水，岂不快哉。那些一直离我远远的女孩子们，不也穿着闺蜜装、画着相似的妆容自拍，为同一个梗哈哈大笑并为此而骄傲吗？这不是我一直想要却无法拥有的东西吗？

我到底在怕什么呢？

也许我的孤独根本就不是因为高中同学的疏远，而是我想。也许我从心底反感随波逐流的大众，我渴望做一个特立独行的人，我妄想自己拥有全天下独一无二的灵魂。

所以，在那个贵族高中，我才抓紧一切机会独处，我才在心里建立了坚不可摧的壁垒。直到那份孤独深入骨髓，再通过神经细胞的联结牢牢刻入大脑。

好不容易睡着后，小雯出现在了我的梦里。我看到她扯下马尾辫上的皮筋，让头发披散下来。我看到她熟练地梳起和我一样的发型，冲我笑着，撩起了耳边的发丝……

我惊醒了。

眨眨眼睛，噩梦似乎还没结束。

寂静的深夜里，一个人正趴在我的床边，直直地看着我。

小雯的脸几乎贴在我的脸上。

九

我全身的寒毛瞬间立起，恐惧裹挟着寒意直冲大脑。意识还没反应过来，身体已经快速向后一躲，狠狠撞在了墙上。

小雯被我的反应吓了一跳，跌倒在地。

戴上眼镜后，我看到她头上戴了什么奇怪的帽子。借着月光，我认出那是神经语言学实验室的脑电帽，长长的电线连着插排。脑电帽很少外借，不知道她是怎么搞出来的。

她这么做多久了？她这么做是为什么？

"小雯，你搞什么……"

小雯哆哆嗦嗦地站在角落里，低着头，两只手不断地搓着衣角——睡衣又旧又小，四处都是缝补的痕迹。泪珠顺着下巴不断地掉下来，声音也带着哭腔。

"阿姐……阿姐，对不起……"

看清她委屈的小表情后，我的怒火瞬间消失了一半，质问的语气也缓和了下来。

"小雯，你告诉阿姐，到底怎么了呢？"

听了小雯的答案，我发现自己也有责任。

我教会她查文献和读文献，却没教过她要筛选文献。

在神经语言学界，镜像神经元系统的研究一直十分热门。很久之前，人们在猴子大脑腹侧前运动皮层的F5区发现了镜像神经元。模仿同类的运动时，猴子大脑中的运动镜像神经元会放电。随着电生理学和神经影像技术的发展，人类大脑中的镜像系统也被发现了。人们普遍认为，镜像神经元系统在模仿之类的认知过程中起了很大的作用。

这个系统就像脑中的镜子，可以把周围感知到的一切印在大脑的世界里。这就帮助人类完成了一项非常重要的技能：学习。

衡量镜像神经元系统活动的一项重要指标就是 μ 波的抑制。猕猴的单细胞研究表明，镜像神经元活动时，μ 频率波段的振荡波幅会明显降低。

如果说以上研究结果已经得到了学界的认可，发表在了正儿八经的期刊上，那么小雯接下来给我看的"论文"就不知道是从哪里找来的了。

一位"学者"反其道而行之，认为 μ 波是限制镜像神经元系统工作的"罪魁祸首"。用一定的电刺激降低大脑发出 μ 波的功率，就可以开发出大脑"剩下 90% 的功能"，获得"惊为天人"的学习能力。"论文"的结尾是一则所谓"天才帽"的广告。

这篇"论文"让我哑然失笑。且不说"大脑功能还未完全开发"纯属谣言，若真有这种神奇的技术出现，一定会立刻引起社会的大变革。

涉世未深的小雯却对"论文"深信不疑。她没有钱买"天才帽"，只好趁着帮杨嫣老师打扫卫生的时候把神经语言学实验室里的脑电帽"借"了出来，按照"论文"上的参数调好数据，晚上偷偷地戴着靠近我。

她觉得，这样就能让镜像神经元系统模仿我的脑电波来对她的大脑进行重新塑造，尽早学会比较纯正的英语发音……

听到这里，我心的寒意一阵一阵涌来。

我真的认识眼前这个女孩吗？

我只知道她很努力，却没有意识到她的决心如此之大。她要当同传，她要赚钱，她要打破自己面前的一切壁垒。

她能够七年如一日地保持高中学习习惯，也能冒着损害大脑的风险去验证未经证实的理论。

"Knowledge and error flow from the same mental sources, only success can tell the one from the other."

她也是这么想的吗？

十

在我的强烈要求下,她偷偷把脑电帽放回了杨嫣教授的实验室。

小雯口语的进步成了院里广为流传的奇迹,风言风语也变成了学弟学妹憧憬的目光。遇到问经验的人,她只是含糊地说阿姐教得好。很快,她开始接各种各样的口译任务,经常去外地出差。

宿舍里只剩下了我。这样也好,脑电帽的事令我难以释怀,两人相见实在尴尬。

只是,我们二人的深度交织实际上才刚刚开始。

一个月后,我接到了小雯的电话,请我去她家里一趟。考虑到阿姨的情况,我思量再三还是动身了。

"小雯?"

等了半响无人应答,我试着一推,门开了。

小雯的家还是那样,狭小逼仄,地上摆满半成品竹篮。不知道是不是错觉,气味有些怪。

我把带来的水果放在门口,看见阿姨就坐在门边。

"阿姨好,小雯呢?"

老妇人没有理我。长而蓬松的白发披散下来,左手不停地忙活。接着我惊恐地注意到,她虽然做着编竹篮的动作,手里却没有任何东西,眼神也呆滞涣散。

"阿姨?阿姨您没事吧?阿姨?"

"阿姐……"

蚊子一般细微的声音从卧室里传出来,是小雯。

我连忙跑过去。小雯躺在床上,脸色憔悴。

"阿姐，我妈没事。有点老年痴呆，一阵一阵的，过会儿就好了。"
"那你？"

小雯摇摇头。

"阿姐，那时是我不对，对不起。"

"别说了，都过去这么久了……"

"阿姐，你能不能再帮我一次？"

十一

小雯想让我帮她做一场会议同传。

听了这个，我的第一反应是拒绝。

我英语水平还行，但我也知道，并不是英语好就能做同传的。

同声传译是一项需要长时间打磨的专业技能，并且每次都要根据任务准备很久。有些会议的专业性很强，对这一领域一无所知的译员就算听中文都不一定懂，更别说翻译了。隔行如隔山，不同专业的人看问题的角度都是不一样的。人与人之间，还存在着知识体系的壁垒。

小雯说的那场同传就在后天，还是很专业的学术报告。

"我……我不行……"

小雯抓住了我的手，一阵噬骨的冰冷袭来。

"只要用这个，你就可以。"

原来，小雯还脑电帽时，竟然瞒着我留下了可以抑制 μ 波的小零件。

"阿姐，我改装过了，它能帮你短暂同步别人的想法。有了它，你就不是在做翻译，只是在说出自己的想法。"

看到我的眼神，小雯突然急了。

"我没有去侵犯别人的隐私！也没有干任何伤天害理的事！"

"我相信你。"

我相信她。小雯到底还是善良的，不然她不可能还住着破旧的老房子，没钱带母亲看病。

"我只是在做口译的时候用它。这样我就不用熬夜准备资料，不用担心没有出过国、不知道当地的风俗和习惯表达，一天下来做三场不同的会议也没有压力……阿姐，你不想试试吗？"

我不知作何回答。这项技术太可怕了，小雯半夜的凝视还在深夜的噩梦中徘徊，我害怕自己有一天也会变成别人的复制品而不自知。

"阿姐……"见我犹豫，小雯的眼泪慢慢地流了下来。

"我问了很多人，他们觉得时间太急、报酬太少都不愿意接……我又不敢告诉他们这个事……都怪我身体实在是不争气……领导下了死命令，如果这次开了天窗，我在这一行就再也混不下去了……"

小雯的无助与恐惧原封不动地印在了我脑海中的镜子里。面对这个濒临崩溃的家庭，我怎么能忍心见死不救呢？

"好吧，我再帮你一次。"

十二

我天真地以为，只要在做同传时站在演讲者身边同步他的脑电波，就可以越过语言的壁垒，直接理解到他想要表达的意思。虽然有点冒险，但也没有别的办法。

提前一个小时来到那个大型会议室看现场时，我懵了。

原来做会议口译的时候译员并不上台，更别提近距离接触演讲者了。我被领到会议室后面的一个小屋子里，只有电脑和麦克风相伴——"同传箱"。

恐惧又开始随着肾上腺素一起飙升。距离如此之远，我怎么可能同步到演讲者思想呢？如果同传失败，小雯的职业生涯会不会毁在我的手里？那天几乎是跑着逃离了小雯压抑的住所，我开始后悔没有仔细问她具体是怎么操作的。

狭小的同传箱似乎在将我逼上绝路。

我摸了摸藏在头发里的μ波抑制仪，下定了决心。

以提前熟悉演讲者口音为由，我从主办方那里得到了主讲乔姆斯先生的行踪。我在大厦附近一家热闹的咖啡厅找到了他。那是一个银发苍苍的英国学者，端坐在嘈杂的人群中，半眯着眼，不知道在想些什么。

我偷偷坐在他的身后，一点一点调高抑制仪的频率。

失去了μ波的束缚，我大脑中的镜像神经元系统立刻同步了他当前的感受。

椅子不太舒服，他的腰腿和颈椎处有些隐隐作痛。也可能是年纪大了的缘故。似乎有一点疲惫，这里的气候也令他不适。咖啡太甜，他喝了一口就腻了。

不，这不是我想知道的。

加大功率。

平和。我感到了一股来自岁月的平和。

即使要在三百多人面前演讲，即使第一次来到这个陌生的国度、在异样的环境中独处，一湖心水波澜不惊。世界沧桑阅尽，繁华不过过眼云烟。亲人出现又消失，朋友亲密又疏远。我明白了，他在享受孤独，在平和中享受孤独。

但这也不是我想要的。

加大功率。

纷繁而细致的思想在我的脑海中浮现出来。是英语。是他在和自己对话。

我的心跳加快了。他在梳理演讲的内容。

闭上眼睛细细感受了一会儿，我掏出纸笔速记。十分钟后，我的笔记本上画满了散乱的符号和根本不认识的单词。即使能在半个小时内查出它们的意思，要全部掌握并顺畅翻译也绝非易事。更别说现场的随机提问了。知识的壁垒横在眼前。

不行，我要了解更多。

加大功率。

穿过具体的思想，我陡然来到了一片神奇繁华的异世界。学者五十多年来在生物学领域辛勤耕耘的成果化成了一个严整细密的世界观，此时正在我浅薄的大脑里迅速发芽长大。千百片玉叶是具体成文的知识，在无风的意识世界里沙沙作响，不断融合，不断分裂，不断碰撞。联通一切的文脉是科学的方法和理念，它为所有的成果提供着养分，并促使着新的叶儿诞生。这颗知识之树扎根的土壤，是坚实的科学思维和端正的人生观、价值观。

我还想了解更多。

加大功率。

看似坚实的土壤扑面而来，幻化成了朵朵记忆之花。我能感到他拥有第一本书的欣喜，养育第一株植物时的小心，投身于生物学领域的狂热，彻夜进行实验时的孤寂；我看到他因为偷窥修女而被严厉的教父呵斥，看到他追不到女孩而暗自伤神，看到他紧紧握着妻子皱巴巴的手，即使那已没有一点生命的气息。在这些一闪而过的记忆中，我还看到了一些熟悉的名字……我不知道这是不是我们的记忆在融合……

那一瞬间，我经历了他经历过的一切，我几乎就是他。

那一瞬间，我仿佛也成了一位沧桑老者，睁开眼睛，世界上的一切都在我的眼里起了变化。

我明白了，为什么我们永远也追不上有些人，或者说永远也理解不了。

人不可能两次跨入同一条河流。我们也无法在同样的时间复制相同的经历。

不复返的河流，不复返的时间。

隔绝在人与人之间的，其实是时间的壁垒。

最后，我停在潜意识之前，如临深渊。

我没有加大功率，那深渊却在凝视着我，吸引着我。

"来吧，你还想了解更多吗？"

我猛地拔下抑制仪，浑身冷汗。

十三

那场同传很成功，但凝视深渊的恐惧一直无法消散。

我很后怕，如果我同步了那位教授的潜意识，会发生什么呢？

大脑的结构和神经的联结方式各有不同，但是在某种程度上，人类的意识又是如此容易相互影响。

美国人类学家鲁思·本尼迪克特说过："落地伊始，社群的习俗便开始塑造他的经验和行为。到咿呀学语时，他已经是所属文化的造物，而到他长大成人并能参加文化的活动时，社群的习惯便已经是他的习惯，社群的信仰便已经是他的信仰，社群的戒律亦已是他的戒律。出生于他那个群体的儿童都将与他共享这个群体的习俗。"

思维的和谐共振就是一方文化，思维的最大相似点成就了一种民族。在浪潮之下，又有多少人能够避免成为乌合之众的一员呢。

最近读过的书会影响写作的风格，一碗包装得当的心灵鸡汤能激起短暂的斗志；模仿结巴容易成为结巴，东北口音极易在熟人间传播。

就像初中时的一道化学试题：将一堆煤块放在雪白的墙角，那么随着时间的推移二者会彼此渗透，甚至在墙壁的深处也能找到煤炭的踪迹。

我做了什么呢？把煤炭和石灰全部打成粉末又搅拌在一起，再把它们砌成墙的样子。我，还是原来那堵墙吗？

电话里，小雯说她也从未如此深入过。

"我之前都是请主办方提供特殊设备，让我能够待在演讲者附近……对不起阿姐，我没早点和你说清楚……我也不知道功率这么大会发生什么……"

我现在极其后悔答应她的请求，甚至怀疑当时她偷偷用 μ 波抑制仪放大了我的共情能力。

事已至此，怪谁也没用了。

我在网上疯狂搜索相关理论，但一无所获，小雯当年搜到的论文也在互联网上没了踪迹。

我开始仔细观察镜中的自己，想从颤抖的双眼中窥视一个苍老的灵魂；我开始注意自己的走路姿态，害怕有一天会在不自觉中佝偻；我开始反复阅读之前写的日记，细细揣摩思维方式有没有改变……

不知道是不是错觉，我并没有像小雯变成我一样变成那位生物学教授。一丝一毫都没有。不过，那些记忆和知识都还在，我会忍不住试着回溯它们，就像在一个浩瀚的精神宝库中摸索。

在那些随着岁月模糊的记忆里，我又看到了那个熟悉的名字，一个和教授与我都有交集的人。我的心狂跳起来：μ波抑制技术并不简单。

次日，我在实验室拦下了自己的导师。

十四

"杨老师，您的妹妹杨然是不是乔姆斯教授的学生？"

儒雅的老妇人一愣，掩上了房门。

"你是怎么……？"

"我和乔姆斯先生有一面之缘，他讲了一些事，我不太懂……"我简要提了一下μ波抑制技术。

"小程，你知道赫布学习原则吗？"

我点点头。

给小雯查资料时，我接触过这方面的理论。简单来说，就是基于神经元突出可塑性的基本原理，对相邻神经元进行刺激，使神经元间的突触强度增加。这个理论听起来玄，但是早在二〇一七年就已经有了利用经颅直接电流刺激技术提升外语阅读的研究。

"二十年前英国的一项研究发现，如能暂时抑制μ波，镜像神经元系统就会自动同步临近人类的脑电波。同步时，微妙的电刺激能够增强神经元突触的一些联结，甚至增加新的联结。学过神经语言学的都知道，尽管思维十分精妙，但人类并不存在一个超脱于物理层面的'心智'：大脑的电活动就是意识本身。

就像恩格斯所说，我们的意识和思维，不论看起来是多么超感觉，总是物质的、肉体的器官，即人脑的产物。

"所以，只要改变神经元突触的联结方式，就有可能在一个人的大脑里复刻下另一个人的意识和记忆。"

"老师，那也就是说……"

杨教授摇了摇头。

"不行。我们做过很多实验。就是不行。"

"为什么不行？理论上来说……"

"大脑不允许。自愿参与实验的人，尤其是进行了深度同步的人，大脑或多或少都受到了损伤。除了短暂的意识混乱外，有的得了纯词聋，分辨得出自然界的声音却听不懂话语，有的得了 Wernick 失语症，话语流利却没有意义，更多的人精神分裂，不再记得自己是谁。还有杨然……小然当时在读博士，开心地发邮件给我，说自己参加了一个革命性的实验，她……"

恐惧顺着我的小腿向上爬，凉丝丝的。在乔姆斯先生残存的记忆里，我已经模糊看到了最可怕的结局。

"……她的大脑死了。"

植物人。

上一个是用这项技术的人，变成了植物人。

有一天，我也会变成这样吗？恐惧让我几乎丧失了判断力，仿佛能听到两个意识在大脑里撕扯。

"为了防止更多的人受到伤害，当时知情人士一致同意暂时封存这项研究，等人类对大脑的认识更加成熟以后再重启。不过，这项技术既然是可行的，就难免有人独立研究出来。复制他人思维和知识的诱惑太大了，一旦研究成果再次问世必定会带来混乱……学界达成了一致，凡是有点名气的期刊均会找理由拒绝类似的论文，网上的相关文章也会被尽快删除。孩子，这是潘多拉的魔盒，凡人一旦开启只能带来灾难——孩子，你没有试过这个技术吧？"

"我……我当然没有……"

离开实验室时，我瞥见杨教授看向了脑电帽。

十五

"以后别这么干了。"我把可怕的后果向小雯一一列举，希望她可以停手。但是，她的关注点似乎在别处。

"阿姐，你深入同步了那位教授的记忆和知识？"

"嗯？"

"唔……其实当时我也不是没试过调高频率，可总感觉是在受到另一种意识的侵蚀，根本无法做到像阿姐这样两种思维泾渭分明、同时存在。阿姐是怎么做到的？"

我该怎么向小雯解释呢？

杨教授告诉我，在那些惨烈的实验中唯一幸存下来的人是一位右额叶发育不全者。这样的人语言功能正常，却在交际方面存在特殊障碍——他们很难理解其他会话者的言外之意，因此难以融入任何集体。

他们常常都是无比孤独的，像我一样。

大概正是因为青春期那段噬人心肺的孤独导致了我脑右额叶发育异常，这使得我无法正常与人交际，却正好保护了我不受他人意识的侵蚀。

我和小雯的大脑不同。她总是轻易地被我影响，我甚至可以站在他者潜意识的深渊之上凝望。

这将带给小雯更大的打击，但若能让她远离这个危险的技术也好。

可我错了。

"阿姐，原来这么简单啊，"小雯露出了轻松的表情，"右额叶？我记住了。"

"你想干什么？"

"阿姐，你知道这项技术意味着什么吗？我算是明白了，人和人的差距很大程度上都是基于知识和思维。知识就是金钱，思维就是财富。可知识要记，思维要练，想成为人中龙凤少不了长年的积累。我们这些输在起跑线上的人，哪有那么多时间和资源？"

"可你真的不害怕吗，你不怕大脑被其他意识占据，甚至失去自己吗？"

小雯笑得更开心了。

"自己？阿姐，到底什么是自己？大脑？大脑每时每刻都在变化，那到底哪一个时刻是自己？身体？每三个月全身的细胞就会更新一次，是不是一年就要重生四次？记忆？过去的记忆本身就在随着时间流逝，现在的我和过去的我还是一个人吗？"

"这……"

"阿姐，最重要的不就是当下的感受吗？如果此时能够幸福，幸福来自何方重要吗？如果回忆能够甜蜜，回忆来自何人重要吗？"

我无言以对。

"阿姐就是胆子太小了。我知道，你不就是想融入人群吗？换做是我，早就拿着μ波抑制仪去同步她们的想法了，保证很快能成为人见人爱的交际花。可是，你敢吗？"

"我……"

"阿姐，我和你不一样，我已经没有什么可以输掉的了。"

望着她的笑脸，我终于看清了二人的差距：面对坚不可摧的壁垒，我的选择每每都是逃避，而她，从未放弃打破它的想法。

十六

那场交谈过后,杨教授发现脑电帽被人动过,很快在监控录像里锁定了小雯。偷窃加上长期缺课,她被劝退了。

帮她收拾行李那天,两人沉默了很久。

"阿姐……你能再帮我一个忙吗?"

"你说。"

出乎意料的,她掏出了 μ 波抑制仪。

"阿姐,我求你了,同步一下我吧,好吗?"

毕竟是我间接导致了她的退学,怀着愧意,我点了点头。

与同步乔姆斯先生的大脑不同,这次的旅程十分痛苦。

压抑,隐忍,疲惫,不甘,焦虑。

知识体系支离破碎,思想混乱不堪,世界观在一次又一次的打击下不断毁灭又重生……

父亲抛家弃女时无情的嘴脸,母亲接受治疗时痛苦的呻吟,做不完的习题,背不完的资料,旁人的嘲弄,老板的压榨,而我对她的关爱竟然是一片黑暗中唯一的光彩……

我看到了一些危险的想法,但在小雯的价值观体系下,竟然是唯一的出路。

最后,我再一次站在了他人潜意识的深渊之上。

抑制住几乎要破体而出的恐惧与抗拒,我深吸一口气,一跃而下……

再次看到泪眼汪汪的小雯,我意识到今天是她的生日。

"生日快乐"实在是说不出口,网上看来的一句话却在我脑中徘徊不去。

"小雯，如果快乐太难，那我祝你平安。"

十七

小雯几乎在我的生活中消失了。

有那么几次，我在电视上看见了她。大多是省一级的外事活动，小雯穿着西装套裙跟在领导后面，低头做笔记。翻译的镜头一向不多，我也看不清她的表情。既然能接到这样的工作，母女俩有个体面的生活应该不成问题。

我知道，她绝对不会就此满足。

我做好了世界发生剧变的准备，期待她能走上前台掀起一场认知革命，带领无数人打破壁垒。

我一直没有等来。

周遭一切如常，小雯杳无音讯。

又过了五年，她突然发消息请我去母校附近的咖啡厅谈谈。

我知道她想谈什么。

在路上看到好几个男人用妖娆的姿势撩头发的时候，我就知道她已经成功了。我好奇的是，为何这场变革没有引起任何关注，如此无声无息。

来到咖啡厅，我几乎认不出她了。

赵雯剪了精干的短发，发尾的弧度完美修饰了脸型。妆容得体，气场十足，凛然一位精英女性。我只是一副家庭主妇的打扮。这个场景，让我想起了当年阳光下的高中舍友。

"程碧？你是程碧吧！"

"嗯。"

"不好意思哈，我记性不太好。右额叶的手术不太成功，还是得了阿尔兹海默症。"

赵雯指指自己的额头，那里有一条淡淡的疤痕。

"这……"

"没事儿，我的钱够多了，就算变成一个傻子也能过得很好。"

赵雯咯咯咯地笑了起来。

"我成功了。杨嫣他们还傻乎乎地守着所谓的'秘密'，一丁点儿都没发现世界早就变了。对了，你不在那个高度，你看不到。"

和我当时想的一样，赵雯没有止步于做口译，而是利用 μ 波抑制技术组建了一个"知识共享学会"。在各个领域深耕许久的大牛通过镜像神经系统互相同步，以获得在特定领域里的知识与技能。当然，为了保护意识，每一个人都接受了改造脑右额叶的开颅手术。

"自己死学是太笨了，用这种方法，一秒钟就可以得到人家五十年的知识。"

"真厉害。这种技术普及以后就不用老师了，孩子只要……"

"做梦！"赵雯突然打断了我。"凭什么要普及，学会门槛高得很。我调查过你，要不是念在早年对我有恩，就凭你，一辈子连学会的存在都不会知道。"

我无言以对。

赵雯滔滔不绝地说着，想让我明白加入学会是一项多么大的恩赐。只在服务员经过的时候停了一两秒。我注意到，那一瞬间她的眼神似乎有些迷茫。

"怎么了？"

"这桌菜上齐了。等会儿就换班。"

"什么？"

"啊？哦，我说学会的成员一半都是博导，他们——妈妈我不想在这吃！"

一个孩子跑过来，赵雯的语气又突然变了。

这回我看懂了。长期抑制之后，赵雯脑内的μ波已经很弱了。她在不受控制地同步身边所有人。

"对了，你妈妈怎么样？治好了吗？"

"什么？妈妈？在后厨做饭呢。不对……在美国疗养？不对，是昨天那个老板的妈……去打麻将了？回老家了？没事，忘了，不管了。"她切了一块牛排，优雅地咀嚼着。

看着她一脸无所谓的样子，我的心一动。

"我有件东西要给你。"

"啊？什么？对了，对，你是有东西。我上次翻了笔记，好几年前写的，让我有时间一定要找你一趟。是不是欠我钱啊？"

我已经明白当年在寝室分别时，她为什么要求我做那件事了。

十年前，我把μ波抑制仪的功率调到最大，镜像神经元系统瞬间完全同步了她全部的脑电波。

她的感受，她的思想，她的记忆。

还有连她自己都意识不到的，潜意识之渊。

一般人到达这个程度后精神必然崩溃，但得宜于常年离群索居的生活，特殊的脑结构帮助我生生扛住了另一种思维的侵蚀。

那片幽深混乱的思维深渊里，我看到了她隐藏最深的渴望。

乔姆斯先生曾有一个假设：意识本身就是极易模仿他人的动态混沌系统，古时候的人类很可能就是一种能够共享思维的生物，μ波的存在则是在意识之间拉上微小的细绳。随着时间的推移，思维的汪洋变身成滴滴水珠，越离越远，最后飞上太空，变成了无数相距数万光年的星星。一个个独立的自由意志难以交相辉映，却也各自光彩，不能相互理解，但足以合作共存……

她想要做的，却是打破这生命的壁垒。

那时她就知道，自己要走的是一条不归路。她的大脑将被无数人的大脑改变，也将改变无数人的大脑。她可以透过一万双眼睛看世界，飞上最高的天际，飞跃所有壁垒。她将得到一切，也将失去自己。

所以，在开始之前，她找到了我，让我同步了她那时的大脑。

那一瞬间，我的大脑留下了那个时候全部的她，一个还没有被其他意识过度入侵、最为纯粹干净的她。

十年了，我再一次走近她。

"小雯，这是你当年寄存在这里的，阿姐现在还给你。"

十八

她的眼睛睁大了，大口地喘着粗气，像刚从深深的潭底浮出水面，泪水也不受控制地涌了出来。

"阿姐，我忘了，我忘了阿妈还在等我……我怎么能忘了……"

她拉着我冲出门去，奔向那个早已被忘记的家。

楼道里静得可怕。

参考文献：

[1]程冰, and 张旸. "母语习得的脑神经机制研究及对外语教学的启示." 西安交通大学学报:社会科学版 03(2009):98-104.

[2]程冰, 张旸, and 张小娟. "语音学习的神经机制研究及其在纠正外语口音中的应用." 外语教学 038.004(2017):62-66.

[3]官群. "神经语言学研究新趋势:从病理迈向生理——兼论对优化外语教学的启示." 外语教学理论与实践 2(2017).

[4]季月, 李霄翔, and 李黎. "中国大学生英语直接-间接引语转换中句法和语义的ERP研究." 外语研究 06(2012):46-53.

[5]李树春. "关于大脑思维倾向与翻译能力相关性的一项实证研究." 北京交通大学学报(社会科学版) 011.001(2012):127-131.

[6]朱琳. "镜像神经元和构式语法." 当代语言学 03(2015):284-292.

[7]燕浩, 杨跃, and 王勇慧. "二语习得新视角:双语者认知神经语言学研究." 山西大学学报(哲学社会科学版) 01(2013):94-98.

[8]王璐. "论语言、思维、文化的关系——自历史生成论视角." 东岳论丛 11(2009):44-46.

[9]高彬, and 柴明颎. "同传神经语言学实验范式研究及其对同传教学的启示." 中国翻译 036.006(2015):48-52.

[10]周雪婷. "交叉学科:神经语言学及其哲学思考." 求索 06(2008):191-192.

[11]周频. "认知神经语言学方法论模型的建构." 外国语039.002(2016):39-47.

失语之爱

一

　　人的皮囊太过脆弱，带着思想来到世上行走，然后一点点剥去自由。

　　一种病，噬去一种自由。有的人下颌易疼，啃不了硬物，有的人严重痛风，吃不了海鲜；有的人膝盖损伤，从此告别跑道，有的人面目白斑，再也不愿在公众场合抛头露面。最后，各种各样的衰竭把人困在床上、椅子上，直到灵魂囿于永恒的黑暗。

　　意识到余生都不能做某件事是很痛苦的，尤其是看到同龄人百无禁忌的时候。

　　我相信，自己肯定也在被一些人羡慕着。我看起来那么正常，体型正好，成绩不错，五官没什么缺陷，家里也没什么拖累。但只有自己知道，我的人生正在被什么东西紧紧包裹着。

我还记得十岁那年的秋天。班里文艺汇演，小朋友们纷纷准备了节目，我选了唱歌。从小叔叔阿姨就夸我嗓音好听，模仿电视上的歌星也有模有样。爸爸妈妈一面谦虚着，一面向我投来赞许的目光。我很受用，很高兴能让家里骄傲。

上台的记忆有些模糊了。我心里掂着父母的期待，人生中第一次感到紧张。人群的目光如炬火，烤得我心里发慌。那时我已经有些神智不清了。朦朦胧胧的灯光、熙熙攘攘的观众像梦一样不真切。音乐从很远的地方响起，我张张嘴，发不出一个有意义的音节。

力不从心之感，更像梦境。我想起在自己梦里的天空总是迷幻的，飘浮着亮粉的云彩或是巨大的行星。

这一定就是梦吧？我想验证一下。

抬起头，秋日乏味的晴空旋转起来。

"这孩子就是紧张过度。"

我在医院醒来后，母亲对每个人这么说。

这个说法太轻了。但我知道，母亲不想让别人觉得我不正常。

"在这个世界，不正常的人太难好过。"

但我就是不正常，不是简单的"怯场""过度紧张"。只要情绪波动一大，我就会说不出话来。这么多年过去了，我只能小心翼翼地过着尽量平稳的生活。生气时落荒而逃，感动时只能流泪，闺蜜端出蛋糕时也说不出一声谢谢。此外，我还要永远藏着梦想、告别舞台。

靠着永无止尽的自我调节，生活逐渐回到了正轨，说不出话的现象几乎没再出现。

如果只是这样，那么我还能带着枷锁过活。

二

我是在中考辅导班遇见余飞的。他个子蛮高，眉毛很浓，喜欢看书。在吵吵闹闹、不愿学习的男生之间，他格外显眼。

那是我第一次有了喜欢的感觉。他在我眼里变得像个小太阳那样光芒万丈，只要瞥一眼，无论多远我的脸都会被灼伤。

我总是忍不住回头偷偷看他。被同桌发现后羞愤交加，只得拿课本紧紧挡住脸。

所以啊，我最开心的时刻就是老师点他起来回答问题。那时候，我可以像全班同学一样正大光明地看他。

只是，他笔直的站姿是那么耀眼，说话的声音是那么好听，我从来没有听清过他的答案。

升高中以后，我惊喜地发现余飞和我同校，就在隔壁班。我在每个课间借故路过他们班的窗口，只为悄悄看他一眼。

后来，他加了我的微信。在高中繁重的课业下，我们每晚偷偷躲在被窝里用微信聊天，白天见面则只是羞涩一笑。那是我最快乐的日子，短短的信息像星火一样点燃了我贫瘠的生活。我不再是那个只敢偷看的女孩，我知道我能对上他同样热切的目光。

这是我最快乐的一段日子，直到暑假那场见面。

我穿着最喜欢的小红裙，提前半个小时到了地方，期待又害怕地朝他会来的地方远远眺望。

在人群中辨认出来他的那一刻，我的心炸裂了。没有宽松校服的遮掩，他的身型高大匀称，撑起了黑色的漫画图案T恤。他就那么看着我，在人潮中坚定不移地向我走来，像正值壮年的恒星。我也那么看着他，心"怦——怦——怦"直跳，手脚都不知道往哪里放。

不知过了多久，他终于走到了我面前。我鼓起全部勇气，才能直视这枚耀眼的太阳。我看见他的嘴唇在动，上面有几根细软的须，我听见几个音节从他口中流落，嗓音低沉温柔。

但我没有听清他的话。

也许是看到了我疑惑的表情，他又说了一遍。嘴唇一张一合，音乐动人流淌。我努力地辨别，可他发出的声音就像是某种外语，我怎么也听不懂。

见我不回答，他的眉头皱了起来。接着嘴唇又张开了，这次流出的音节变了，可对我来说还是天书。

你在说什么，能不能再说一遍，能不能再说一遍？我在脑子里大喊着，希望他能听见。

他又张口了。这次我调动了所有的认知资源，全神贯注去倾听，去理解。街边的小贩在叫卖西瓜，远处的公交车在报站名，一个小姑娘从我们身边走过，在开心地打电话。这些我都能听清，都能听懂。

可只有他的话语划破空气而来，在我的脑海中留不下一点含义。

一瞬间，我仿佛回到了十岁那年的舞台。可是那天的云也平平无奇，不是能够轻易流逝的梦。

三

我的病更重了。

已经不仅仅是说不出话的问题了。落荒而逃之前，我几乎失去了全部语言功能。

更糟的是，那天之后只要我一动感情，语言的黑暗就会蠢蠢欲动，从不可预料的方向朝我袭来。

师情为轻：如果遇到喜欢的老师讲课，我需要全神贯注去理解字正腔圆的普通话，像分辨难懂的方言。

友情第二：舍友们嬉笑打闹时，我总是无法及时接上她们的梗，除了陪笑没有任何办法。

亲情犹重：在电话里，我已经没有办法正确识别从小到大最熟悉的嗓音，只能勉强与父母用微信交流。

爱情最甚：每当余飞出现在视野里，我便会彻底掉进语言的真空。他就像近在咫尺的太阳，只有我能感觉到的热浪随着强烈的爱意浸润全身，深深炙烤着大脑。认知能力即刻熔断，听不见，说不出，读不懂。

这种感觉太可怕了。

我不能顺畅地与老师探讨学术问题，不能向朋友倾诉烦恼，不能回应父母的关切，更没有办法与爱人的关系更进一步。以前从未发觉语言功能如此重要，但那些郁结在心的想法，除了精巧的语言又能有什么东西可以传达？

越想交流，越开不了口。越想亲近，越隔万壑千沟。

在无休止的哑口失言、尴尬而逃后，旁人看我的眼光开始变了。我渐渐流落到了每个群体的边缘，整日独来独往，一天也说不到几句话。

但我并不是内向的人，对交流的渴望时时噬咬着我的内心。我想站在聚光灯下一展歌喉，想在班级聚餐时谈笑风生，想和千千万万的少女一样，得到甜蜜的爱。

我没对任何人讲过这件事，父母也没有。我记得第一次发病时母亲的话："在这个世界，不正常的人太难好过。"

我不想变成别人眼里的怪物，我不想"不正常"。

如果病因为爱，就只能不爱。

四

读大学后，我开始了自己的"计划"。

在这个崭新的环境里，我决定只和自己讨厌的人交往。一开始还挺难的，大家面对新同学都是和颜悦色、客客气气，没什么让人无法忍受的地方。尤其是舍友，几个姑娘都是那么可爱，一来就把宿舍打扫得干干净净，还热情地分发家乡的特产。

这样可不行，如果总是惦记着她们的好，我的语言功能迟早会再受影响。这回，我要当一个正常人。

我开始细细观察，寻找每个人的缺点。这个姑娘不爱收拾桌子，角落里烂掉的苹果招来了不少小虫子；那个同学太好表现，每节课有事没事都要和讲师套近乎；老师的讲课中流露出一点地域歧视，校长怠慢了庆典活动的志愿者……我像一个躲在阴暗角落的观察者，把身边人一点一滴的差错、缺点记在本子上，不断放大自己对世人的厌恶。

奏效了。带着虚伪的面具，我可以自如地在人群里讲话，向每一个人露出标准微笑。当然，我还是小心翼翼地和别人保持着距离，没有真正意义上的朋友。我重获完美的语言能力，但也无一人可以真心交流。

感情的唯一出口是余飞。我总是不能自控地想起他，被思念折磨得抓心挠肺，晚晚失眠。即使同在一所学校，我也只能远远看着他的样子，一步也不敢上前。有时候，我只能期待命运的齿轮将我们远远分开，期待时间冲淡他的样子，然后冲淡我的爱。

多少个漫漫长夜，我缩在被子里把曾经的聊天记录看了一遍又一遍。小小的温暖不及手机散发的热量，那是已经遥远到变成星光的太阳。

难以接近爱人的痛苦无处抒发，也没有朋友供我倾诉，我只能把它们变成故事写下来。故事里的男主人公身份多变，但永远在结尾处死去或离开。甚至有读者私信问我，为何总是写求而不得的爱情。我又有什么办法呢？情侣在林间十指相扣、窃窃私语，他们在说什么呢？男生给喜欢的姑娘唱歌，旋律会不一样吗？丈夫回到家，拦腰抱住准备做饭的发妻，又会在她耳边讲些什么呢？

我想我这辈子都不会知道和心爱之人交谈到底是一种什么样的感受。能够把暗恋的情愫细细描绘，但一写到真正的感情生活，留给我的只有贫瘠的想象。

时间慢慢过去，世界和心一起变冷。我在人群中孤独地活着，怀着对每个人的厌恶与恨意。

但至少，我还是一个"正常人"。

五

本以为要与无法爱人的诅咒相伴一生，我竟看到了治愈的希望。

那天学院举办了一场神经语言学讲座，我去参加是想看看讲师够不够讨厌，能不能当我的研究生导师。

"……动物究竟能不能学会语言呢？鹦鹉学舌惟妙惟肖，海豚的脑容量超群，在基因层面，人类和黑猩猩的同源性超过了百分之九十五。但是，在古往今来的动物实验中，没有一个动物真正习得了人类语言。以猩猩为例，今年六月，被认为最聪明的猩猩KoKo在美国去世，享年四十六岁。这只传奇大猩猩两岁起就在接受手势语和语言的训练，四年的时间就学会了一百三十二个手势语词汇，甚至能创造新的手势语来描述新的物体。但是，尽管在去世前已经拥有了上千词汇量，它却不怎么擅长组织句子，只能说两三个词的言语。在口语能力层面，KoKo 能听懂一些单词，但表达能力几乎为零。"

我想起自己在余飞面前的样子。那时的我就像一只小动物，有满腔想说的话，却完全没有办法和他交流。从那之后，我看见路上的小猫小狗都会胡思乱想：你们的叫声中，有几种表达喜欢的词句呀？

"……反观人类，语言似乎是我们的本能。幼儿生下来就好像自带'语言习得装置'，学说话就像走路、眨眼一样自然。我们学外语也许没那么容易，可一旦学成，交流起来便'不用过脑子'，和吃饭、喝水一样顺畅。而且，人类的语言具有传递性，每种语言文字的发展都离不开一代代人的积累、创新。我们每个会说话的人都作出了贡献。但对于动物来说，它们的鸣啼吼叫大多都是遗传所致。也就是说，远离人类社会的野人男孩无法张口说人话，但独自长大的鸟儿的鸣叫依然与同类相通。"

语言真的是人类的本能吗？那为什么面对喜欢的人时，我会丢掉自己的本能呢？

"但是，会说话人类到底特殊在哪儿呢？跟着我做三个动作就知道了。

"第一个动作，摸一摸你的喉咙。'有声语言是人类语言最鲜明的特征之一'，灵活发出各种音节的能力是方便传递复杂信息的基础。与动物相比，人类的发声系统极其特殊。如果你有机会看到其他灵长类动物的喉咙，你会发现人类的喉头位置更低。这使得舌头有了更大的活动空间，能发出的声音就更多了。不过，你的喉头也不是一开始就到了这个位置。婴儿长到三个月大时，喉头的位置才会慢慢下降。如果你是男生，青春期时喉头也会下降一点点。当然，喉头下降不是人类的专利，有些赤鹿也会有类似的经历，但再加上灵活的舌头、小巧的嘴巴、有力的双唇、平整的牙齿和与口腔分离的咽腔，决定了人类超强的语音能力。"

我摸了摸自己的脖子,想起了他好看的喉结。

"……第二个动作,环顾四周。住在一起的家人,隔壁的邻居,一起上学的小伙伴……就算隔着墙壁,我们总能找到同类在附近存在。人类是当之无愧的群居动物,这也促进了语言的发展。根据'人类语言社会性起源'假说,动物的群居程度越高,就需要越复杂的沟通信号。我们要合作,要交流,要争论,要想表达自我,也要达成共识。这也极大促进了人类语言的发展。"

而我正好相反。远离真正的社群,我才能保留语言功能。

"……第三个动作,摸摸你的头。没错,我们的大脑就是征服语言功能的制胜工具。在这个复杂而精密的器官中,几个语言中枢有序分工紧密配合,才能最终实现听说读写的能力。如果听觉性语言中枢受损了,病人就会患上感觉性失语症,能够听见每个句子,却失去了理解话语的能力。如果运动性语言中枢受到损伤,运动性失语症就来了。此时就算发声系统一切如常,但患者已经失去了精确调配语言肌肉的能力。书写性语言中枢帮助我们写字画画,视觉性语言中枢帮助我们阅读理解,没了它们,人类就会得失写症、失读症。即使面对用了半辈子的母语,他们也写不出成型的文字、理解不了字符的意义。"

听到这些描述,我的眼睛一亮:失语症……我的症状正是如此!

"……大脑统领功能,发声系统支持,社会促进演化,人类的语言能力发展至今是极其珍贵的。

"甚至可以说,语言能力是进化赋予人类最珍贵的礼物,让我们能和其他所有动物区别开来,也帮助人类爬上食物链的顶端。所以我们要珍惜自己语言功能,去理解,去交流。短短的几个字,既可以传达自己的心意,也可以抚慰旁人的心灵。希望大家都能感受到语言的奥妙,谢谢大家。"

六

"姚教授,我能和您单独聊聊吗?"

女老师看了我一眼,好像没听到一样。她一把抱起讲台上的材料,转身就走。细跟高跟鞋和瓷砖地面接触,发出刺耳的"嗒嗒"声。

我心里一喜:这个女人如此傲慢,我大概是不会喜欢了。

"姚教授!"

我又叫了一声,快步追上去。此时不少学生向这边看过来,再不理我就太失礼了。

她果然转过脸来,微微昂起头,不耐烦地问我有什么事。

"姚教授,我知道一个很特殊的神经语言学病例,您有兴趣了解一下吗?"

"颞上回后部病变。"

我还没说完所谓"朋友"的情况,姚老师直接给出了答案。

她说这种病平常没有症状,只是一旦动了感情,在激素和神经的影响下听觉性语言中枢就会出问题。严重时还会连累视觉性语言中枢。

前者让我听不懂语音,后者令我读不懂文字。

"老师,能治吗?"

"保守治疗没什么办法。"她看着自己精心修饰过的指甲,漫不经心地回答。

"手术治疗呢?"我耐心地询问。

"风险很大。"

"有多大？"

"要动脑子，你说有多大？"她翻了个白眼，双手抱在胸前，食指不耐烦地敲着上臂。

可能是常年与厌恶相伴，我心里立刻窜起一股火，想抓住姚末春染成淡栗色的头发，强迫她看着我说话。也因如此，我的思路变得极其清晰，从她的语气里捕捉到了额外信息。

"老师，您是不是……跟过这样的手术？"

"跟过。"她讲话就像挤牙膏。

"成功了吗？"

"残了，彻底残了。"

我心里一沉。是因为手术操作不慎，伤到了别的神经吗？

"语言功能残了。那个傻子，现在只能听懂喜欢的人的话。你想试试吗？"

"我……"

开玩笑。与爱人交流是我的愿望，可只能与爱人交流……还是算了吧。再也读不懂花花世界，那我可就再也做不成"正常人"了。我突然有点可怜那个"傻子"，不知道现在过着怎样自闭的生活。

"你想做正常人啊，还有一个办法。"姚末春好像猜透了我的心思。

"老师您说。"

"找一个爱你如生命，但绝不会让你动心的人。"她低头看我，露出神秘莫测的微笑。

七

在我疑惑这种人是否会存在时，沈枫出现了。

其实我们早就认识，只是我的注意力一直在喜欢的人身上，从来没有在意过其他人。

他和我当年一样，找借口来到我的教室附近看我，还经常在图书馆制造"偶遇"。

为了达到当姚末春学生的要求，暑假时我需要在另一个校区补课。他也留了下来，嘴上说要预习功课，实则天天早上六点起床，只为在学生众多的空调自习室里占一个位置，好让我中午有地方休息。

一开始，我总是坚决拒绝他的好意。他也不急躁，只是默默做着一切，慢慢靠近我。有一次我下课比较早，去自习室时看见他正趴在桌子上睡觉。旁边是他为我占的位置，上面摆着萌萌的小抱枕和两瓶水。水下压着一张纸条："这里真的有人。"

我"扑哧"一声笑了。夏天学校开的教室不多，整个自习室满满当当都是埋头学习的考研党，为了给我留个位置真的很拼了。

他还是没有醒。我轻轻坐在他身边，第一次仔细看他的样子。

眼镜被随手放在一边，臂弯里露出的半张脸随着呼吸小小起伏。沈枫的样貌不是很出众，但也五官端正，顺眼耐看。

我突然想到，当他望见我时，心里是什么样的感觉呢？我也是他眼中的太阳吗？可我并不爱他，他感受到的灼灼炙热，是我给他的，还是他给自己的呢？我爱过的少年也曾这样冷静地注视过我吗，看着一个自我感动的小姑娘，嗯嗯啊啊说不出话来。

想到这儿，我突然对自己要做的事情犹豫了。我本想接受他的爱，成为他的女友、妻子，为他洗手做羹汤甚至生一两个孩子。我会孝顺他的父母、应付他的亲戚，在生病的日子悉心照料，保证在任何情况下不离不弃。

可是我永远不会爱他。

就像此时此刻，让我心心念念、爱到失语的依然是在隔壁上自习的余飞。

　　我会把这份爱深藏心底，永远不会表露。

　　可是就算这样，我还是一个骗子，一个欺骗沈枫感情的坏人。

　　他醒了。

　　他打了一个小小的哈欠，摸索着戴上眼镜。他回头看到我，没来得及掩饰，立刻绽出一个惊喜的笑容。

　　那一瞬间，对余生孤独的恐惧和对爱人相伴的渴望从天边汹涌而来，盛满了整个自习室。我沦陷了，被淹没了，内心不住地为自己的自私道歉。

　　我低着头，伸手环住了他的胳膊，整个身子向他靠去。手臂碰到了他轻轻软软的皮肤，下巴抵在他的肩上，最后一歪头，靠上了他的额角。我能感到他的身子一下子僵住了，皮下肌肉紧绷，心跳迅速加快。又过了很久，他的手才颤颤伸过来，试探着握住了我。

　　不知道他是什么感觉，但我的心像结冰的湖水一般平静。

八

　　我很羡慕沈枫，不用因为爱人失语。

　　这么说其实不太对，自从成为他的女朋友后，沈枫除了处处对我好，话也变得特别多。我说这样会把我惯坏，他直接回道：

　　"惯坏小羽可是人生目标，毕竟看到你开心和幸福的样子可是我这辈子最大的幸福了。"

　　"呃……你说这样的小甜话时不会脸红吗？"

　　"不会啊，我说的都是实话。"

他一脸认真，我也不好阻止，只能安慰自己热恋期很快就会过去。

我的感情本来就比较柔软，听到他笑着哄我，真的很难不被感动。但我知道自己绝对不能动心。

为了不真正爱上他，我开始把注意力放在他的缺点上。个头不够高，和他出门没法穿高跟鞋，减分。学习不够好，有一门数学差点挂科，减分。不够细心，出门忘记给我带纸巾，减分。别的女孩儿都想将初恋的甜蜜留住，我却把一桩桩一件件的不愉快记在那个写满身边人缺点的小本子上。很快，属于他的页码迅速增长。每天约会之前，我都会从头到尾通读一遍，在心里默默诵念他的不好。

除此之外，我还偶尔去看看隔壁班的余飞。我很欣慰，那份久违的心动告诉我，我爱的还是他。

这样我就还可以听得懂沈枫的话，这样我……我就不会失去他。

怀着无限的愧疚，我认真扮演着沈枫女友的角色。我和他的舍友吃饭，依偎在他怀里，乖巧地替男生们夹菜；认真记录他的爱好，逢年过节精心准备礼物；我甚至还会在他和别的女生讲话时假装吃醋，等他带着小骄傲哄我开心。

有一次，常发表小说的杂志邀我做客，我也带他去了。参观编辑部的书架时，他就在我身边轻轻碰我的胳膊，像在抚摸一只小猫。

回去后，编辑打趣说我再也不用把男主写死了，我笑着回道不会的，只要有需要还会大义灭亲。

编辑很认真，立刻教导我不要为了死男友而死男友。

"'每次死亡应该是有意义的，一定有比生命更重要的事情，人才会选择死。'你说比生命更重要的事情是什么呀？"读着编辑的消息，我转头问身边的沈枫。

"你呀。"

他想都没想，立刻答道。

我一下子有种被噎到的感觉。惶惶之中有什么东西在冒头，我感觉自己可能要爱上他了。

第二天走的时候，他要来拉我的手，我拒绝了。

"少牵手，汗太多了。"

沈枫点点头。

"都听你的。"

好的，没问题，都听你的。

他总是这么说。他为什么就不能像闺蜜经常吐槽的男孩子一样多有些缺点呢？过于听女朋友的话也是缺点吧。回去记下来。我在心里说。

但我还是很害怕。这样下去，总有一天我会听不懂他的话的。真到了那一天，就算他再爱我也不会娶一个无法交流的女人当媳妇吧？

回学校之后，我委托在学生会工作的"朋友"蹭了一个有余飞的大饭局。他已经是学生会主席了，还是一个省级优秀社团的社长。席间他谈笑风生，几次逗得全桌人前仰后合。他在我心里还是光芒万丈的太阳，耀眼得足以令我完全失语。朋友全程陪着我，再加上自己就是一个小透明，这次失语症发作并没有产生什么后果。

再回到沈枫身边，我感到爱意少了几分，但歉疚之情呈指数上涨。

他还是对我很好，好到我必须时刻注意他的缺点，防止对他的感情升温。与此同时，我再次加上了余飞的微信，偶尔在深夜聊些有的没的。

长此以往，我感觉自己几乎走到了精神分裂的边缘。

一天夜里，我和沈枫照例来到操场散步。夜空星星点点，找了半天都没看见月亮。漆黑的人造草坪上四处都是卿卿我我的小情侣，而我还是没有让他牵手。又过了一会儿,我突然忍不住想要和他坦白。

"沈枫。"

"嗯?"

"你相信,人的爱分为理性之爱和感性之爱吗?"

"嗯……我不知道。我只知道我的全部都爱你。"

"唉,如果有的人用理性爱一个人,但出于一些原因,必须用感性去爱另外一个人,你会……你会怎么看她?"

"小羽不愧是作家啊,想的东西都好复杂。"

"我在问你看法。"

"唔……"

黑夜中,我只能看清他的剪影。他在很认真地思考。

"我真的不知道。我从没想过爱还能分得开。我觉得爱一个人就要全心全意啊,掺了一点杂质的爱情都已经不纯粹,更何况是另一个人呢。"

"啊……"

"小羽,你不会喜欢上别人了吧?不要啊不要啊,我会伤心死的。"

"怎么会,我……"

还没来得及宽慰他,沈枫已经把我整个抱在了怀里。他的个子没有很高,但宽阔的肩膀足以给我温暖和依靠。这次他抱得是那么紧,几乎要把我揉进身体里。

我抵在他的肩膀上,眼里只有星空无言。

九

当天晚上,我整理了病历和脑片,想好了和沈枫坦白的言辞。就算他怪我也好,发火也罢,都是我应该承受的。我是一个骗人的混蛋,只希望他能早点忘记我，找一个健全的、正常的女孩。

最后，我找了那个蓝色封皮的笔记本。这么多年来，我在上面记满了身边人的缺点和错误，以至每个人在我眼中都是那样不堪。现在，我已经不需要本子了，只要看见一个人，我的大脑就会运转起来，自动在他脸上打上几个令人厌恶的标签。

我翻到跟沈枫有关的页码。我记了整整五张，有一半是强行拼凑上去的，后来再也加不上一条。读了一遍，厌恶之情如期升起一些。可是，对他的愧疚和喜爱就像蕴藏着巨大能量的波涛，被几行青荇般微弱的不满所束缚，随时准备冲破理性认知布下的枷锁。

一直想当正常人，可现在的我有多变态啊。

苦笑着，我把笔记本扔进了桌边的废纸篓。

等沈枫出差回来已经是三天后了。中午，我们照例在一起吃饭。小别重逢，他看起来很开心，不住地讲在外地做项目时的有趣见闻。我脸上笑着，心里却知道这是两人和平吃的最后一顿饭，什么都味同嚼蜡。挣扎着往胃里塞了些食物，我深吸一口气，准备开口。

这时，一位个子娇小的女生气势汹汹地从餐厅另一头走来，坐在了我们对面。

我心一沉。她叫萧一一，是余飞新交的女朋友，也是跟姚末春读研的，是我的同门师姐。一一的打扮和长相一样可爱，平时性格也很软萌，但一遇到和男友有关的事便会瞬间爆炸，全院没有人敢惹。"极欲窥私，心高善妒"，这是我在本子上给她打的标签。当然，凭余飞女友这一条就足够我讨厌很久。

"沈枫是吧？看看你女朋友干的好事。"

她"啪——"的一声把几张纸拍在餐桌上，都是我和余飞的聊天记录。

"平时看你俩挺好的，怎么背地里这么不要脸呢？我当时还说呢，小学妹不是脑子有病不能谈恋爱吗，上哪把病给治好了？原来是吃着碗里的看着锅里的。"

沈枫完全愣住了，呆呆地不知道该说什么。

"你还不知道是吧？钟羽当时为啥哭着喊着要找我们导师读研，还不是为了治病！她脑子有问题，见到喜欢的人就会失语。你好好想想，她对你失语过吗？没有对吧？那说明她从来没有喜欢过你，从来没有！"

"你在开什么玩笑，小羽不会是这种人。你不要捕风捉影。"沈枫反应过来了，立刻开始护着我。

"还有这个。"萧一一冷笑一声，拿出我早已扔掉的蓝色笔记本。"钟羽表面对人和和气气的，没想到内心这么阴暗。自己好好看看吧，看看在你好女友心里，你到底算个什么东西！"

"这是……"

"你舍友给我的。"萧一一转向我，盛气凌人。"大家已经传开了。偷偷记录每个人的缺点？真有意思啊。看以后谁还敢和你说话！"

我的心坠入虚空，绝望感一波又一波袭来。怪不得这几天别人看我的眼神有些变化，只是自己为沈枫的事烦心，无暇顾及。那个本子已经不知流传到了多少人手里，他们肯定如沈枫一样，对我失望至极。我该怎么向众人解释，我恨你们，只是怕你们离我远去？

沈枫下意识伸出了手，但在摸到陈旧的蓝色封皮前，他停下了。

"这不是小羽能做出来的事。我不信。"

"她……她说的都是真的。"

在他身后，我的声音小得不能再小。

"什么？

我把包拿过来，掏出了病历和导师的诊断书，摆在他面前。

"钟羽，挺有自知之明啊。你自己看着办吧。不过我警告你，自己有病就别缠着别人的男朋友。"

萧一一走了，留下一地鸡毛。

"这……"

"沈枫，我对不起你。我和你在一起就是因为……因为我不会爱上你。"

不敢看少年的表情，但我听到了勺子掉落在地的声音。

我也曾用尽一切力气去爱一个人，完全理解被欺骗的感受。一刀一刀剜心的痛苦，我一点也没少尝。

他一定很恨吧，过去的一点一滴的甜蜜全都变了味道，我的存在大概会让他恶心。

我等待着他的暴怒。如果他打我，我也会受着。但沈枫只是拿过自己的包，把替我装的东西一件一件拿出来，最后是一支大牌口红。我知道，这是他准备过两天送给我的生日礼物。

他的手在抖。我绷紧身体，等着他下一秒把东西都摔在地上。

但他没有。他只是把包拉好，单肩背起，头也不回地离开了餐厅。

直到那个时候，我的眼泪才随着拼死压抑的情感喷涌而出。我旁若无人地哭着，泪水模糊掉了一切，甚至丢失了他最后的背影。

攒了半年的爱此时终于决堤了。他成了最接近地表的恒星，蒸发了海洋、融化了山峦。我这才意识到，我爱他，胜过我爱所有人的总和。

我知道，我再也没办法和他说话了。

十

来到办公室时，姚末春在认真地涂指甲油。

她没有看我。她从来不会正眼瞧人。

"决定了?"

我点点头。

"你这是有自我毁灭倾向。"

"我知道。是我自己作的。"

"值得吗?听说他已经快缓过来了。男孩子心都大,他很快会忘记你,爱上别人的。"

"我知道。"

可我再也不会忘记他了。我心里说。

"这个实验很危险,不成熟,也不可逆。以后除了那个傻小子,你再也没法跟别人讲话,也听不懂别人的话。当然,按照你的说法,傻小子估计也不会理你了。"

"我知道。"

姚末春夸张地"哎呀"了一声,还在认真端详自己的指甲。

我不得不努力压住心中的火气。我想抢过瓶子,把散发着刺鼻气味的粉色液体涂满她的脸。

"老师,其实您早就想拿我做实验了吧?"

姚末春笑了一下,从抽屉里拿出了准备好的免责协议书。

手术如预料之中失败了,但结果我还能承受。

拆掉纱布后,故乡变成了异星。我看到人们围在我身边,嘴唇一张一合,传出听不懂的奇妙音乐。病历本上的字也变成了诡异的画符,我的大脑已经不会识别汉字了。

走在路上,四处都是朦朦胧胧的噪声。人们随意交流着,争吵着,却不知道语言功能是多么珍贵。

我们能听懂激情昂扬的演讲和细语喃喃的诉说；能兴致勃勃地把开心的故事分享给朋友；能读到文学巨匠的著作，与藏在书中的伟大灵魂来个超时空接触；也能写下心情和感悟，让只字片语在日记里留下一段过去的好时光。这些，都要感谢语言，感谢已经离我远去的语言。

最后，我看见了他。

一轮笼罩半个天空的红日骤然升起，爱意汹涌而来。激素分泌迅速变化，大脑神经瞬间激活——语言功能终于"嘎吱、嘎吱"运转起来了。

"小羽？"

我能听懂他讲话。也只能听懂他讲话。听觉性语言中枢运转正常。

"对不起。"

我能对他讲话。也只能对他讲话。运动性语言中枢运转正常。

我递给他道歉信。

我能为他写字。也只能为他写字。视觉性语言中枢运转正常。

少年上前一步，紧紧抱住了我。

十一

经过三个月的适应性训练后，我还是变回了"正常人"。

这都要归功于姚教授。

手术那天，我躺在台子上等待全麻，大脑像没有星星的夜空一样冷寂。

姚末春来了。看见她的样子，我的心里就涌起一股厌恶。

"小羽。"

是因为可怜我吗，为什么她的声音如此温柔？

"小羽，我有话要对你说。但只能这个时候说。"

我眨眨眼睛，勉强表示同意。

"其实我之前和你一样，也是颞上回后部病变，容易在动感情之后失语。一开始我也紧紧把自己封闭起来，选择不去爱任何人。但这令人痛苦，还会带来彻彻底底的孤独。

"尽管如此，我还是遇见了真心爱我、不介意我语言上残疾的人。我也全心爱他，决心为他改变。我接受了这个手术，也承受了严重的副作用。但我想到了解决的办法，现在的生活与正常人无异。

"讲座那天一看到你的眼神，我就知道你和年轻的我一样可怜。所以你别介意，我是故意惹你讨厌的。我知道失语症有多痛苦，我想要治好你。但是手术风险太大了，我需要你自己下决定，也需要确定你有没有真心爱人的能力。既然你终于下定了决心，我还有最后一句话想要告诉你。"

姚末春轻轻伏在我耳边，讲出了她的诀窍。

"勇敢地去爱，用你的理智和感情一道，爱你遇见的每一个人。"

她告诉我，她在漫长的岁月里练就了一眼喜欢上别人的本领。再平凡、再讨厌的人，身上也总有一两个闪光点，做过一两件值得流传的善事。她把它们记在心里，常常温习。就像天使一样。

她告诉我，她也曾有一个小本子，不过里面记满了身边人的优点和长处。属于我的八个字，是"负重前行，值得被爱"。

一滴泪从眼角滑落，感动与感激令我再也听不懂姚老师的话语。

但没有关系，她微笑着替我拭去了眼泪，送我沉沉睡去。

"我爱你。"

参考文献：

[1]CavalliSforza LL等. "Reconstruction of human evolution: bringing together genetic, archaeological, and linguistic data. " *Proc Natl Acad Sci U S A* 85.16(1988):6002-6006.

[2]DannyD.Steinberg, and NataliaV.Sciarini. *心理语言学导论*. 世界图书出版公司, 2007.

[3]Fitch, W. Tecumseh, and J. Giedd. "Morphology and development of the human vocal tract: A study using magnetic resonance imaging." *Acoustical Society of America Journal* 106.1(1999):1511-22.

[4]Grünewald, S, et al. "QNet: an agglomerative method for the construction of phylogenetic networks from weighted quartets." *Molecular Biology & Evolution* 24.2(2007):532-8.

[5]Steven, Pinker, and B. Paul. "Natural language and natural selection." *Behavioral & Brain Sciences* 13.4(1990):707-727.

[6]Tan, L. H., et al. "The neural system underlying Chinese logograph reading. " *Neuroimage* 13.5(2001):836-46.

[7]邓晓华, and 高天俊. "语言研究新视野:演化语言学." *厦门大学学报(哲学社会科学版)* 2(2014):28-39.

[8]姚岚, and 王鉴棋. "语言机能的辩论与思考." *当代语言学* 4(2010):312-318.

[9]周统权. "语言的生物机制." *中国外语* 07.2(2010):38.

泉下之城

零

即使人类的足迹已经踏上无数星球,春节也是回家的时候。

一

十年了,这是程濯缨第一次搭上回济南的火车。

地球保留了原始的轨道交通,至少在表面上抹灭了那场技术爆炸的痕迹。绿皮列车的装涂故意搞得斑驳,速度也慢得近乎爬行。狭窄的走道间,身穿空姐服饰的乘务员推着小车一路走来,同时兜售粽子、披萨和巧克力馅的饺子。毕竟在地球上实打实生活了二十年,她能注意到年代和文化的错位,并因此觉得很不舒服。那时候的影像资料并不少,策划人为什么不能稍微用点心呢?

几个比她年龄稍长的人也露出了同样的表情，其他旅客则完全没有注意到。他们大多从小就离开了地球，或是干脆在火星出生。不过，地球的引力强大异常，只要能看见太阳的地方，没有人能无视刻在基因里的乡愁。他们年年回到这里，感受最适合人类生理的重力和辐射，瞻仰伟大文明的起源。

乘客渐渐下光了，整个车厢只剩下她一人。对故乡的思念随着地理距离的缩短愈演愈烈，她想泉水，想明湖，想五龙潭旁的一池鱼儿。还有，她不想面对，但就在五公里外等着她的男人——父亲。

她已经整整十年没有和父亲说话了。两人都曾让母亲代替自己传达问候，但面对面地全息通信一次都没有。她还是无法原谅父亲。

她知道，作为济南的守城人，这座以泉闻名的省会在父亲心里远比她重要。他熟悉七十二名泉的水文参数，也摸得清几百个大大小小泉眼的位置，却常记错女儿的年纪，看不见她的成长与困惑。他就这样渐渐离开了女儿的世界，一点儿也不懂呵护青春期少女的柔弱内心。所以啊，明明生活在一个屋檐下，他们有限的交流总是争吵。

等她慢慢长大了，便开始学着挑选安全的话题来避免冲突。只是，不能聊的东西越来越多，避着避着就把她逼到了满是雷区的墙角。而这些，父亲从来没有注意过。

"毕业以后，留在济南当守城人吧！我已经安排好了，下个月开始实习。"

有年除夕，父亲突然说。

"啪——"的一声闷响，她的饺子掉进了醋碟。

"吃饭的时候能不能注意点。"

父亲皱着眉头，似乎没有发现她在眼眶里打转的泪水——她花了整整一年研究准备，马上就要拿到比邻星学院的录取通知了，这对出生在地球上的人来说是很难得的。她本以为,父亲会为她骄傲的。

现实是,父亲一点都没察觉到,还擅自安排了她的未来。对于他来说,孩子算什么呢?

"你不理解我,"她的眼泪落了下来。

"可能这就是代沟吧,"父亲看了眼手机,"有急事,我先开会去了。"

然后他转身离家,一点关心也没有,一句话也没多问。

那颗心彻底冷了。

一周后,她把入学通知书拍在桌子上,尽情欣赏了三秒钟父亲错愕的表情。接着,她头也不回地走了,再没踏上地球一步——直到今天。

"你爸爸老了,我们都老了,回来过个年吧!"

她可以不理父亲,但她没有办法再一次拒绝母亲。

更何况,那座孕育文明的城市永远牵绊着她,泉水无数次喷涌在梦里。

二

她好几次在脑内描绘十年后的家乡,可绝没想到是这样。

列车前进的地方,一道五十米高的水墙拔地而起。清澈的水流仿佛脱离了物理定律的束缚,从地面轻柔涌上半空,再折一个圆润的角儿,向城市中心流淌去。阳光在雾气中留下彩虹,也把液体照得通透。青绿的水幕中没有鱼虾草木,只有串串轻盈的气泡随着水流不断涌出。如鱼儿吐着泡泡,也如落向苍穹的珍珠。

列车穿过果冻一般的液体,气泡好奇地向窗边涌来。

"珍珠泉。"

她轻轻念了出来。

想不到，父亲已经做到了如此地步。

如果没记错的话，事情是在她五岁那年发生的。为了勘测错综复杂的地下泉脉，父亲请了一些地质工作者在各个泉池投放了数以亿计的纳米级亲水机器人——百脉。靠着它们发回的信号，人们可以看清水流的走向，也能摸清水体的化学组成，最终得以绘制成一幅实时立体的地下流水图。当然，目的是保护泉城景观，替在星星里定居的人类留下另一个怀旧圣地。

百脉们在父亲的关照下兢兢业业工作，几个月都没有出过问题。直到一天早上，值班的人发现它们在一个地方越积越多——大明湖。

"大明湖，明湖大。大明湖里有荷花。荷花上面有蛤蟆。一戳一蹦达。"

那片位于市中心的巨大湖泊，是她最喜欢的地方，也是济南最后一个秘密的居所。

早在明末，有关明湖四谜的说法已经开始流传。诗坛巨擘王象春在《齐音·大明湖》中写道："湖在城中，宇内所无，异在恒雨不涨，久旱不涸；至于蛇不现，蛙不鸣，则又诞异矣。"

蛙不鸣，蛇不现，久旱不涸，久雨不涨。得益于科技的发展，明湖四谜已解其三。而最后一谜——蛙不鸣——也终于随着对百脉异常活动的研究最终得出了结论。

原来，从形成之日起，大明湖独特的水文条件便与地下矿藏相结合，一直在发射某种低频辐射。传说中舜曾耕于千佛山，大明湖又一直盛着千佛倒影，人们便把这种现象称为"舜场"。

青蛙因此百年沉默，随着泉水落入明湖的百脉也悄然起了变化。

显示屏中，御着湖水和泉水的机器脱离了人类的控制，在广阔的空间里尽情舒展又收缩。它们以肉眼无法捕捉的速度变幻身型，也顺着水流缓慢流转。像呼吸，像心跳，像……语言。

接着，那些东西影响了整个济南的百脉。它们相隔甚远，但彼此之间永远能够以水相连。它们以相似的频率共振，用击穿百里水体的电信号交谈。它们测到的信息不再传回人类的接收器，而是明灭有度，形成了复杂的计算。

终于，三股百米高的喷泉从平静的湖面跃出，向人类宣告了一种全新液态生命的存在。

至于后来，父亲想办法控制了它们——新闻稿里用的词是"说服"——甚至利用百脉对水体的掌控重现了济南七十二名泉巅峰时期的景色。

人们夸他是优秀的守城人，在地球上增添了一个怀旧的好地方。

可那是父亲没日没夜的工作换来的。

对于她来说，得到的不过是触不到的背影、实现不了的承诺，还有将"父亲"二字彻底剥离出生活的回忆。

三

下车了，她的心提到了嗓子眼儿。

母亲说父亲要来接站，可她在人流中张望许久也看不见熟悉的身影。她调出通信界面，唤出父亲的联系方式。

想了想，又换回了母亲的联系方式。

"哦，刚想和你说呢，你爸今天又要开会，接不了你了。"

又是这样，她早该想到的。

她把心放回肚子里，摇摇头驱散对父亲道歉的想象。一丝难过缓缓涌上心头，她连忙压住。不能在母亲面前失态，更不能表现出失望。

母亲似乎没有察觉到什么。

"自己回来吧。你爸说了，家还在那里，一切都没变。"

一切都没变？她看着组成穹顶的水幕和在空中飞驰的水流，不知道父亲眼里的"没变"是什么含义。难道她离家太久了，这里的语言已经演变到难以理解的程度？

"姑娘，这里安检。"

她点点头，顺着一位老妇人的指示在传送带上放下了包——这里的怀旧场景还算良心，可传送带光秃秃的算怎么回事？大X射线机呢？

疑惑之际，她感到身上一凉：三股铅笔粗细的水流掠过她的脖子、手腕和脚腕，在空中转着圈奔向行李。

"喂！"虽然包里没有怕水的物件，她还是忍不住叫了出来。水流应声停止了行动。

"哈哈哈，"满头银发的老妇人笑出了声，"第一次来吧？"

她惊讶地看着老妇人伸出一只皱皱巴巴的手，唤来三股泉水在掌中聚成一团。接着，老妇人手掌向下，轻轻抚着那枚不规则圆球的顶部。泉水舒服地颤抖起来，像一只温顺的大猫。

"别怕，是黑虎。它们是检查危险品的一把好手，不会弄坏你的东西。"

她点点头，放开了护着背包的手，让黑虎泉钻进去探查了一番。

拿回行李，果然滴水未沾。

离开车站时，老妇人还在冲她挥手。三股泉水在身边跳跃，仿佛也在向她道别。

不过，她还是觉得有些奇怪。看老妇人的样子，定是早过了百岁，为何还出来工作呢？

来到城里，她才发现这不是个例。

80多岁的大爷慢悠悠往前走，后面跟着一股带走一路灰尘与落叶的泉水；留着几米长披肩的老奶奶垫着脚，大声指挥几股往民国老建筑上挂装饰的水流：它们的一端都是龙的形状，小心翼翼托着红纸糊的大灯笼，好像怎么也不能让老奶奶满意。

更多的人只是坐在护城河畔的竹椅上，要么唤出新闻浏览，要么兴奋地和旁人交谈。不过，每个人手里都有一枚碧色的茶杯，只要轻微晃晃，天上就会落下一滴形状和温度正好的水珠，为他们泡出一杯清冽的泉水茶。

在水幕的包裹下，整个城市都水汪汪的。粼粼波光洒在每一寸土地上，像在海底世界，也像在钻石之国。还有春联、灯笼、贴在门上的福字，它们把热烈的颜色印在每一滴通透的水珠上，留下变了型的倒影。

她心里一热。在遥远的过去，济南曾留下"家家泉水，户户垂柳"的美谈，可那景色早已随着城市的发展消失了。如今，清泉再一次融入了这座古老的城市，程度比任何时候都要深。

也许，这就是父亲的选择？

四

她没有立即回家，而是迫不及待地往另一个熟悉的方向跑去：她想看看大明湖变成什么样了。

小时候，她常在大明湖畔的超然楼玩耍。"近水亭台草木欣，朱楼百尺回波溃"，这栋号称江北第一楼的老建筑覆满铜瓦，历经百年、重建多次，依然挺立在明湖东畔。

她对楼里收藏的名画、根雕没什么兴趣，最爱的还是攀上楼顶，俯瞰整个明湖景色。

父亲曾在那里找到过她。

"闺女?"他蹲下来张开手臂,小心翼翼地唤着女儿,眼里满是歉意。

她扭过头去,不想理他。

那时,百脉们刚刚集结。为了应对潜伏在明湖中的不明智慧体,父亲夜以继日地工作,缺席了她的生日宴。

"闺女,我有件礼物要给你。"

听到礼物,五岁的她立刻喜笑颜开,"噔、噔、噔"跑过来,一下子跳进父亲怀里。父亲熟练地单手把她抱起来,另一只手在她面前张开。

"你看,这是什么?"

"啊,是一块馒头……"她很失望。

"除了吃,馒头还能用来做什么呢?"

"喂五龙潭的鱼。"她抱住父亲的脖子,感到胡子扎在脸上痒痒的。

"今天爸爸就带你喂鱼。"

"在这儿?"

她很惊讶。这里那么高,离湖面也有一定距离,怎么喂呀……

"就是在这里,"父亲的语气很坚定,"爸爸什么时候骗过你?"

也是,爸爸从来不会骗人。

她接过馒头,揪下一小块儿捏成小球,向栏杆外探出头去。父亲用两只手把她抱紧了。

"来吧!"

她点点头,高高举起小胳膊,用尽全身力气把馒头块向湖面扔去。可是她太小了,太弱了,馒头片几乎顺着栏杆垂直落了下去。

"没有鱼啊。"

"再来一次,用抛的。"

她点点头,把馒头片放在手心,笨拙地向外抛去。小东西划出一道弧线,向明湖边的树丛中落去。

"闺女，看！"

顷刻间，三股泉水旋转着跃出湖心，组成了一头晶莹剔透的巨兽。那是一只海豚那么大的鲤鱼，全部由流动的清水组成。如果仔细瞧，能看见三个漩涡在鲤鱼内部温柔翻涌。水涌若轮，鬐涌三窟，这让她想起名泉趵突。不过，大多数在不在楼上的人们都只能欣赏到阳光下波光粼粼的影儿。

飞到一定高度后，水鲤鱼摆着尾巴直冲她和父亲而来，仿佛要一头撞上超然楼。她吓得闭上了眼睛，可鲤鱼在最后一刻改变了方向，追着落下的馒头去了。

她不知道鲤鱼后来怎么样了，只听到地面上传来阵阵欢呼。她睁开眼睛，发现超然楼下不知何时聚起了半城的人。

"看吧，我说过，百脉是可以得到控制的！"

父亲抱着她，挺直腰板站在顶层大声喊着，像胜仗归来的将军一样骄傲。

想到这些，她鼻子一酸。

她几乎已经忘了，永无休止的争吵和冷战之前，自己和父亲也曾有过那么温馨愉快的回忆。也是啊，谁会不宝贝自己的小女儿呢？听到妻子怀孕的消息，他一定又紧张又激动吧？把女儿架在脖子上满城溜达时，心里一定也曾决心把最好的都给她吧？当着所有人的面，用证明自己理论的宝贵机会逗得女儿开心，他一定在母亲那里吹嘘了好久吧？

可是，怎么会变成现在这样呢？那样深厚的隔阂到底是怎么一砖一瓦建立起来的呀，他们还有可能再一次走进彼此的世界吗？

不管怎样，她再也回不到五岁，那个把父亲视为大英雄的年纪了。

眼泪划过鼻翼，消散在太过潮湿的空气中。

五

"禁止通行?"

眼看就要到目的地,她被一堵环绕着明湖公园的水墙拦阻了。几种语言的红色大字悬浮在空中,警告她不许再往前走。

她的视线穿过水幕,看见高大的超然楼就在不远处等着她。不知为何,公园的光线比外面要暗些,柳树枝条摇曳的姿势也有些奇怪。就好像整座大明湖都被一个巨大的水泡包裹了。

这并不能阻止她。

在背包里摸索几下,她庆幸没有丢掉母亲寄来的湛露。那是一块小小的透明黏胶,只要敷在口鼻上,人们就能自由地在泉水里呼吸。

她把湛露戴好,感到呼吸立刻困难了起来。接着,她一头扎进水泡中。

水温十分适宜,失重感也刚刚好。小时候,她曾不分寒暑地在泉水里游泳。遥远的记忆被熟悉的触感激活,让她在这个已经变得陌生的城市里终于找回一点故乡的气息。

为了找到更多,她向超然楼游去。

此时,一阵水流顺着她游动的方向涌来,帮她卸去了大部分阻力。轻轻一摆手,她已经跃过了超然楼的顶层。

有些不对劲。

她俯瞰着覆满铜瓦的宏伟建筑,觉得它似乎在随着暗流微微波动,不真实感很强烈。

是错觉吗?还是真正的超然楼已经消失,留在眼前的只是全息投影?

调整姿势，她落了上去。刚刚碰到，她便猛地一蹬离开了表面。

那触感绝不是实体，也不是空无一物的水流。她感到了阻力，像某种凝结在一起的高密度液体。她的半只靴子一度伸进了砖瓦内部，似乎一直向下就能穿墙而过。

她跃下楼顶，仔细查看七楼翘起的屋檐。

起初，她以为自己眼花了，凑近才知道不是——坚实的固体本该与水流泾渭分明，可在这儿，边界是模糊的。铜瓦片似乎在水中溶化了，分子的扩散作用极为强烈。一层浅浅的颜色笼罩在周围，甚至能用手搅起漩涡；可它的形状还在，整栋楼也保持着巍峨，远看几乎没有异常。

她回过头，发现水泡里所有的东西都变成了这样。旧游船静静停在湖底，模糊得只能看见色块氤氲在水中；柳树的枝条顺着水流缓缓摆动，留下片片绿色轨迹，不知是落不下的叶儿还是飘散的粒子；曾经游人如织的小桥上，汉白玉栏杆与柔软的水草交融在一起，像织进锦缎里的花草，也像会晕墨的山水画……不，更像光谱连续的彩虹，你永远无法在红色和橙色间划上一条明确的分隔线。

在这里，边界消失了，固体分解了，一切都在流动，一切都是液体。

她突然感到一阵恐慌。不知是不是心理作用，看不见的百脉似乎在噬咬皮肤表面的每一个粒子，越来越强的舜场也在撕扯着她，迫不及待地要将她分解重组成明湖的一部分……

她拼命划水，终于冲出了水泡。可她忘了高度问题，在四十米的空气中直直坠下。还好，水泡中窜出一股水流及时接住了她，把她轻柔地放回地面，顺便带走了身上的水汽。

她扯下湛露，仔细观察自己的双手。还好，还是坚实的固体。

松了一口气，她忍不住又回头望去。超然楼看起来还是童年时的样子，可它已经不同了，每一个分子都不同了。水中，伫立着全新的物质形态。

父亲,您做得太过了。

六

"你爸不在家,他在……"

"开会。我知道。"

母亲笑笑,把饺子端上来。

"吃饭吧!"

她拿起筷子,又放下了。

"我爸在大明湖做的事,您知道吗?"

母亲点点头。

"您没劝劝他?他把济南搞得一点都不像济南了,甚至都不像地球……以后哪还会有观光客?"开往济南的列车最终只剩一人,她那时就意识到,回地球怀旧的人已经不再选择这里了。

"你爸爸他……他有自己的考虑。你要试着理解他,别老一见面就跟他吵架。"

理解他?

可他……理解过我吗?

母亲发现了她的不对劲儿。

"闺女,怎么了?"

她想说,想把三十年来郁结在心里的话都说出口。她想描绘独自等在超然楼时看腻的四季落日,想拿回没问一句就送人的玩具,想再看一眼瞒着她放走的小鲤鱼,想涂掉擅自填好的守城人志愿。她想忘记那几句不经意却伤人的话语,释怀一次又一次自然流露出的忽视。

她想怪父亲把一切归于代沟，轻而易举放弃了沟通的努力。

可怎么说出口啊。这些都是太小太小的事了，小到别人会奇怪这么多年过去了，你怎么还在意。但是，在少女敏感的内心，这些都是尖锐的玻璃碴，随着心跳一下又一下，永远划得胸腔鲜血淋漓。

不过，她还是说了，第一次。

"我爸……他……"

从开口的那一刻起，她的眼泪就止不住地流，身体没有办法停止颤抖。但她还是努力说完了一切。

母亲把她抱在怀里，心疼得替她擦拭。

"孩子，你怎么不早说啊。"

"你们又没有问过……"

你们为什么从来没有发现过，从来没有在意过？

她努力平复着自己。

"孩子，你真的不能怪你爸。他……他其实也在努力。知道吗，小时候你看过的所有电影书籍他都会偷偷找来看一遍，想知道你喜欢什么。至于守城人志愿的事，也是他见你从小爱在水边待着才替你争取到了机会。只是后来百脉的事太麻烦了，他想借助水型智慧体重振泉城光辉，上面的人却只想扑杀它们，留着一个老旧的济南给外地人看。他为了证明人类可以控制百脉，自费请了不少在地外定居的专家学者，还进口了很多昂贵的设备，家里早已负债累累。就算这样，市民和上级的阻力也很大……你决定要去比邻星留学那段时间，他四处借了很多钱才给你凑够学费……你之前对他说的那些话，真的很伤他的心。"

她很惊讶，她从来都不知道这些。

"那是你没问过呀……"

对啊，是她从来没有过问过家里的经济状况，也没真正关心过父母的想法和重担。即使成年以后,她还理所当然扮演着一个需要照顾的孩子,一刻也没想过自己也该承担起家庭的责任。

她怎么就没想过呢?液态生命才能彼此交融。人类即使再亲密,两两之间也永远存在着物理隔阂。思维和情感郁结在被蛋白质、骨骼和皮肤包裹的大脑中,不敢开心扉去表达、去交流,又能指望哪个平凡的父母用读心术去理解呢?

她抹掉眼泪,心里愧疚不已:家人渐行渐远,自己也是一个需要负责的人。

七

市政楼不远,她和小时候一样偷偷溜了进去。

像大明湖一样,父亲的办公室也被水泡整个包裹。谈话的声音传出来,闷闷的。

"程先生,我们希望您能收回这个决定。工程开销太大,收益很不明朗。更重要的是,您作为守城人把济南搞成这个样子,还会有回地球怀旧的人来过年吗?"

"数据会替我说话。"

是父亲的声音。

"如今济南城的留守人口是七万人,百分之六十是八十岁以上的老人。他们的身体状况较差,无法承受爱因斯坦—罗森桥旅行。自从地球为了保留原始风貌撤掉东亚地区的太空电梯后,他们连月球都上不了了。根据现在的人均寿命,他们至少还需要在这个城市生活五十年。流体城市建成后,百脉能够全方位帮助他们行动,使每个人都能轻松跃上百米高楼。微重力环境可以缓解老人的内脏和骨骼的负担,轻柔的流体建筑也能减少冲撞和跌倒的发生。"

"程先生，真的要走那么远吗？"

"我理解你们的顾虑。不过，都这个年代了，与城市共生发展还是什么新鲜事吗？木卫二在厚重的冰层里雕刻建筑，生物体的抗寒基因早已是标配；个别温差极大的星球上，居民学会了冬眠和脱水。在一些遥远的殖民行星，很多人类甚至已经抛弃了物质外形。为什么地球偏偏不行呢？只为了满足返乡人的情怀，就要本地居民放弃科技发展的福利吗？"

"程先生，我们讨论的可是独一无二的母星。……"

谈话似乎处于胶着状态。她戴上湛露，轻轻拨开变成流体的墙壁，露出一条缝来。

诺大的办公室里，三股巨大的水流形成一个漩涡，将父亲围在中间。身前的暗色木桌顺着水的流向溶化，像某位豪情万丈的书法家挥舞巨笔造就的一道墨迹，长长的尾巴消散在半空；各色的书籍和书架一起贡献了数不清的颜色，一条又一条彩带在液体中流转，描绘出水流的方向；一切都在缓慢旋转，像极了梵高的《星空》，也像三个悬臂的银河一样震撼。

"女士们，先生们，故乡不应该为了偶尔回家看看的人保留记忆，而是为了一直生活在这片土地上的人而存在。发展的唯一阻碍应该是科技水平，而不是发展自身。"

哦，还有父亲，十年未见的父亲。

他还像过去一样，挺直了腰板站在银心的位置。不知何时留起的过耳长发，此时也漂荡在水中。这让她想起小美人鱼里的国王，还有非洲草原上的雄狮。一起漂起来的，是胸前的领带和西装的后摆。他一动不动地定在流转的泉水中，望着几位上级的全息投影，脸上的表情坚定又倔强。

时光倒流了。她又变回了那个超然楼上的小女孩，痴痴地望着三股泉水化成的巨大锦鲤。父亲紧紧抱着她，透过奇迹般掌控流体的百脉，眼里看见的是济南更遥远的未来。

现在的父亲像当年一样，想要捍卫自己守护的城市，想要让这里所有人过得更好。只是怀里没有了宝贝女儿，脸上也没有了青春和骄傲。

但他还是赢了。

"好吧，程先生，我们尊重你作为守城人的权利。但也要提醒你，如果到时候找不到符合规定的继任者，我们将从地外指派新人来处理济南的问题。到时候，请您将一个原始的济南交还给我们。"

父亲点了点头，大人们的影像消失了。

八

"谢谢你，趵突。"

听到指令，三股水流退去了。在百脉的操纵下，桌子、书架和墙壁都变回了平凡的实体。

他轻轻叹气。

"唉……"

随着那口气缓缓吐出来，他好像把精力都用尽了。背佝偻了起来，脸上的皱纹也明显了许多。他很愁，已经过去这么久了，一直物色不到看上眼的守城人。有几个小伙子倒是合适，可他忍不住暗暗拿女儿比较。他还是想给女儿留着位置，即使自己的宝贝一点都不愿意回来。但是，他更不想在卸任的那一天看到泉水们失去灵魂。

银河散了,《星空》没了。办公室中间,只剩一个失意的老人。

"唉……"

父亲坐回椅子上,忍不住再次长叹。

她推门进来,吓了父亲一跳。

"爸爸。"

"闺女?抱歉,今天实在没空去接你……"

"没关系的。还有,那个……听说你们还缺一个守城人?"

"对,你……"父亲小心翼翼地试探,那模样让她心疼。

"可以考虑。不过嘛,要先答应我一件事。"

"你说。"

"爸爸,"看到父亲紧张的表情,她笑了,"能不能把你这些年的故事,一一讲给我听?"

尾声

又一个乙亥新年,济南真的变成了一座泉。

人们说年轻的守城人真厉害,带着整座城市进入了新纪元。而且啊,慕名而来的地外人还不少,和其他打怀旧牌的城市相比,众泉喷涌的济南变成了整片星域闻名的观光胜地。

别的地方高薪聘请,可她哪儿也不去。

她只愿趴在超然楼柔软的栏杆上,俯瞰流动的山川屋房。

一切都变了,一切也都没变。

这里依然是她要和父亲用一生去守护的地方——

济水之南,她的故乡。

猫群算法

一

已经报道四天了,我还是不知道那些人在瞒什么。

作为超算中心计算物理博士后,我被导师安排在办公室最靠里的位置。一旦落座,我就能听见同事、老板们在身后紧张交谈、互换资料。有时候,超算中心其他博士生会过来送装着海量数据的移动硬盘,内容从不让我知道;有时候,整个大楼的人都会去参加同一个会议,只留我在空荡荡的过道里,费力听清溜出门外的只字片语。

不是没有问过导师,但他总是回一句"不必知道"。我便乖乖闭上嘴巴,直到睡觉前还在懊恼自己的冒失。

已经不知道多少次了,我在权威面前屈服,在机会面前怯步,在权衡利弊时选择保守,像一只永远在家门口探头探脑的小猫。无时无刻,几条丝线在潜意识里牢牢缚住我的四肢,它们的一端无限延展,向北来到家乡，又逆着时间来到童年。

"瑶瑾，你是爸爸妈妈唯一的孩子，又是女孩儿，在外面有多少危险，一定要听话知道吗？"

"对，我们已经帮你计划好了，只要保持现在的成绩考上985，以后足够在咱这个小地方当公务员了。"

"是啊，别冒险，别出头，稳稳当当的多好。"

我用力点头，在幼小的头脑里形成了最初的人生哲学。听老师的话，服从上级的安排，按下自己的小心思低调做事，在哪里都是一个"守规矩"的孩子——遇到她之前，我甚至不知道这其实是一个贬义词。

啊，颜寒。这么多年了，我还是无法忘记她。为了她，我第一次做了出格的事，也因为她，我实现了与父母精神上的断奶。

终于鼓起勇气为读博士和家人争辩时，我曾经怨恨他们替我决定了未来。慢慢才意识到，他们只是在竭尽全力为我谋取最好的出路。也许经验已经过时了，也许观念已经落伍了，他们还想将我拉进自己熟悉的思维框架中。几十年形成的世界观造就了一个温暖的港湾，让他们相信在外漂泊的儿女注定得不到稳定和安全。

说到底，这不过是父母对抗人生无常的手段罢了。

如果不是颜寒，我就不会看破、甚至冲破这爱意织筑就的牢笼，勇敢选择自己要走的道路。如今，父母沉重的牵挂被距离稀释成纤细的丝线，在遥远的地方影响着我——至少没有像当初那样将我牢牢裹住。这还差她很远，但已是我的极限。

要是颜寒在这儿，她肯定会想方设法从导师那里套出话来。可落进茫茫人海，即使耀眼如她也不再特别。

毕业后，我们终究失去了彼此的音讯。

二

本科入学的第一天,全院师生就认识了我的舍友颜寒。

好像是在全院的新生大会,辅导员讲解完入学流程,提出每个人要上交一百元人民币作为班费。那时还不流行线上支付,父母给的零花钱也不多,我在包里翻找了半天才凑齐。突然,我注意到身边的姑娘坐直身子,手高高举在半空。

"这位同学,有问题?"

"请问收这个钱有依据吗?入学通知里没有这一条。"

姑娘话音未落,大教室里所有人都停下了手中的动作,直勾勾盯着她。刚度过严酷的高中生活,大多数人还在奉老师的话为圭臬,她怎……?

"呃,你是……"

"颜寒。颜色的颜,寒冷的寒。2013级计算物理专业。"

姑娘长发及腰,保养得当,很多从"高考工厂"升上来的女生想都不敢想。

"好,颜寒同学,我们私下里沟通。"辅导员点点头,表示记下了这个名字。

"如果理由充分,那么为什么不现在说呢?"

"这是……这是你们今后班级活动的经费。"

"班级活动是强制参加吗?不想加入的同学是否还要交钱?这笔钱该如何管理?别的学院也有这个规定吗?家庭困难的同学怎么办?"

颜寒连珠炮似的发问,台上的老师冷汗连连。

至于当时怎么收的场,我已经记不清了。只知道后来学院书记出面和颜寒谈了谈，接着学院便出台了详细的班费管理制度。开学强制征收的事再也没有了，颜寒一战成名。

之后，她依然是令学校头疼的存在。大到临时改变绩点计算方式、隐瞒校内恶性事件信息，小到放假时间公布太晚、班干部推举票数作废，大多数人会忍气吞声，而她一定会站出来讨说法。以至后来辅导员一见她气势汹汹冲进办公室就头疼不已。

这样的事情多了，学校里也难免有些风言风语。有人说她家境殷实，一早就定了出国读研，和我们这些想靠绩点保送的人不一样。也有人说她精神有问题，将来没法适应社会。

"就知道出风头，蹦跶不了多久的。"偶然听到同专业的李鸽这么说，我心里窜起一股无名火：你们这些人躲在颜寒后面得了好处，就没有一点感激之情吗？

但我没说出口，一次也没有。

回到宿舍，颜寒似乎完全不知道这些。她坐在上铺，双腿穿过栏杆垂下来危险地前后摇晃，手上拿着一张粉红色的薄纸在研究。我认出那是开学时发的宿舍管理规定——不知道她又想惹什么麻烦了。

"瑶瑾，"见我回来，她趴在栏杆上一个字一个字说，"我想……"

三

"我想见你。"

收到颜寒的消息，我的手都抖起来了。顺着号码打过去，听着嘟嘟声泪水便已盈满了眼眶。

"喂，瑶瑾呀，好久不见。"

她的声音还是那么有力。我很欣慰，这说明无论分别后遇见了什么事，她都没有被打垮。

"颜寒，你最近怎么样？"

"还好，以后再细说。瑶瑾，我马上就到超算中心，我要你带我见个人。"

我很惊讶，还是立刻换好衣服去接了风尘仆仆的颜寒。看见她，我的眼睛又湿润了。人和树一样，生活的风霜总会在年轮上留下记录，而岁月在她脸上刻下的痕迹比常人更深。

"颜寒，你找我导师做什么？"

"地球遇到大麻烦了。"

"地球？"

她一脸严肃，不像在开玩笑。

我想起最近实验室里的紧张气氛，可她怎么……

在走廊里遇见行色匆匆的导师后，颜寒没有犹豫，直接拦了上去。

"您好，我叫颜寒，有件事想找您。"

"有事快说，我的时间很紧张。"

老教授看看我，皱起了眉头。要是两天前，我肯定恨不得找个地方藏起来。但在颜寒身边，我坚定地直视他的眼睛。

颜寒左右看了看，踮起脚，在他耳边轻轻说了一个词。

我没有听见，但导师肯定听清了。他的眉头舒展开来，望着颜寒，露出不可思议的表情。

"你怎么……"

"我用过，完全相符。"

导师点点头，示意她跟过来。原地犹豫了两秒，我也被颜寒一把拽了过去。

"这……不太好吧……"

"没事没事，"她冲我笑了笑，就像大学时一样。

后来我才知道，人类真的遇上大麻烦了。

"瑶瑾，你还记得引力波吗？"

我点点头。引力波是时空曲率上的扰动，由加速的物质产生，以光速从源向外传播。这是近年来科学界的热门话题。

去年，中国引力波探测项目空间太极计划提前启动了。三颗卫星相继飞上太空，在绕日轨道组成了一个边长为三百万公里的等边三角形。这个引力波探测星组将用激光干涉的方法，对中低频段的引力波进行直接探测。

为了避开地球重力梯度噪声的影响，卫星被送往距离地球五千万公里的绕日轨道。对它们来说，空寂的宇宙充满了时空的涟漪。仅仅一个月的时间，太极计划搜集到的数据就已超过了项目组的处理极限。各国超算中心纷纷加入，几乎动用了整个人类文明四分之一的计算资源。

除了天体物理学和宇宙学工作者感兴趣的东西，人们还发现了一些奇怪的现象。引力波数据显示，宇宙里充满了可简化为质点的小型物质。它们在恒星星系间光速旅行，停留的时间有长有短。

面对外星文明的痕迹，科学界投入了更多计算资源。那些物体长时间停留的星星不多，但里面有人类熟悉的织女星系 HD70642 星和天鹅座开普勒 452 星。

听到这些，我倒吸一口冷气：这些恒星星系里无一例外存在类地行星，曾以拥有"第二地球"的噱头登上过新闻头条。

"它们在……找我们？"

导师摇摇头。

"只有这点信息，我们什么都不知道。如果贸然下结论只能引起无谓的恐慌。"

当然，这个星球上最聪明的群体也没有坐以待毙。像几年前计算第一张黑洞照片时一样，全世界科研机构再次展开合作，决定用不同算法对同一数据进行研究计算。为了保证结果的准确性，各个计算单位在统一协调后独立成组，严禁互通，为彼此演算。

多次见识过不专业媒体的煽风点火，所有知情人对此讳莫如深。刚刚进入超算中心的我自然也没有被列入信任对象。但颜寒撞破了这一切，拉着我被导师收进了中国南部的超算组。

回住处时已经很晚了，深圳的上空星光灿烂。但我不敢抬头看天。那深远的宇宙中，正有一双双眼睛在黑暗中搜寻。当那目光落在我们身上的一刻，地球会变成天堂还是地狱？

还有，颜寒是怎么知道这些的？以及……

"当时，你对导师说了什么？"

颜寒望着我，嘴角牵出一抹笑。

"四个字……"

四

"……你想养猫？"

一听到颜寒打算违反校规，我吓得连连反对。

"怕什么！大学没那么严的，最多警告一下，给个处分罢了。"

对我来说可不是"罢了"。如果发现有人养宠物，整个宿舍都要连坐。颜寒可以不在乎，但我的家人不会接受档案里有校级处分这种污点。更重要的是，审查严格的公务员岗位大概率也不会接受。

见我眼泪都快下来了，颜寒这才松了口。

"胆小鬼。我再想想别的办法。"

才过了一会儿，颜寒又探出头喊我。

"你知道猫群算法吗？"

我只听过模拟自然进化过程搜索最优解的遗传算法，还有基于固体退火物理过程的退火算法。至于其他的仿生群体智能优化计算方法，也只对蚁群算法和蜂群算法有所耳闻。

看到我迷茫的眼神，颜寒露出十分无奈的表情。

"计算物理，计算物理，你别光管物理，不管计算啊。"

这是她一贯的看法。颜寒总是吐槽物理学发展得太过艰深，低垂的果实几乎被摘尽了。本科生只能学到 20 世纪三四十年代的成果，研究生对近代的数学计算都会感到吃力。用她的话说，如果一门课的课本里出现了理论提出者的彩色照片，那同学们的平均绩点就会大幅下滑。但计算科学不一样，一切都是新的，向每一个领域迸发都有收获的可能。

"Cat Swarm Optimization（猫群算法）是二〇〇六年几个台湾人提出的，模拟了猫的行为。"颜寒从床上爬下来，抱着平板电脑和我解释。我注意到她的屏幕背景、图标都是小猫。上一周还不是这样。

"野生状态下，每种猫科动物都是捕猎能手。不过，狩猎技能是需要习得的。家猫不太需要天天捕食，基因留给它们的是警觉的天性。平常看起来懒懒散散，但你仔细观察就能发现，它们的眼睛时刻在观察四周。这就是猫的 Seeking（探寻）模式。而进入另一种叫 Tracing（追踪）的模式后，它们便会全速出击，一击致命。"

我以为她会给我读论文，没想到颜寒一张一张展示给我看的都是可爱的猫猫图。

"他们就是模仿猫的行为模式设计了这套算法。每次迭代时，我们就把猫群按比例分成 Seeking 和 Tracing 两个模式。前者需要的计算资源少，占大多数，后者占少数。这样就可以同时进行全局和局部的搜索，用最少的资源得出最优解。"

"那和其他仿生算法比……？"

"表现抢眼。"

颜寒终于调出了论文。

我看了看Rosenbrock香蕉函数测试结果，猫群算法确实在寻找最优解方面非常出色。

"我了解了。不过，这能帮你养猫？"

"对呀，"颜寒眨眨眼，"我想了好几个思路都有利有弊。养在宿舍要避开宿管查房，养在家里要麻烦爸妈，还不能自己撸。我打算把所有的参数输进计算机，让那群小猫猫帮我选。"

"这样……真的合适吗？"

"人类做每个决策都是在大脑里寻求最优解，我只是让算法帮我的忙……就像用计算器帮我们算大数一样。喂喂，你别这样看着我。你不是连玩小游戏都恨不得找攻略玩出最佳结果吗？要不也让猫群算法帮你算算？"

听到这话，我笑了。

"我要是真懂最优解，怎么还会玩游戏呢？天天学习不是最好的选择吗？其实我想说的是……"

"……尽量别养在宿舍，我知道。我会把你的意见放进算法里的。"

她的笑很率真，令人安心。

第二天起床，我发现颜寒还坐在计算机前面调整算法。

"你一夜没睡呀？"

颜寒的黑眼圈都熬出来了，但神色兴奋异常。

"快，打开计算机。"

在她的催促下，我很不情愿地爬下床。

刚连上校园网，计算机屏幕上突然窜出一只肥胖的橘猫。它有十分之一的屏幕大小，活跃地在文件间乱窜。

"耶，成功了！"颜寒凑到我身边，凌乱的发尾落在肩上。扎得我痒痒的。

"这是什……"

话音未落，颜寒握住了我用鼠标的手。

"别把光标放在猫猫身上。"

"好吧。"

三十秒后，可爱的猫猫消失了。我盯着颜寒，等她解释。

"尽管 Seeking 模式很省资源，我的计算机还是远远不够。昨天调试了一晚上，我决定借别人的用用。"

"你入侵了校园网？"

"一旦光标和图案有接触，你的计算机就是我的了。谁会拒绝可爱的猫猫呢？"

颜寒一脸坏笑，似乎完全没听见我的话。这已经不是校级处分的问题了，她怎么能这么无所谓？

我心里又敬畏又害怕，甚至还有一点点羡慕她。到底是什么样的家庭，能支撑如此恣意的人生？

五

"——猫群算法。"

颜寒一笑："正好是南部超算组所使用的。这些年国内一直专注这个领域的研究者不多，我对教授说咱俩大学时就对它很熟悉，能够帮忙。"

"可是在算法之前，你是怎么……"

"虽然上上下下都把外星文明的事死死瞒住，但引力波数据是公开的呀。我也学过天体物理，能发现异常，"颜寒叹了一口气，"我自己算出来的。"

"你哪来的计算资源？"

颜寒只是笑着望向夜空，没有回答。

我大概能猜到她的手段，便不再追问。

"颜寒。"

"嗯？"她随意应道，眼睛里还是映着闪闪星斗。

"你不害怕吗？"

"害怕什么？"

"那些……东西。他们找到我们怎么办？人类会不会被……"

颜寒摇摇头。

"技术如此发达的种族，要行星表面稀薄的碳基生命有什么用？我倒觉得它们只是宇宙里的 Seeker，寻寻觅觅，没有杀机，"她顿了顿，"我想与它们见面。"

Seeker……难道不是一击致命的 Tracer 吗？

我没有说出口。我一向不擅长反驳别人。

颜寒察觉到了我的心情。她把目光移向地面，轻声说，"无论如何，目前我们什么都不知道，什么都做不了。人生无常，总该期待点好事，不是吗？"

我点点头，两人往博士后公寓走去。

第二天，我和颜寒正式加入了东亚计算 C 区猫群算法分组。

应对危机的方法是永无止境的会议。军方打不到几十光年外的外星探测器（我们叫它访星者），总是催促我们给出地球暴露的具体时间。不过数据和算力实在有限，每个超算组都无法给出解答。

参加过几次讨论后，颜寒明显感到失望。她很快拒绝掉了这些，开始用导师给她的计算资源重新梳理引力波数据。

我们还和本科时一样住在一起。睡前听着她敲击键盘的熟悉频率，我好像回到了过去。

"瑶瑾，瑶瑾！"

天还没亮，我被颜寒叫了起来。她自然又是一夜没睡。

"怎么了？"

"快来帮我看看这个信号。"

我去卫生间洗了一把脸，好不容易清醒了些。

"瑶瑾，我之前主攻计算，物理方面的基本功没你好。你来看看这几个引力波信号是怎么来的。"她站起来，把计算机前的位置让给我。

"唔……"这信号似乎来自很遥远的地方，比观测到的任何一个访星者都要远，保守估计也在数亿光年外。一般来说，只有双中子星合并、超新星爆发之类的巨大天体运动才能产生如此强烈的引力波信号。不过，那些运动产生的信号多少还是会持续一段时间，颜寒给我看的则可以说是转瞬即逝。

更远的距离，更快的加速度。

"这是……？"

"Tracer。"颜寒盯着屏幕，双眼通红，"我找到答案了。"

六

有了全校师生的计算资源，猫群算法终于替颜寒找出了答案。我松了一口气。我一直担心如果资源再不够，她怕是要去导师那里偷神威·太湖之光的后台账号了。

"所以，最优解是什么？"

"当然是……拿到校长奖学金在学校外面租房子住啦！"

"开玩笑吧？"校长奖学金算是校级最高荣誉，竞争极其激烈，三个学院都分不到一个名额。再说从辅导员到院长，颜寒几乎把院领导得罪了一个遍，学院这关就过不去。

"当然没有。"她拿出十张 A4 纸，在宿舍中间的大桌子上一一摆好。

我一眼认出这份文件是学院评选奖学金的各项规定。在我们学校，成绩只是奖学金评选标准其中一条，剩下的还有综合素质测评。当班干部、在校级比赛获奖、成为学术论文第一作者、参加志愿活动和学术讲座等花样繁多的项目都能获得相应的分数。

"我把所有加分项的信息输了进去，还有可能会花费的精力和时间。小猫猫们已经替我选好了最优路径，只要跟着它们走，很快就能攒到最高分！"

几天后，她把一张详细的计划表贴在了宿舍墙上。什么时候参加比赛，什么时候发表论文，哪些课需要和老师搞好关系，哪些课完全可以逃掉三四节……时间被划分得极其合理，甚至在期末留出了充分的复习时间。一份通往巨额奖学金的宏伟蓝图，我的眼睛都看直了。

颜寒没有避讳我的意思。也是啊，拿到这所大学的入场券是我五六年来日日刻苦学习的结果，而颜寒只是听说这里体育考试很好过就来了。她的天赋远在我们每个人之上，拥有我望尘莫及的成绩。

有时候我会想，如果颜寒在人生的道路上也按着最优解稳妥前行，现在大概已经在世界顶尖的计算机学府求学了吧。

后来我才知道颜寒是真的拿我当朋友。不仅那份计划完全没瞒着，找到容易拿奖的比赛时，她也会拉着我一起参加。有时候她获奖，有时候我获奖。不论是谁，两人都会去校门口的年糕火锅店吃一顿庆祝。

计划有条不紊地实施着，唯一变数是院学生会主席的职位。颜寒提交申请时，所有人都惊呆了，大家都以为颜寒不会在意这些"虚名"。辅导员也很头疼，他给颜寒安排了最不利的答辩位置，可她还是高票当选了。

我完全可以理解。在台下观战时，我听到不少同学在嘀咕：终于要选出一位替我们说话的学生会主席了。看来颜寒平常四处出头还是积攒了不少群众好感。

另一位候选人李鸽自然是气得脸色铁青。去年她花了整整一年在学生会当干事，得到了很多老师领导的好评。如果不是颜寒横空出世，她几乎就是内定的主席。后来，我们又在几场校内比赛遇到了李鸽。

看到她的样子，我一度非常担心。父亲母亲常告诫我不要在外面树敌，有些小人什么事都干得出来。可她看见我和颜寒形影不离，大概早把我塞进长长的黑名单了。

一天晚上，我们在一场小比赛中一起朗诵了雪莱的《无常》，如愿又拿了一个三等奖。那场氤氲着火锅气息的小小庆功宴上，我忍不住讲出了自己的担忧。

颜寒挑着煮熟的年糕，一脸无所谓。

"没听过那句话吗？'努力的人肯定是某些人故事里的坏人。'"

"你不怕别人在背后说坏话吗？我是说……"

"人生是自己的，为什么要在意别人的目光？追求自己想要的东西就好，想那么多干嘛。"

听到这句话，我愣了一下。我发现自己从来没有注意过一个问题：我一直以来所追求的，是自己想要的吗？

面对这个难度极高的奖学金，有人看见的是名利，有人看见的是金钱，颜寒则把它看作拥有一只小猫猫的跳板。

那么我呢？我为什么要跑来跑去参加毫无意义的比赛和活动攒分数？是为了让父母高兴？还是仅仅因为所有人都在争，我就习惯性地投入进去，拿下另一个在世俗上表明优秀的勋章？

我想要的未来，到底是什么样的呢？

想到这个问题的瞬间，蒙昧的灵魂仿佛第一次睁开了眼睛。我第一次认真审视自己的过去，在那些按部就班和循规蹈矩中，哪些是我真正热爱的，哪些又只是世俗规则或是父母嘱托。

"颜寒。"

"嗯？"

"下次比赛我就不跟你去了。我想多花点时间读专业书。我想，我有点想读研，以后考博士。"

颜寒放下嘴边的夹心年糕，瞪大眼睛望着我。

"不是一直在准备公务员考试吗？"

"那是我父母的想法。他们……我会想办法说服他们。"

"好样的，加油哦！"

笑容在颜寒的眼里绽开了。她没有像别人那样细数女生读博的坏处，没有强调专业难度，没有分析晦暗的就业前景并和稳定的公务员工作作对比。这些都是我面对父母要经历的。

她只是把几块芝士年糕夹进我的盘子里，开心地向我加油。

我望着她，第一百次希望自己可以成为这样的人。

七

我望着她,第一百次希望自己没有带她来。

"求你了。"

会议室门口,颜寒又说。

"不行,这次真的不行。"

我很为难。作为全球第一个有进展的超算小组,猫群算法的相关人员要在一场内部发布会上向国际同仁提交秘密对策。我因为导师的特许拿到了旁听资格,颜寒则完全没有机会入场。

"要是他们没发现 Tracer 呢?"

"不会的,"我笑了,"那么多比我们厉害的前辈教授,肯定什么都想到了。"

颜寒抿了抿嘴,"你怎么还这样?不是告诉过你吗,迷信权威没有好处的。"

"不是这个问题……"我争辩道,"就算我同意,你也没有带二维码的入场卡,进不去的。"

"你拿身份证了吗?"颜寒立刻说。

"在包里。怎么了?"

"你把身份证给我,自己先进去。我用你的身份证去门口的小哥那儿再领一张卡,"她快速想出办法,"就说我自己的二维码丢了。"

"这……不太好吧……"看了看大楼门口站岗的武警,我的手心开始出汗。

"没什么不好的,刚才一个黑夹克男就是这么混进来的。"

"哪个?"

"就那个。"

颜寒随意往会议室里一指。趁我回头张望的当口,她"嗖"的一下从我挎包里摸出了身份证。

"喂!"

她已经大大方方地去门口冒名领入场卡了。

坐在会议室的角落,我的心里有说不出的难受。这感觉似曾相识。

紧接着,我看见颜寒出现在玻璃门外。她拿出一张卡片对准了门上的扫描设备,只听"咔"的一声,小屏幕上出现了我的面孔。穿过闸机,大门很快在她身后锁死了。

"瑶瑾?"

颜寒来到我身边,递过身份证。我没有搭腔。

"瑶瑾你别生气,我只是来听听,保证不会再像上次那样……让你为难了。"

我抬头望向她,知道两人都想起了同一件事。

难以忘怀的往事。

八

"只能到这个程度了。"

颜寒甩给我一张表格,里面密密麻麻都是加分项。

"还不错啊,都快加满了。你赢定了。"

我帮她从学姐那里要到过几年前的综合测评表,还没有人把所有的项目都加满过。

颜寒点点头,爬上床看她的论文去了。我和她简单道别,准备去辅导员办公室值班。这是一个帮辅导员处理日常事务的工作,学生会的成员基本都要去。但辅导员早怕了颜寒,特赦她不用来办公室坐班。

打开门,我发现辅导员又去开会了。马上就到评选院级奖学金的时间,因为涉及金钱荣誉、保研资格以及各类繁多的加分项,行政系统的老师几乎天天开会。

尽管早已确定不去争抢,但临到颁奖期,奖学金对我难免有几分诱惑。坐在辅导员的计算机前,我忍不住算了算自己的测评总分。

还好,基本是二等奖学金的水平。学院竞争激烈,如果不是一开始颜寒带着,我估计连三等奖学金的边都摸不到。

正准备关掉表格,右下角突然弹出一份邮件提醒。发信人是李鸽。

我的心一颤。尽管值班的同学有权利处理日常邮件,我还是紧张地朝门口看了一眼。

打开邮件时,我的手心一直在冒汗。

是一封举报信。李鸽用很夸张的语气叙述了颜寒是如何窃取别人计算机里的信息进行牟利的,又是如何对同学威逼利诱以便爬上学生会主席的位置。

真如颜寒所说,在李鸽的视角下,努力的她就是一个不折不扣的大反派。

匆匆浏览一遍后,我立刻关掉了邮箱,心"怦、怦"直跳。

这封举报信的时间点很妙。李鸽肯定在收到那张猫猫图时就查清了一切,但她忍住了,决心将证据像王牌一样握在手里。忍过了颜寒击败自己成为主席,也忍过了她一次又一次把分数加进自己的成绩里,一直忍到现在。如今一旦查实,学校方面一定会以奖学金资格造假的名义加重处罚,给予颜寒人生致命一击。而且人人都盯着这有限的名额,颜寒再有人缘也不会赢得群众支持。

一丝寒意浮上心头:李鸽真是一个恐怖的人。

麻烦的是，颜寒确确实实入侵了别人的计算机，有了线索就很容易被查到。

但是，我该怎么做呢？

放任举报信被院领导看见吗？

也许对我来说这才是最优选择。没有了颜寒，我也可以顺利拿到院里的一等奖学金，甚至有机会冲击校奖。做到这点毫无难度，没有人会知道我见过这封邮件。一瞬间，荣誉和金钱在冲我招手。

唉，我在想什么呢，那可是我最好的朋友颜寒啊。

仔细听了听，办公室外静悄悄的。深吸一口气，我再次打开网页调出电子邮箱界面。我以辅导员的口吻给李鸽回了一封邮件：这件事一定会得到妥善处理，但影响重大，在结果出来之前请不要外传。然后，我彻底删除了两封邮件，同时抹掉了浏览记录。

值班的时间正好结束了。我僵硬地收拾好自己的东西，飞快逃离了办公室。随着理智渐渐清醒，如水的恐惧一点点淹没了我。

包庇室友，滥用私权，撒谎骗人。

如果李鸽再次举报，如果她直接向导员询问结果……

学校的处分不怕，只是一想到父母知道我因为干这种事丢掉了清白的档案记录，断掉了他们在幼儿园起就替我规划的道路……我的心缩成了一团。更何况我还没有提出读博意愿，这件事只会对未来的冲突雪上加霜。

我不是颜寒，我不能完全忽视别人的看法，更不愿以这种方式让生我养我的亲人失望。

几乎含着泪回到宿舍，颜寒还躺在床上看电影，不时笑出声。

"颜寒。"我轻轻叫了一声，希望她能帮我出出主意。她那么厉害，总能帮我出主意。

"回来啦？"

"颜寒，李鸽把你入侵校园网的事举报了。"

"唉，我就知道。在这个节骨眼上，她肯定会搞小动作。"颜寒在床上翻了个身，眼睛没有离开平板电脑。

"可你不害怕出事吗？"

"不怕呀，不是还有你吗？"颜寒语气轻快，不以为然。

我很少发怒，但这回火气"噌"的一下就上来了。替你背上这么大一个责任，甚至赌上了自己的荣誉和未来，就给我这么个态度？颜寒，你当我是什么，等等，一个更恐怖的可能性浮上我的心头，也许我本来就是——

"颜寒，你是不是早就算出我会替你造假邮件？"

"你造假邮件？"终于听出了我语气中的情绪，颜寒忙爬起来，趴着栏杆望向我。

"我是不是……也是你算法中的一部分？"

"瑶瑾，你说什么……"

"你说实话！"

颜寒沉默了。她从来不会说谎。

我冲向她的计算机，打开猫群算法替她找出的最优路径。那是一份更加详尽的蓝图，逐条分析了获取巨额奖学金的各种因素。我的名字作为积极要素赫然在列。

我笑了。原来对颜寒来说，我只是一个特别容易相信别人、受到一颗糖果就愿意涌泉相报的傻子，一块投入产出比极高的田野，一个性格稳定、与辅导员关系良好、可以在办公室听到各种消息并在关键时刻替她挡枪的工具人。

带我去参加比赛、与我分享奖学金蓝图不是什么善良的举动，而是在猫群算法的指导下精准投放的小恩小惠。可笑，我竟然整整一年都没有察觉，像个哈巴狗跟在她身后，真心拿她当朋友，直到为了她养猫的小愿望赌上自己一直在为之努力的未来。也是啊，她从来不在意任何人的目光，我又凭什么认为自己特殊？

眼泪不受控制地涌了出来，模糊了一切。

"瑶瑾，不是这样的……"

我哭得太难受，没听见她说了什么。

这个宿舍再也待不下去了，可我也不敢回家。我暂时住进了朋友的宿舍，她的舍友出国交流，那儿正好有一张空床。

"你终于受不了颜寒了。"

我没有搭腔，只是蒙着被子默默流泪。

几天后，颜寒还是顺利拿到了校长奖学金。她的照片被挂在校园里的宣传栏上，好几个微信公众号都推送了她的事迹。

又过了几日，银行小程序提醒我二等奖学金到账了。我不由想象，颜寒在空荡荡的宿舍里收到钱会是怎样的感受。

大概是在考虑买哪几只纯种猫吧。

直到她退学前我们才再次见面。那天我们喝了很多酒，也说了很多话。那是我第一次喝酒，醒来时什么都不记得了。

但我知道，我原谅了她。

九

会议开始了。

长桌亮了起来，是一整块屏幕。我们的胳膊压在上面，引出圈圈装饰性纹路。四面的墙壁也亮了，浮现出大大小小的人像。有的很清晰，有的只是影影绰绰的轮廓。我环顾四周，竟然在对面的角落里发现了颜寒说的那个男人——夹克放在一边，他穿着一件黑色高领毛衣靠墙而坐，仿佛也只是一个虚拟投影。

作为猫群组代表，我的导师起身向全世界汇报了计算进展。

我这才知道，此时全球无数计算机还在沉默运算，我们组却第一个出了结果——"访星者"的运动模式大概率符合猫群算法。

"此外，我们通过处理更大范围内的引力波数据发现了另一批访星者。它们数量更少，但加速度更大，离我们最近的有几亿年。"

听到他们也知道 Tracer，我松了口气。我一直偷偷瞄颜寒，担心她会在这样高规格的会议上搞出什么事来。

还好，她一直全神贯注地阅读桌面上显示的资料，脸上神情并无异样。

"由于极速访星者的出现，地球暴露的最短时间从两百年缩减到了下一秒，"导师顿了顿，"没错，理论上来讲，人类会随时迎来访客。"

我感到一脚踏空，凉意上涌。会议室里一时充满了窃窃私语，连墙上的影子都开始互相咬耳朵。颜寒还在看材料，没有要讨论的意思。我想她早就知道了。接着，我注意到黑衣男子似乎也没有同伴可以说话。望向他时，我们的目光隔着桌子短暂相碰。他的眼神和屋子里的科学家们不一样。我本能想要回避，忙低下头佯装阅读。

讨论声渐渐平息，导师才再次出声。"大家不用担心，这比在香蕉里自然生成一克反物质的概率还小。我们可以按照大概一百五十年的时间准备。"看到大家的表情，老头难以察觉地笑了一下，仿佛刚才的发言只是为了戏剧效果。

"为了帮助人类躲开虎视眈眈的星际捕手，我组提出'隐藏者计划'，资料已经发到各位面前。"

"隐藏者？"颜寒声音很大地重复了一遍，引得相邻的几位学者投来不悦的目光。

"不是答应不惹事吗？"我小声警告她，"你现在用的可是我的身份。"

"哦哦。"颜寒随意回应了两声，已经开始飞快滑动桌面浏览文件。

"人类转入深层地下生活，在地球表面抹去文明的痕迹……"她喃喃念着，眉头越皱越紧，"这不是一叶障目、掩耳盗铃吗？"

"颜寒！"

我拉住了她的胳膊，感觉她的身子在抖。

她看了我一眼，笑了笑示意我安心。

但我知道要坏事了。

随着越来越多的与会者对隐藏者计划表示赞许，颜寒抖得更厉害了。

对她来说，把异议憋在心里是最难不过的事了。我在桌面底下按着她的胳膊，可还是没能阻止颜寒将目光投向发言按钮。

"瑶瑾，对不起，我可能再也没机会了。"

她挣开我的手，掏出门卡在发言区一扫，会议的主屏幕上立刻亮起一盏红灯。

主持人是一个汉语很好的英国女士，她愣了一下。

"C区的姜瑶瑾女士，请问您有什么看法？"

看见自己的证件照出现在大屏幕上，我低头捂住了脸。

颜寒倒是早已站了起来，声音很激动。

"我反对隐藏者计划！"

几百个目光灼灼投向这里，我恨不得立刻消失。

"你们说访星者的路径基于猫群算法，但我认为它们本身就是猫群的一部分。之前观测的大量访星者是 Seeking 模式的猫，用较少的资源慢悠悠探索大量拥有类地行星的星系。根据停留时间，它们的精度可能不会很高，隐蔽计划也许会奏效。而另外那些遥远的访星者是 Tracing 模式的猫，它们也许数量不多，但能以极高的速度移动，甚至超越光速。根据猫群算法，Tracer 们消耗大量的资源，也拥有巨大的能量。要知道，被猫科动物盯住的猎物几乎无法逃脱。"

"我刚才说过了，极速访星者离我们极其遥远。"

导师的声音传来，我更想消失了。

"是这样。但请注意，在猫群算法里，Seeker 和 Tracer 是可以相互转化的。每一次迭代，一部分慢速访星者就会有一定比例变成极速访星者。大家可以看看标注了访星者的星图，如果离我们最近的一个转化成了极速访星者，人类文明将如秃子头上的虱子一样醒目。"

"你所有的推论都是猜测。我们没有观测到访星者速度的变化，也无法确定外星文明是否在使用和地球一样的算法。即使确如你所言，我们还有比隐蔽更优的策略吗？"

"是这样。我们所得到的信息太少了。条件不够，再优秀的超级计算机也无法推算出正确的解法。我们只能……"

不知道访星目的，不知道技术水平，不知道审判何时降临地球。

"……只能主动出击，接触访星者。"

会场一片死寂。

"你是说臭名昭著的接触者计划？"另一个女声传来，"一帮疯子，还怕地球暴露得不够早？"

我睁开眼睛，看到颜寒的表情有些茫然。外星文明的消息走漏后，一些国外民间航天机构搞了这个，甚至与科学共同体起过一些冲突。颜寒不知道这些。

"姜瑶瑾小姐，如果你是他们中的一员，那这里并不欢迎你。"

"我……"颜寒突然反应过来,"我不是姜瑶瑾,我偷了她的身份证,我是……"

麦克风早已掐掉了。

几个保安进了会场,我绝望地闭上双眼。

十

"对不起……"

"有用吗?"回到公寓,我的眼泪不受控制地落下来。

"但他们有错,我必须要指出。你不会真的认为人类能把自己藏一辈子吧?这种错误只会毁掉地球上的文明!"

"哦,错误?"我哽咽着说,"你凭什么这么自信认为自己最聪明,那么多专家教授都是瞎子笨蛋?"

"我不这么认为——如果所有人都迷信权威,这个世界还有救吗?"

"你还是这样……"

"……还是这样?"她突然也激动起来,"这么长时间了,你以为我不知道那些人在想什么吗?看着我替他们出头,一边在下面看戏,一边享受我为大家争取的好处!责任都是我担了,不感谢我就罢了,还要在背后说三道四!"

我一时语塞。当年确实是这样,我以为以颜寒性格不会注意到这些……

"还有你!"她突然向我发难,"'老师''父母''专家''教授'……认识你这么久,满口就是这些词。你是他们的提线木偶吗?没有自己的思想吗?还是……"

"还是什么?"

"还是你和他们一样，想把责任推得一干二净，永远不用为自己负责？"

我不敢相信她会这样说。

"那你呢？你是一个负责任的人吗？你知不知道你的恣意妄为要多少人在背后为你承担后果？你知不知道我为了你……"

差点被学校开除，这回又失去了在主流算法界立足的资本？别人可能会相信我的名字被人冒用，可导师从一开始就知道颜寒是被我带进去的。

我错了。奖学金事件并没有改变颜寒。她还是一只只顾自己的Tracer，冲动之后不管滔天洪水淹没了谁的人生。

不过我还是没有说出口。我从来不会这样指责别人。

"对不起。"她又说。这回语气软了很多。

"你……走吧。"

两个小时后，她拖着一个小行李箱出了门。

我在窗口偷偷望去，一辆特斯拉正在超算中心的大门外等颜寒。替她开门的正是我们在会议室里遇见的黑衣男子。

十一

大概是真的缺人，超算中心并没有把我开除。工作变了：值夜班，守仓库，甚至是当监工。

在其他算法小组还没得出结论前，隐藏者计划已经先行一步启动了。我被派往北方一个早已落魄的小城，监督一期工程的建设——不，是毁灭。

我们扫描每栋建筑，然后根据材质和结构在顶层安置调好频率的次声波发生仪。远程开启后，那沉重的波纹将与建筑产生强烈共振。

尽管已在各类电影中见过不少末日，可人类自己对文明下手的场景更为壮观。戴着红色的安全帽远远望去，城市的天际线在晚霞的掩映下轻微震颤。细小的缝隙在钢筋水泥间生长，最终把庞然大物裂成片片不再规则的碎石。然后，一座接着一座，盛着昔日光影的大楼化成砖尘，在重力的作用下轰然跌落。

一股难以描述的混合气体随着冲击波向四周扩散，到我这儿时让不少工人掩起了口鼻。我知道这是几周前投放的转基因微生物的杰作，它们加快了金属和水泥的腐蚀速度，可以让地球尽快恢复原貌。

这只是一个开始。深深入侵食物链的塑料颗粒，难以填补的臭氧空洞，还有持续了近百年的放射性污染……那些才是旷日持久的攻坚战。

回到所里的值班室已经很晚了。长夜漫漫，我摸出藏在衣橱里的几罐啤酒，绝望地想要是父母知道自己开始酗酒该有多生气。不过几杯温酒下肚，思维立刻开始飘忽。

望着远处的万家灯火，我突然有些理解颜寒。小到农家屋棚，大到千年古迹，我们如此决绝地对文明自我阉割，真的能换来外星人的"放过"吗？缩回地球深处的人类放弃了整片星空，未来还有发展的空间吗？

像猫群算法一样，哪个种群都是 Seeker 多于 Tracer。如今走到了这个地步，是大多数人类的选择，不是我——

"迷信权威。把责任推得一干二净。"

颜寒的声音猛地在耳边响起，我意识到我正在替自己开脱。

不，不是这样的。我没有办法——

"姜瑶瑾小姐?"

我回过神来,发现那个带走颜寒的男人正站在值班室门口。他还穿着那件黑色的高领毛衣,走到哪里都像一个影子。

"您是……"

"赵沅申,DRAGON 航天集团的人。"

我的心一沉。那正是一意孤行要进行接触者计划的公司,也是隐藏者计划实施的最大阻碍。而今天值夜班的只有我一个人。

"姜小姐别紧张,我们是正经企业,不会对你怎么样的。"

"颜寒呢?"

"她很好,"赵沅申顿了顿,"比你想象的要好。"

"你是什么意思?"

"很快就是两百年一遇的发射窗口期了,颜寒小姐将作为第一批接触者飞往离地球最近的类地行星。她没告诉你吗?我们并没有限制她和外界交流。"

我摇摇头。那次分别后,我再也没有得到她的消息。

"真遗憾。我以为她会试着说服你。"

"你来这里干什么?"

"给你讲讲我们的事业。"

"想给我洗脑吗?"我举起手机,威胁他要报警。

赵沅申笑了笑,"你不想知道……颜寒小姐为何要跟我走吗?"

不知道是不是酒精的作用,他的话突然唤醒了一些尘封的回忆。

十二

"颜寒,能不能不要走。"

姑娘摇摇头，看起来憔悴了很多。

"他们已经脱离生命危险了，但还要卧床很久。我必须回去照顾他们。"

我低下头，泪水在眼眶里打转。

拿到奖学金不久，颜寒的家里人就出了一场严重的车祸。

有了校奖得主的身份，她的坏消息传得特别快。人们在背后嚼着舌根，看着好事儿，酸味弥漫。

一听说，我立刻跑回了原来的宿舍。

曾经温馨的小天地已经杂乱不堪，外卖盒子和垃圾堆在墙角。我的桌子和床铺保持着离开时的样子，但其他地方都已经乱了套。几乎没有东西在正确的位置。

颜寒红着眼睛朝我跑来，紧紧抱住我，号啕大哭。我也用力回抱她，埋在了颜寒干枯打结的长发里。原来她的骨头那么细，隔着没多少脂肪的皮肉，她摸上去就像瘦弱小猫的身体。

颜寒告诉我，家里人伤得很严重。亲戚帮衬了一时，还需要自己回去照顾长期住院的父母。刚到账的奖学金正好来得及垫付一些费用，但麻烦事还有很多。颜寒走了十几天，又返校处理成绩和学籍。

晚上，我们又去了学校西门外的年糕火锅店。同寝两年，那里留下了最多开心的回忆。

"瑶瑾，我想问你一个问题。"

我点点头。

"你是怎么克服对人生无常的恐慌的？"

"我……说实在的，我没太想过这个问题。"一直以来，父母把我保护得太好了。他们从小基于自己的经验为我规划了道路，让我按部就班地走着，从来没想过会出什么问题。即使最终证明这是保险也是枷锁。

颜寒说她一开始也和我差不多,情况甚至还更好些。父母都是商人,从小教她运筹帷幄,替她选的幼儿园和小学都是当地最好的。只是天有不测风云,父母的公司受到政策影响出了问题。接着一年后投资失败,家里一夜之间变得负债累累。小颜寒离开了贵族小学,也搬离了高档小区,跟着父母过上了四处躲债、饥一顿饱一顿的日子。

"你知道吗,那时候我就明白了一个道理:世界太复杂了,不要妄想着计划什么东西。

"有时候你走得很顺,举目四望没有任何威胁,但你就是被打垮了。意外,伤病,还有做梦也想不到的打击从做梦也想不到的方向袭来,让你所有的努力都归零。"

人生无常。她说了好几次。

"所以我宁愿选择随心所欲及时行乐。用我爸的话说,浪费自己的时间和宝贵天赋。"

颜寒平静地说着这一切。隔着火锅的蒸汽,我看不到她有没有流泪。

"后来家里慢慢好起来了,但我的性子已经没办法改变了。我看见别人靠着长远计划得到自己想要的东西,偶尔也会敬佩。但更多的时候,我欺骗自己那只是幸存者偏差,还有很多人多年的努力毁于一旦,从一开始就没有好好经历自己的人生。直到我遇见了你。"

"我?"

颜寒点点头。

"我这样的人……其实一直没什么朋友。有的人见我抗议师长,早早疏远以求自保;有的人看不惯我自由,一天要问十遍'你为什么要这么做'。只有你,那么自然地包容了我的一切。即使行为有些怪异,也从来没有流露出……那种表情。所以,我才有机会真正去了解一个同龄人。瑶瑾,你知道我有多羡慕你吗?你那么安静地走着,按着规划一步一步向前。你为此忍耐过,也放弃过,后来甚至定了一个更加长远的目标……有时候我在想,只有你们这样的人才有机会有所成就。"

我感到不可思议,明明一直以来是我在偷偷地羡慕她。

"所以啊,我才鼓起勇气筹划点什么……我选了一个看起来幼稚的目标,利用算法推出了极其周全的计划。随着分数一点点积累,我又拿到了主席的职位。有那么一瞬间,我相信这个世界有最优解,相信自己可以重新把握人生。"

回想起颜寒坐在床边晃着双腿说出自己想要养猫,我一点都没有想到她究竟下了多大的决心。可最后一切还是被毁了。被我毁了,被人生无常毁了。

"今天还微笑的花朵,明天就会枯萎;我们原贮留的一切,诱一诱人就飞。什么是这世上的欢乐?它是嘲笑黑夜的闪电,虽如此明亮,却短暂异常。

"唉,美德!它多么脆弱!友情多不易看见!爱情售卖可怜的幸福,你得拿绝望交换!但我们仍旧得活下去,尽管失去了这些喜悦,以及'我们的'一切。

"趁天空还明媚,蔚蓝,趁着花朵鲜艳,趁眼睛看来一切美好,还没临到夜晚:呵,趁现在时流还平静,做你的梦吧——且憩息。

"等醒来再哭泣。"

曾经一同登台朗诵的小诗在脑海中回荡,两人第一次推杯换盏,为浮游般的人生落泪。

"瑶瑾,其实我一直有一个梦想。"

十三

"……你讲。"

"瑶瑾小姐,你觉得人和动物最大的区别是什么?"

"人拥有智慧。"

"差不多,"赵沅申点点头,"实际上就是收集信息和处理信息的能力。收集的体量越大,处理的速度越快,种族就更优越。这在人类社会内部也是成立的。"

不知为何,我的脑子里浮现出两只小猫。一只探头探脑,警觉地观察四周,另一只飞速扑向猎物。是 Seeker 和 Tracer。

"对工具的利用促进了人类文明算力的进步,语言文字的存在进一步保证了最优解的传承。计算机的出现更是触发了科学技术的爆炸式发展。"

Seeker 戴起眼镜,毛茸茸的爪子在环形算盘上敲敲打打;Tracer 跳上滑板,扭头等同伴的解答。

"但这还不够。大数据的时代早已来临,但科学技术解放的计算资源远远没有得到充分利用。在智能设备和传感设备的帮助下,我们收集信息的精度本可以达到厘米级。从小处看,个人足以在有限生命中取得最优答卷。从大处看,就像马云上次说漏嘴的,我们甚至可以抓住经济学中那只看不见的手。这就是我们计算者正在努力做,却还没有做到的。"

Seeker 为 Tracer 铺开一张长长的卷轴,为它指出捕猎的方向和时机。不,指出的是每步踏出的方向,还有每次呼吸的力度。

"不,"我摇摇头,驱散不切实际的想象,"就算用尽地球全部计算资源,人人都当上美国总统,你们也算不到访星者。"

"是的。信息太少，算力不够，就像旷野上的原始人——还是瞎的。我们所有的深思熟虑都和随机选择差不了多少。当然，其他人更惨，跟一团热气中乱撞的分子没什么区别。他们眼里的意外，很多时候都是我们眼里的必然。至于访星者，那对所有人来说都是意外。那句话怎么说的来着？人生无常。"

"那……"

"这就是任何算法的致命缺陷啊——我们得到的永远是局部最优解。对我们的人生来说，事情是分大小的。小学生被母亲责骂可能会哭一个晚上，考研失利的学生会觉得人生无望，有人错过喜欢的姑娘就懊悔不已……但实际上，几年后大多数人都会觉得这些并没有什么。更有可能的是，父母严厉阻止他们走上弯路，没去理想的学校但有了理想的工作，之前苦苦追求的女孩其实并不适合……我不想说什么'苦难都是财富'这种话，只是人的际遇太复杂了，我们在这个节点上获得了最优解，长远来看未必最优。而人生苦短，一次弯路就是半生蹉跎。所以我们……"

"……放弃了最优解计算？"

男人摇摇头。

我突然知道他接下来要说什么了。

十四

颜寒摇摇手里的酒杯。

"我想要获得所有信息，穷尽所有组合，算出有限的人生的最佳解答。"她望着我，眼里闪闪发光。

"你能想象吗？对内，从分子层面拆解基因和大脑，对外，在涌流的信息中找到最合适的潮头。孩子一出生就已经预订了圆满的人生，能够踩着精准的节奏走上高峰。而且是自愿地、愉悦地……再也没有怀才不遇，再也没有子欲养而亲不待。"

颜寒的泪落了下来，我知道她想起了重伤在床的父母。

"精度再高一点，体量再大一点，算法再优一点，我们就可以在深刻理解现实的基础上改变现实，获得你想要的一切。想想看，你的生命中将没有遗憾，没有后悔，没有意外。即使世界上存在无数个平行世界，你所在的那一个将在每一个节点都做出正确的选择。"

幻想中的猫咪褪去外形，化作两只麦克斯韦妖。它们缩小到不可思议的尺度，搬弄地球上每一个分子。它们气定神闲，知道如何用蝴蝶引起风暴，也能轻松抓住凌空飞来的无常之箭。

像当年在宿舍一样，颜寒将一张宏伟的蓝图在我面前铺开。只是前者的目标不过蝇头小利，后者的框架则彻底超出了我的想象。

也远远超出了人类的能力。

当年只觉是颜寒酒后呓语，此刻我才明白那时的她有多么认真。

颜寒想要一睹这样的文明，这才是她立刻决定与赵沉申合作、毫不犹豫选择飞上太空的原因。

赢得一份奖学金需要全校几万师生闲置状态的电脑，完美处理一家公司的债务就要动用半个省份的计算资源。和有余力满宇宙寻找智慧生命的访星者相比，人类是算法界的原始盲人，梦游一般生活，痴傻地做出决策。而在外星文明的字典里，一定没有"人生无常"。

十五

我的脸在发烫。赵沉申和颜寒的面孔重叠又交错，两人在不同时空的话语冲击着耳膜和记忆。

我甚至不知道他是什么时候走的，只记得自己倒在值班室的小床上，盯着旋转的天花板过了很久很久。

没有立刻回绝，也知道自己绝对不会答应。也许那样的文明很诱人，但是冒着暴露整个地球文明的风险……就算喝得再醉，这种事我也做不出来。

我一直在想的是颜寒。

毕业前的那场交谈因为酒精的作用在记忆里支离破碎，直到今天才重新回来。我原以为我们是两种完全不同的人，现在终于知道在无常的人生面前，Seeker 和 Tracer 并没有什么本质区别。这才是她不顾一切想要跳脱的原因吧。

我原谅了她，再一次。

只是我有些替颜寒担忧。在那艘名为接触者号的飞船上，她将航行整整一百五十年才能到达目的地——那是离太阳系最近的类地行星，也是超算组算出访星者来地球前最有可能停驻的地方。

也许是父母赋予的保守思想作祟，我总觉得猫群算法得出的数据不够可靠——毕竟面对如此复杂的命题，我们只算了一遍。在我值守的超算中心，几十台超级计算机还在全速运转，用其他算法处理着相同的数据。也许再过半年我们就能为最初的答案评分了。

可颜寒等不了了。能最大限度利用行星引力弹弓的窗口期很难得，间隔往往长达百年。以颜寒的性格，她不会错过。满足愿望还是空等一场，颜寒上了最无常的赌桌。

但，也许还有别的办法？

我的心狂跳起来。

单个小组的计算需要时间，如果我集中好几个超算中心的资源用同一种算法演算呢？再加上互联网公司的库存，调用人工智能的硬件设备，甚至黑进一些个人计算机……

也许用不了三十天，也许最多一个昼夜……

回过神来时，我已经走进超算中心的控制室敲出了一行行代码。

我被自己的想法吓坏了。危机时刻计算资源如此宝贵，我这样做绝对是要坐牢的。

可颜寒……一想到她可能会耗尽一生在陌生的星球白白苦等，我一辈子都不会释怀。

来吧，再做一次 Tracer，为了她。

我闭上眼睛，向回车键按去……

"不要。"

十六

"颜寒？"

少女从机房暗处现身。我看到她的脸微微发蓝，应该是为准备长期休眠而喝了不少药水。

"你怎么……"

她没有回答，直接走过我按下了强制关机键。

"你知道我要做什么？"

颜寒点点头。

"那你还……"

"我说了不要。赵沅申那个人……表面上潇洒，实则怂得要命。他在骗你为他验算呢。"

"我没有，我怕你……"

颜寒摇摇头:"我说过,我不会再让你为难了。"

"可这次生死攸关。"

颜寒笑笑,一只手搭在我肩上。

"算出来又会怎样呢?不过是另一个概率,该做选择的还是我们自己。而且因为我的任性,你已经惹上那么多麻烦了。"

"都是小事而已。"我低下头。

"瑶瑾,其实不管怎样我都是要去的。外星文明只是次要,百年一遇的窗口期才是我真正珍惜的。幸亏接触者计划倒逼民间航天技术爆炸式发展,我们才有机会向深空迈出有史以来最远的一步。与它相比,旅行者号不过是在浅滩踯躅的婴儿,而它甚至有可能是整个文明周期能到达的极限。"

她的眼睛在昏暗的灯光下闪闪发光。

"如果人类注定要龟缩,请让我做最后的 Tracer。"

十七

颜寒走的那天,我也去了发射基地。

我执意选了最近的观测地点,可以清晰地看见发射架旁的火箭。他们说这个距离很危险,如果发生事故会危及生命。

但我还是来了。过去的时光已如迷雾彼岸的花朵,我想最后一次和颜寒分享命运。

在那座小山上,我听不见倒计时。几个摄影爱好者在旁边摆弄素材,叽叽喳喳地议论这事。传言有真有假,但我无意去辩驳。

很快,山的那边传来震耳欲聋的声响。火箭尾部瞬间发出耀眼的光芒,腾起的烟云也映得金红。冲击波传来后,几个人纷纷捂上了耳朵。

但我没有。我看着火箭慢慢升空，画成一个弧线向这边飞来。但它没有飞过头顶，只是越来越小，最终化为一个亮点隐入了群星，再也分辨不出来。

我的眼睛湿润了。我该为颜寒悲哀吗？她最终选择了跳出无常世事，赌上一切去面会拥有极高计算能力的种族，想从虚无缥缈的未知里找到生命的意义。我该为颜寒高兴吗？她还是那只 Tracer，在多个国际组织间辗转腾挪，一百八十度扭转了科学共同体对"接触者计划"的态度，最终促成了人类历史上最伟大的深空探索。

有那么几个瞬间，我看见她的眼睛像恒星一样闪亮。

十八

颜寒离开整整一年后，其他计算组的结果出来了。

访星者有百分之八十九的几率已经来过地球。时间大约是在第四纪，人类祖先刚刚出现的时代。

人类起源地外说早已不是什么新鲜的说法，访星者干预文明也是前几年十分流行的理论。毕竟就像赵沅申曾经说过的，人类大脑的计算能力超过其他动物太多了。单单就语言这一个功能所需要的计算量就是所有生物都无法企及的。语言学家无数次教海豚、类人猿甚至是鹦鹉说话，但至今没有取得突破性进展。鸟儿能唱出表达情感的歌曲，却无法将音节分割成有意义的语言单位；猩猩可以学会几百个单词，但利用有限的语法结构生成无限语句的任务对它们来说还是太难了。

而人类不同。就算大脑的算力有限，还有遍布星球的超级计算机帮忙。

公布访星者信息不久，就有宗教团体声称人类是古猿与其杂交的产物。尽管和同事曾经考虑过这样的可能性，但如今看着实实在在的数据，我的眼眶还是湿润了。

更重要的是，访星者的运动方向也与我们当初的计算完全相反。

这意味着颜寒所要去的地方永远都等不到访星者。一百五十年后，当她拖着残破的躯体爬出休眠舱，本该赴约的对象已经飞得越来越远，远到连引力波都无法企及。

但我相信她不会后悔。

计算机告诉我们，当年的窗口期千年一遇。如果以现在宇航水平即刻出发，人类也要花至少两千年才能登上另一个类地星球。

无论她到了哪里，都是无人踏足之境；无论她看见了什么，都是无人曾见之景。

什么人生无常，她已跳出世事外，不在五行中。

我能做的只有每天为她祈祷。

还有，养一只不乖的花猫。

参考文献：

[1]Chu, S. C. , P. W. Tsai , and J. S. Pan . "Cat Swarm Optimization." International Conference on Machine Learning & Cybernetics IEEE, 2006.

[2]Danny D .Steinberg等. 心理语言学导论. 世界图书出版公司北京公司，2007.

[3]马邦雄, and 叶春明. "利用猫群算法求解流水车间调度问题." 现代制造工程 000.006(2014):12-15.

落　　光

"我要离开,飞得越远越好。"
"我要留下,不惜一切代价。"

零

夜深了,霍希然睁开了眼睛。

塔很高,但四周还是充满声响。草间窸窸窣窣的昆虫,高原呼啸而过的风,屋里"咔嗒、咔嗒"的电子器械。如果是白天,她就可以听见遥远工地里永不休止的喧嚣吵闹。

今晚可是收割星光的好日子。

青海离天空很近。霍希然拉开窗帘,灿灿银河直接灌进了瞭望塔。她下意识地别过了头——几个月不见太阳,她的眼睛比耳膜还要脆弱。即使是星光也太过强烈了。不过没关系,几年后这样更好。

等洗漱完毕、爬下瞭望塔时，她已经适应了许多。

没有灯，但她能看清路。不，其实这里没有正儿八经的路。

守望塔建在安宁市一百公里外的光伏发电站中心，被几百公里的太阳能电池板包围。毕竟青海是当今世界最大的光伏基地，太阳能电池板的面积加起来比一个新加坡都大。站在守城塔最高的一层，三百六十度环望都是看不到边的晶体阵列，像沉默地汲取恒星能量的深蓝色多边形向日葵海洋，为人类历史上最大的工程输送养料。

但现在不是。

对希然来说，它们此刻都是睡去的巨人。没有阳光，所有的光电器件都不再工作了。她灵巧地穿过长方形的面板和圆柱形的杆子，朝着北极星走了很久。

直到走进了另一片光伏花海。

如果是白天，人们不会发觉这块儿太阳能电池板有什么不同。颜色深一些？形状怪一些？排列没那么整齐，身姿也没那么挺拔，像还没长成的幼苗……

这是霍希然的花田。

她布下指令，保护晶体的深色薄膜便退到了一边。高敏光电材料苏醒了，开始如饥似渴地寻找光源。

它什么都要。天际线上大城市的灯光；草间闪烁的萤火虫；夜车司机刚点燃的烟头；还有星光。

不论是近地轨道的卫星，还是只有一个牙儿的月亮，是亮得耀眼的天狼，还是几百光年外的星团。也许它的主人早就湮没在剧烈的超新星爆发中，也许它的行程已经过了千百万年，但只要那束光此刻落在了这片花田，它就有了新的使命。

一整片花田的辛勤收集，一整个夜晚的千回百转，所有的星光穿过电路汇集在一起，只能点燃霍希然手中的一盏夜灯。

她坐下来，就着这暗淡的光芒写信。一封发向深空，几千个日夜才会被人收到的信。

这是隐藏者计划实施的第七个月，容羽已经走了半年。

一

大三那年，学院搬了次宿舍。因为从六人寝室改成了四人寝室，所有的宿舍都需要打乱重排。辅导员早早下发通知，让大家"自由组合"。毫无疑问，霍希然是被所有组合挑剩下的那一个。很快，她要跟另一个"没人要"的女生搬进十一号宿舍楼二楼尽头的小房间。

希然只知道那人叫赵容羽，隔壁专业，一米七五的大个子。与希然的沉默寡言、离群索居相反，赵容羽被"嫌弃"的原因是"太吵了"——她甚至有一个外号叫"赵大吵"。

不过，再吵也吵不过六人寝。希然想着，把旧耳塞拿出来压在枕下。

事实证明，赵容羽比十个人都吵。她不仅说话声音奇大，每句都震得希然耳膜"嗡嗡"响，连日常生活中简单的动作都能比别人发出大十倍的噪声：洗衣服时把水龙头开到最大，水流"哐——哐——哐——"撞击塑料盆；走路时鞋拖着地板，发出阵阵"啪——啪——啪——"摩擦声；用计算机时不断挪动椅子，那没有护垫的金属凳脚与瓷砖地面尽情刮擦，堪比指甲刮黑板……吃面条时极力"吸溜"，感冒时用力擤鼻涕，甚至浓重的呼吸都像在安静的图书馆安了鼓风机……本来就对声音极度敏感的希然立刻缴械投降，每天早早起床摘掉耳塞，轻手轻脚摸去自习室。

如果能一直躲着她倒还好，可赵容羽偏偏过于热情，什么事都要拉着希然一起参加。

刚刚认识就表现得太冷漠不好,下次,下次一定要拒绝!希然忿忿地想,又一次被赵容羽拉到了报告厅。

以往被辅导员叫来充讲座人数时,两人会坐在报告厅最后一排的角落里。大多数时间霍希然都是戴着耳机在平板电脑上处理数据,全然不管四周发生了什么。但这回却……

"这么靠前?"

"对啊,"赵容羽不由分说坐到了第二排正中间,前面就是嘉宾席了。"这场应该挺有意思的。"

希然这才抬头看了一眼投影在讲台上的宣讲会主题——"具象人类精神,腾飞深空梦想。"

来的人确实不少,三百人的报告厅很快坐满了。主持人轻拍手里的话筒,会场立刻安静了下来。

"大家好,感谢大家在百忙之中参加我们DRAGON航天集团的就业宣讲会。"

"DRAGON?就是那个抄袭SPACE X的野鸡公司?"

希然吓了一跳:安静的报告厅里,赵容羽却用正常音量和自己讲话。声音传得很远,引发了一阵轻笑。

主持人看了赵容羽一眼,舔了舔嘴唇继续说,"今天主要是来招募参与深空探测项目的宇航员……"

"深空探测?还载人?NASA都没这个技术吧!"会场又是一阵笑。希然的脸开始发烫。

"……目标甚至是超越太阳系……"

"那还回得来吗?这是招人送死啊!"话音未落,报告厅里直接变成了欢乐的海洋。

"容羽！"希然小声提醒，但同伴似乎没有停下的意思。她直直盯着前面，甚至不再假装和希然讲话了。

主持人脸色发青。他关上话筒，望向坐在第一排最右边的黑衣男子。"赵总，这……"

希然看见那人轻轻摇了摇头。主持也没再追究什么，继续介绍自己的项目。只是会场里越来越嘈杂，接话的人也不只赵容羽一个，他的声音很快就被盖过了。

噪声迅速超过希然的忍受极限。正准备戴上耳塞，赵容羽拉着她跑出了报告厅。

希然看不见赵容羽的表情。希然知道她今天是故意的，但她决定不问。每个人都有秘密。霍希然也有。

希望容羽也能做到不问。

二

半夜两点，霍希然被手机振醒了。她熟练地关上闹钟，躺在床上等了一会儿。对面床上的女孩睡得正香，空气穿过口鼻，发出"吱吱"的轻响。

霍希然缓缓拉开被子，轻手轻脚穿好了衣服。她拿起准备好的背包，光脚走出寝室，在走廊消防设施后面找到了之前藏在那里的运动鞋。深夜非常安静，只能听见胶皮鞋底和地面摩擦发出黏黏的声音。搬宿舍楼前，霍希然半夜溜走过几百次，驾轻就熟。这栋建筑也差不多。她从侧楼梯下来，找到了走廊尽头的窗户。宿管阿姨的房间远在那一头。虽然发着橙色的微光，但希然相信她早就睡着了。轻轻拉开一扇窗，她用一根压扁了一头的粗针轻易挑开了防盗网上的旧锁。铁器摩擦的声音在夜里太响了,她在轴承处滴了两滴润滑油,全神贯注地控制着防盗网上逃生窗开启的节奏……

"霍希然,你干嘛呢?"

她吓了一跳,只听小铁窗发出"吱呀"一声巨响,赶忙伸手稳住。

是赵容羽。她穿着睡衣,长发乱蓬蓬的,一脸疑惑地看着希然。

容羽是什么时候下来的?自己的耳朵如此敏锐,怎么可能没听到?希然顾不上问她,只是打了个禁声的手势,瞥了眼远处的宿管休息室。还好,没有什么动静。

"不是,你这么晚不睡觉到底在干嘛?"

赵容羽显然以为自己压低了声音,甚至用了气声,但绝对音量还是不小。希然拼命做手势,急得想捂住她的嘴。

"哎呀你别说了。"

"她们之前警告我你会半夜溜走,我还不信。你到底有什么困难啊,说出来我们一起想办法解决——"

"干嘛呢?干嘛呢?干嘛呢!"

宿管阿姨还是被吵起来了。她从走廊另一头怒气冲冲地走过来,声音很小但很严厉。

"你们两个是哪个班的?辅导员是谁?想半夜溜出去吗?"她一把拉开霍希然,看到了打开的逃生窗,"还学会撬锁了?"

"我……"霍希然低下头,无言以对。

赵容羽看了她一眼,立刻接话:"阿姨,不好意思,是我半夜肚子疼,想让希然陪我去看医生。但我们又不好意思打扰您,正好看着这窗户开着……哎呦,哎呦……"

"不是你们撬的?"

"当然了,我们两个姑娘哪会干这种事……哎呦,我不行了,阿姨我得回去上厕所……"

"唉,赶紧上去吧!"

阿姨嫌弃地看了她们一眼,牢牢锁上了窗户。

三

第二天早上,两个人都起晚了。

"还是不想说吗?"

霍希然用力地装书包,没有理她。

"喂,我可是 cover 了你哎,有没有一点感激之情啊。"

"要不是你我也不会被发现。"

"可你凌晨两点到底要去做什么呀?不会真跟她们说的一样……"

"管好你自己的事。"

霍希然的脸腾地红了,快步离开了寝室。

坐在图书馆,她的心还是"怦、怦"直跳。一抬头,发现赵容羽正在对面的桌子旁远远看着她。希然拉起书包就去了另一个房间。

好不容易摆脱了室友,她掏出平板电脑认真查看数据。计算了一会儿,她有些心慌:今夜必须去现场实时调整了,不然这半年的实验成果都会作废。

晚上十一点她才卡着熄灯铃进了宿舍楼。推开寝室小门,赵容羽正坐在阳台前等她。

"今晚还出去吗?"

"不出去了。"

"那好。"赵容羽起身插上了房门,还把自己的椅子、小桌子和一个装得满满的行李箱堆在门前。

"你这是干什么?"

"防贼啊。这样有人想开门肯定要发出很大的动静。"赵容羽叉着腰站在一堆杂物前,自信满满地说。

"好吧!"希然把书包放下,开始整理,"反正跟我也没关系。"

"不过说真的,希然,"赵容羽的语气软了下来,"我这也是为你好。如果你缺钱就告诉我,千万别……"

看见希然的眼神,她终于闭上了嘴巴。

半夜两点,希然准时醒了。确定赵容羽睡熟后,她蹑手蹑脚地下了床,朝着与房门相反的方向——阳台——走去。她背好书包,穿好跑鞋,轻轻爬上水泥台子往下望去。

还好,二楼不算很高。

在青海的家乡,她曾像野孩子一样爬上爬下,从山上滚下来都毫发无损。只要知道正确的姿势,只要做好缓冲……

她深吸一口气,抬起后脚跟。一……二……

"霍希然,你在干什么!"

一声尖叫袭来,她立刻失去平衡,头朝下栽进了草坪。

四

睁开眼睛,霍希然只能看到一片陌生的天花板。她撑着身体坐起来,感到一阵恶心。接着是熟悉的大嗓门。

"希然,你没事吧?"

是赵容羽。她脸色憔悴,挂着两个大大的黑眼圈。

"我这是……"

"没事,轻微脑震荡,休息一下就好了。医生说简直是奇迹。"

希然点点头，松了口气。她还记得自己在空中拼命调整落地姿势。

"辅导员来过了，我们试着联系你的……你的爷爷奶奶。他们说暂时有事，但我想很快就能——你在干什么？医生说现在不能下床的。"

"我得回学校，我要……我有事要做。"

"希然！"赵容羽大力把她推回病床上，"你能不能告诉我到底什么事这么重要啊？逼得你跳楼都要出去？"

"喂，你小点声……"希然的耳膜又开始"嗡嗡"响。

"是不是有人威胁你？你告诉我啊，我可以……"

"这里是医院……"

"你赶紧告诉我吧，不然我就报告学……"

"别吵了！"希然忍不住尖声吼了出来，惹得病房里的护士家属纷纷侧目。赵容羽这才闭上了嘴。

"你知不知道自己有多吵？洗漱也吵，上课也吵，连睡觉说梦话的声音也特别大！跟你住在一起简直就是折磨。还有昨天，要不是你我早就把事情做完了。你知不知道那件事对我有多重要！"希然躺回病床上，一把扯过被子，身子向另一边侧过去。

"我……我只是关心你。"

"我不需要你居高临下的关心，大小姐。"

"什么大小姐？"

"只有养尊处优的大小姐才会这样，不是吗？从来不知道自己的生活给别人添了多少麻烦，还以为自己特别有正义感，对不对？"搬进那间寝室前，希然就听说赵容羽家世非凡。也是啊，只有母亲那样的人才会活得小心翼翼，像水一样讨好身边所有人。

"我知道了，对不起。"

希然没有回答。

"我……我可以解释。我给你看样东西好吗？如果你还是不能原谅我的话，我就向学院申请调宿舍。"

希然转过身，看见赵容羽从钱包里取出一张照片。看上去有些年头了，是一位戴着蛤蟆镜的青年男子，肩上扛着一个小女孩。背景看起来像巨大的火箭发射架。

"这是……"希然认出来了，男子正是有名的民间航天企业家赵沅申。上次 DRAGON 航天集团来学校宣讲时，他就是坐在第一排的"赵总"。

"你是赵沅申的女儿？"

"曾经是。"赵容羽轻笑了一下。"他和我妈相识于微时，开始创业后就把我们母女俩扔在了老家。我妈嫌他不管我，他就把我接过去到处跑。半年后回老家，妈妈才发现我因为多次近距离观看火箭发射而听力受损。我妈责怪他，但他哪有空理我们……后来……后来……"

希然知道这个故事。DRAGON 航天做起来以后，创始人的八卦满天飞。三次失败的婚姻，明星和超模的绯闻，如今是名媛圈最为追捧的黄金单身汉……

"我妈一直教育我不要成为他那样冷血的人，所以我……我有时就忍不住多管闲事……"

"对不起。"这回轮到希然道歉了。

"不不不，全都是我的错。我以为自己的听力已经恢复了，但估计还没有到正常人的水平。以后如果我太吵，你就给我打个手势，好吗？好不好？"

容羽握住她的手，轻轻摆动。

"不，"希然的眼睛湿润了，"我的耳朵其实也……"

"什么？"

"没什么。容羽，你不是想知道我晚上出去要做什么吗？"

落　光

五

霍希然是安宁牧民的后代。

青海省安宁市光伏基地刚建成、智能清洁车还没启用时,她的祖父被招募来清洗太阳能电池板,成为了初代维护员。高原的阳光通过这些覆盖地表的转化装置变成电流,再静默流入哨所,流入安宁,甚至流入了北京。不过西北的风沙很大,不到半月便能在深蓝色的单晶硅表面上附着一层尘土。为了保证发电效率,祖父每隔十天就要开着小水车来这里,用水管冲洗掉灰尘。那时,幼小的母亲在规则的机械花田里奔跑,不觉祖父的举动与电视上灌溉作物的农民有什么不同。后来,顺着倾斜表面流到地面的水滴真的滋养了土地,长出了方圆百里都罕见的肥沃牧草。光伏基地的人甚至在这里养了一群脸黑黑的青海藏羊,祖父又被叫来放牧,干脆住在了基地里。

就这样,母亲认识了常驻光伏基地的父亲。他当时博士毕业不久,放弃了拿到北京户口的机会,带着一腔热血来到遥远的大西北实现理想。那时母亲已经在安宁当地的小学教了好几年书了。两人在广阔的天地间坠入爱河,又在璀璨星空的见证下结为夫妻。只不过,父亲的父母一直不接受母亲。他们都是大学教授,最终移居到了北京,但从来没有见过母亲一面,也从来没有问过希然。

小小的希然并不在意这些。她在光伏花田中成长,会管理一大群光伏羊,也会修理太阳能电池板。而她最快乐的,就是看父亲研究"落光"。那是一种高敏光电材料,只能在夜间运作,但效率奇高。一旦夜幕降临,父亲就会抱着希然走向离城市、离基地、离所有人造光源都很远的草原深处。父亲摆弄落光,希然就躺在草地上看那条灿灿银河。

她是如此热爱裹挟一切的寂静，仿佛能听见苍穹传来星星眨眼的声音。有时候，她看着看着就睡着了。父亲忙完后就把她抱起来扛在肩上，一颠一颠回到基地。

生活本来可以就这样平静地继续下去，直到她去了一次北京。

人生第一次去北京，最好不要在夜里。如果去了，也最好乘地铁、搭公交，不要坐车去最繁华的高架。那里太亮了，太美了：鳞次栉比的高大建筑，每一栋都闪耀着不同颜色的霓虹；高架桥上的车辆缓慢前进，左边闪着白光，右边闪着红光，流淌成两条并行的星河。她还太小，以为那比家乡的夜空还要厉害。于是她几乎立刻就被流光溢彩的首都俘获了，哭着喊着要留在那里。考虑到教育资源的问题，父母商量了很久，也最终同意了她的请求。

可这谈何容易。

首都收留她的亲戚面善心冷，只提供最基本的衣食；因为口音和生活习惯，同班同学也无法真正接纳她；初涉社会，欺骗和伤害让她再也不敢相信别人。到了节假日，她常常在兼职下班时挥手招来一辆出租，让师傅挑最繁华的路段行驶。夜色降临，满街的车灯，满城的霓虹，比她刚来北京的那一夜更加壮美。更重要的是，她知道万千灯火中有那么几盏，能源来自一千八百公里外洒在家乡的阳光。每到此时，她都会忍不住流泪，感觉自己又回到了父母身边。

再后来，父母意外去世，切断了她在这个世界上唯一的联系。

她又回到了家乡，回到祖父曾经放牧的地方。光伏基地扩建了几倍，父亲的落光试验田也大了许多，只可惜技术还不够完善。同来的祖父母即悲伤又愤怒，他们当即切断了给希然的供给，让她在首都自生自灭，要么"就滚回这个小地方来"。那时，希然才刚上大二。为了自己留在北京的梦想，也为了父亲生前没有开发成功的项目，希然摘走了几片"落光"。

六

"Semi-Conductors 国家重点实验室?"

希然点了点头。

"我打听过了,SC 每年都会来咱们学校招直博生,而且奖学金丰厚。如果我能继续父亲的研究,带着他的成果进 SC,我就有机会将落光发扬光大。而且……"希然顿了一下,"我也有机会留在北京。"

"可是 SC 在全校只招一个人啊,竞争对手还包括在读的硕士生和博士生呢。"

"我知道……所以落光的事我谁都没讲。SC 很看重独创性。我还没出成果,而这个点子谁拿去都可以用……是我自私,希望可以瞒下所有人,也想赌一把全世界都没有学者在做这个。我需要……我需要让他们对我印象深刻。"

"研究落光必须远离过强的人造光源……所以你才半夜往出跑?"

"嗯。落光在晚上会自动开启保护膜进入工作模式,但我必须根据每夜的天气状况进行实时调整。幸运的是,我们这个新校区离市区很远,我不用走太远就能找到理想的实验场地。"

"怪不得……"容羽想了想,"我还有一个问题。"

"你说。"

"唔……先说好,我没有冒犯的意思,但我想我能理解你爸为什么没能把落光'发扬光大',或是说连个科研基金都申请不上。咱们虽然还是本科生,但材料也学了三年,都知道这种……这种晶体的实用性。我是说,那么多太阳能还来不及收集,一点点的星光又能发多少电呢?如果材料不够好,光是在电路中的行程就消耗光了。而且相比于老套的光电转换，拓扑半导体和外尔半金属明明才是更热门的领域。"

"我……"

"其实项目前景究竟怎么样不是重点，我真正想问的是……"容羽望着希然的眼睛，里面带着一丝异域的色彩，"你这么拼命研究落光，想要实现的到底是你自己的理想，还是你父亲的理想？"

"我……"希然的眼神垂了下来，"是我的，也是父亲的。"

见容羽失望的神情，希然突然想到了什么。

"但我们的理想为什么不能是一样的呢？我是说，我曾经也恨过他，恨他和母亲结婚，这段不被祝福的婚姻让我们受了很多苦。我也曾想将落光弃之不顾，或者干脆卖个专利了事。但无法辩驳的事实是，他深度参与了我的成长期，把回收星光、提高光电转换率的理想传递给了我。我不可能因为恨他而否认我自己。我是说，如果原生家庭留下的印记是不好的另说，但如果仅仅因为父母的过错而去讨厌他们的一切，甚至不去正视已经内化在我们内心的理想和追求，又何必呢？"

容羽猛地抬头望向她，皱起了眉头。

"我只是在说我自己。"希然坚定地回望，假装没有在容羽的书架上看到过几本被翻烂的深空探测教材。

容羽笑了。

"我知道，我们一起把落光找回来。"

七

"你确定是这里吗？"

"两年来一直在啊，怎么会……"

出院第二晚，两人就摸到了希然藏有落光晶体的地方。可那片草地空荡荡，只有虫鸣。

"它长什么……"

"容羽，小点声！"

"哦哦……我想知道它长什么样。"

"你那台 MAC Pro 大小，就是常见太阳能电池板的样子。"

赵容羽俯下身，开着手机的照明功能在草丛里搜寻。

"什么都看不见啊——等等，这是什么？"

希然慌忙跑过来，看见容羽手里拿着一个易拉罐。里面有残存的可乐，闻起来还挺新鲜。希然一下子感到心跳加速、热血上涌。

"你选的是一个旅游胜地？"

"荒郊野岭的，哪里会有人过来？不过这里的草确实跟几天前不太一样，好像被很多人踩过了。就好像——糟了。"

两人在黑暗中对视，容羽的眼睛映着星星闪闪发光。

"基地班昨天的团建活动！他们说出来野营什么的……"

"肯定是被捡走了！他们肯定认得出来落光晶体……甚至能导出里面的全部数据！"希然一下子急了，"落光不是什么高深技术，只要点子对了，谁都能拿去申请直博。下周 SC 的人就来了，我可怎么办……"

"先别慌"，容羽在黑暗中拍拍她的肩膀，"说不定人家以为是谁不小心丢下的，准备回去找失主呢。我们再找一圈，没有的话回去从长计议。"

希然点点头，擦掉了脸上的泪。

第二天，两人分别找了几个基地班相熟的女生询问，但没听说有人在露营时捡到了什么东西。她们态度敷衍，说是帮忙再问问，不过很快就没了下文。也难怪，希然知道自己和容羽都是学校里比边缘还边缘的人物，不然也不会在自由调宿舍时被所有同学拒绝。

国家重点实验室来面试的日子越来越近，希然还是赶制了一份个人展示 PPT。但一想到自己的制胜法宝如今不知落在了谁手里，她的五脏六腑就坠得生疼。容羽也没有闲着。她知道是自己让希然错过了回收落光的最佳时机，课也不上了，大白天又跑去荒郊野外找了好几趟。

面试前夕，希然几乎已经失去了希望。她还在反复排练自己的演讲，内心深处祈祷拿走落光的人明天不会出现。

"希然？"

"怎么了？"希然看见容羽的表情，心里一沉。

"嗯……我黑进了辅导员的计算机，找到了今年申请 SC 的名单。"

"这可是违反……"

"别管那么多了，你快看看。"

希然来到容羽身边，看到屏幕上有一份长长的名单。有姓名、班级、学号，还有对自己科研成果的简单描述。希然找到了自己，还有同班同学、学弟、学妹，更多的是已经在读博士、硕士的学长和学姐。

"没想到竞争这么激烈……"

希然点点头。"今年 SC 开出的条件格外好，也不知道是怎么回事。"

"也许科研的春天真的到了，"容羽靠在椅背上，"可能是'太极计划'取得了不少成果，需要大量人才来分析呢。"

希然笑了。那是中国空间引力波探测计划，也是人类在深空探索领域迈出的重要一步。尽管表面上对航天不屑一顾，容羽私下对这些研究还是很关注的。

"怎么样，有人能威胁到你吗？"

"研究五花八门，不过光看题目也看不出来什么……等等……高敏光电材料？"

容羽一下子挺起身子，趴在电脑前。

"是谁?"

"李鸣宇……基地班的李鸣宇!"

八

希然见过几次李鸣宇,矮矮瘦瘦,成绩在基地班也是名列前茅。站在男生宿舍楼下,她隐隐希望李鸣宇能够爱惜自己的名誉。

"有什么事吗?"见到他,希然的心"砰、砰"跳了起来。

"你在团建那天捡没捡到什么东西?"容羽先发制人,大声质问他。

"没有啊?你们丢东西了?"李鸣宇挠了挠脸,没有承认。但希然仔细观察了他的表情。和容羽对视一眼,两人心里已经明白了七八。

"你明天是不是要参加 SC 国家重点实验室的直博面试?还准备用高敏光电材料?"

"你们怎么知道?"李鸣宇皱起了眉头,"名单应该是保密的。"

容羽一时失语,希然接了上来。

"其实,其实那个材料是我的,希望你……希望你到时候不要用……"

"太搞笑了,你是申请专利还是发 C 刊了?凭啥我就想不到?而且学术成果撞车也不是什么新鲜事嘛,"李鸣宇笑了一下,"看到时候他们是要前途无量的男生,还是要你这个西北来的怪胎乡巴佬。"

"你……"希然一股热血涌上头,要不是容羽拉着,差点一拳挥在他脸上。

"求求你把成果还给我们吧!"容羽一边用力按着希然的胳膊,一边软声软气地请求:"除了那片电池板,我们手里再也没有材料了。而且昨天计算机出问题,连本地数据都不见了。"

希然惊讶地望向容羽,不知道她在说什么。

"求你还给我们,我们公平竞争好不好?"

李鸣宇看了一眼她俩,撇撇嘴。

"我可什么都没捡到。"

回到宿舍,希然还是没搞明白。

"我的数据都还在,你怎么……"

"我知道啊,"容羽笑了笑,"这不是放心让他用吗?我想过了,就算我们说服他放弃落光,李鸣宇还是会用别的科研成果跟你竞争。而且他的性别、排名都很有优势,不如当场打脸让他无法翻身。"

"这……"

"没事,明天我会去陪你的。"

希然望着她,泪水在眼眶里打转。

"你怎么对我这么好?"

"因为你值得啊。"容羽笑了笑,"不过你今天的表现确实有点吓到我了,没想到小小的个子爆发起来还挺厉害。"

希然低下头,脸红了。

她还有一面,容羽并不了解。

希望她永远不会了解。

九

第二天来到报告厅,希然发现气氛不太对。

"怎么这么多大佬……还有些不是搞材料的吧?"容羽也发现了,"虽说咱们学校在这个领域也是数一数二,但大家会对本科毕业设计级的科研成果感兴趣？"

"总感觉科学界最近发生了什么大事，"希然有些忧虑，"不太好那种。教授、院长频繁出差，好些课都停了。"

"唔……希然，你看那是谁！"

她回过头，看见第一排左边坐了一个穿红西装的女子。姿态放松，但眼神晶亮，正在看手机。

"好像有点眼熟……"

"是大咱们好几届的传奇学姐颜寒啊！"

颜寒？希然记得这个名字。她当年读的是计算物理专业，拿了全校难度最高的奖学金，但几个月后就退学了。此外还有些真真假假的传言，什么黑进了全校师生的计算机啊，凭借高明算法以本科肄业的身份入职大公司核心职位啊，甚至有人说她大脑构造与常人不同，内嵌了一部超级计算机。不管怎样，她的照片一直挂在校长奖学金宣传栏，神采奕奕地望着一届又一届学子。

连她也回来了，这场面试一定不简单。

报告厅很快安静下来，副院长代表学校欢迎 SC 国家重点实验室和其他实验室代表的到来，宣布面试开始。

学生一个一个走上讲台，顺序与容羽之前查到的略有不同——李鸣宇排在了希然前面。

他穿了一身笔挺的西装，视觉上高了不少。正如容羽所料，李鸣宇用了从落光身上扒下来的所有数据。他的舞台魅力很强，再加上对于本科生来说落光确实算不小的创新，几个前排的评委交头接耳、频频点头。

展示结束后，全场响起了最热烈的掌声。容羽就在这掌声中高高举起了手。

看到主持人的表情,第一排的评委都回头瞅了一眼容羽,包括颜寒。希然注意到那位传奇校友露出了一丝不易察觉的笑容。

得到允许后,容羽从容地站了起来。李鸣宇的表情僵了。

"同学你好,我很喜欢你的展示,让我们学习到了不少。但我还想仔细看一下你自己测试的数据,能把PPT往回翻三页吗?"

"你好,如果你有兴趣我们下去再看行吗?现在时间有限……"

"我们也没怎么看清呢。"颜寒突然说。几个老教授也点头表示同意。李鸣宇硬着头皮把PPT翻回去,数据页展示出几张小图。

"李同学,这些数据都是你自己收集的吗?"

"是。"

"在北京?"

"是。"

"那——"容羽过于拖长音,"最前面几张图里的经纬度是怎么回事?明显不是北京啊?而且时间跨度这么长,那时您在上几年级呢?"

"你在说什么?哪里写了经纬……"

"大家!"容羽大声说,"李鸣宇实际上剽窃了霍希然同学的成果,她和她的父亲在青海研究高敏光电材料已经十几年了,他只是碰巧捡到了希然遗落的晶体!"

"你不要血口喷人!"李鸣宇的声音很快被全场涌起的讨论声淹没。希然脸红红地走上前台,举起了父亲留下的、盛满时光痕迹的一代落光晶体。

十

"我要为大家展示的是一个能源互联的世界。

"我们都知道，化石燃料全部耗尽只是时间问题，全球能源危机正在从不远的未来等着我们。

"我们曾经对核能寄予厚望。每一所大中城市都配了核电站，然后在层出不穷的事故中将它们深深填埋。

"这几年，卫星飞上太空收集没有被大气层散射过的阳光，机械潜入深海拦截暗自涌动的洋流，在东北的高山上，人们连雪花摩擦碰撞产生的那点热能都不放过。

"不过，维系文明的电网需要稳定的能量。新能源因依赖自然环境而多变，无法与城市的供电系统良好接驳。为了解决这个问题，在我的家乡，水光互补计划就是最早实践的措施之一。

"我相信，接下来就是更广泛的能源替代和能源互联。所有的电能被分成小份，在全球范围内统一调配。无论是用电量骤减的深夜都市，还是短时间需要巨大能量的科学实验，这套系统都能用完美的算法调配来合适的电流。"

希然放出一个视频：金色的丝线连着一座又一座城市，连着水电、风电和光伏电站，连着灯火、壁炉、工厂和粒子对撞机，连着天上的风和海里的浪，还有落在单晶硅上的阳光。

"这将是一场波澜壮阔的能量换代战，我们需要收集一切可以收集的能源。感谢李鸣宇同学，大家对高光敏材料——也就是我的落光——有了初步的认识。在它的帮助下，我们可以回收生产生活产生的废光，利用生物荧光和矿石荧光，还能收集来自其他恒星的无数能量——星光。在最高的天空，在最深的地下，我们都可以实现光能的循环利用。

"使用落光材料就像在装满石块沙砾的杯子里注入清水，服帖填满所有的空隙。它能填补能量不稳定的小缺口，也能让人类文明对能源的利用程度超乎想象。

"下面我将详细为大家讲解落光的制备过程……"

一场小风波下来,希然的展示确实吸引了最多的注意力。面试还没结束,几个 SC 实验室的博士生已经示意她结束后去报告厅隔壁的小间详谈。

希然感激地看了评委们一眼,颜寒回报以微笑。

十一

"真是太感谢你了。要我自己在这种场合真的不敢……"离开了闹哄哄的礼堂,希然摘下了耳塞。世界细碎的声响又回来了。

"没事,"容羽笑道,"跟落光相比,那些研究都不过是小打小闹,你的梦想很快就要实现了。"

"等等——"希然听到了什么。

两人轻轻走到小间门口,里面传来谈话声。

"……不知道是耳朵的问题还是精神的问题,一点响声都听不得,把几个室友的闹钟、小冰箱、甚至水族箱都砸坏了。那场面,啧啧啧。"

容羽推开门,是李鸣宇。他瞪了两人一眼,侧身而出。容羽勇敢地回瞪他,希然低下了头。

小间里有两个中年男子,颜寒不在。

容羽在后面悄悄推了同伴一把,希然怯怯地走到他们面前。

"霍希然同学,你是一个很有创造力的学生,而且你的项目对我们来说很有用。比你想象得要有用很多。"

希然抬起头,说话的男人向她伸出了手。两人礼貌性地握了握。

"那她能不能……"容羽忍不住插嘴。

"来实验室?当然可以。不过还需要实习一段时间,能不能留下要看你的表现。"

希然的笑容僵在脸上。之前可没有这种做法，都是面试后直接发 offer，第二天就把档案调到 SC 实验室的。

"有实习机会说明有希望啊！为什么不高兴呢？"

回到寝室后，容羽忍不住问希然。

"他们肯定是想看看李鸣宇说的是不是真的……他们也许只想要我的落光，而不想……不想要一个残缺的人……"

"你在说什么呢？"

"你真的不知道吗？"希然猛地抬起头，眼里盈满泪水。

"知道什么？李鸣宇说的吗？"容羽叹了一口气，"你知道的，很多东西……我听不到。"

希然知道她指的不仅仅是听力问题。若不是同有缺陷，两人不至于被排挤到杂货间改成的逼仄两人间。但希然……她知道，自己的问题更严重些。

过去尽管稍有孤僻，她还是和五位室友保持着相对和谐的关系，直到父母的去世的消息传来。她连夜回了青海，花了很久才从悲伤里缓过神来。等她处理完各种事物、带着落光回到北京，一切都不一样了。

一开始是吃饭的时候。周一早上，她像往常一样和选了同一门课的室友在食堂相对而坐，那女孩点了一碗面。室友举止优雅，吃面的动作像往常一样轻柔。

"哧溜。"

"嘎吱嘎吱。"

"咕噜。"

希然浑身抖了一下。那声音不大，却像指甲一样刮蹭着她的耳膜。

"怎么了？"

希然摇摇头，没有说话。但室友注意到了，她皱了皱眉头，动作更轻了。

但后来，只要有咀嚼声出来，希然就难以忍受。还有朋友运动后的呼吸和心跳，室友感冒时浓重的鼻音，同学自习时纸笔刮擦的声音。

最可怕的是夜晚。

闭上眼睛，一切细微的声响都被寂静的背景放大了。房间不同方向分布着四只钟表：一只普通款，滴答滴答永不停歇；三只静音款，秒针一格一格均匀划过，发出阵阵令人不舒服的摩擦音。地上放着六只热水壶，三个木塞在热气作用下"滋滋"作响。热爱小动物的对铺买了一个水族箱，小发动机日夜不停地输送氧气，发出"咕噜噜，咕噜噜"声。还有一直在摆动手臂的小招财猫摆件、隆隆作响的空调外机。

有好几次，她偷偷爬下床关掉闹钟、调整水壶、切断发动机电源，试图让整个宿舍安静下来。但俗话说"静止是相对的，运动是绝对的"，只要有运动就有振动。振动意味着发声，发声意味着干扰。

于是，她选择半夜三更带着落光远离校园，在荒郊野外寻找青海似的宁静。把自己搞到疲惫不堪时，她才会回到宿舍倒头就睡。

因为睡眠不足，她常常在白天精神不济、面容憔悴，与大家越来越疏远。希然曾以为这样也能勉强过下去，直到自己拿到 SC 的入场券，然后租一间属于自己的安静公寓，可神经越来越脆弱的她还是提前爆发了——又一个难以入眠的夜深人静，她听到面善的室友躲在被窝里打电话，说她是怪胎乡巴佬。

那是爷爷奶奶曾经骂过母亲的话。

希然再也受不了了。她爬下床，砸碎了宿舍里一切折磨过她的东西。闹钟、水壶、水族箱、小摆件、音箱、机械键盘和鼠标。

室友们尖叫着打开灯，只看见霍希然站在一片狼藉里放声大哭。

学校知道她家庭的情况，只当是希然压力过大，没有作出严厉的处罚，不过她付出的代价着实不小。爷爷奶奶过来赔了钱，气得说再也不想看见她。路上的闲言碎语、指指点点也越来越多，她干脆戴上耳塞或降噪耳机，一点也不想听见。

还好有落光。那个小小的装置凝聚着父母的心血，保护着她最脆弱的神经，没让她失去理智、滑落深渊。

十二

"恐音症？"

希然点点头。

"应该是，我去医院检查过，没有什么器官上的问题。应该是精神上的。"

"那你跟我在一起岂不是……"容羽露出难过的表情。

"一开始确实是。自从我和你提过以后，真的好了很多。"

"那当然！"容羽笑了起来，"我写了个手机程序，一旦测到分贝过大就会振我一下，我自然就降低音量了。"

希然心里一动。父母去世后，从来没有人为她做过这些。

"其实……其实那次从医院回来以后，我的症状也减轻了很多。"

容羽"扑哧"一声笑了："那不就得了，去实习呗，还担心什么？"

"我还是很害怕……他们听了李鸣宇的话，肯定会重点关注我这方面的问题。而且未来调档案也要做背景调查，我害怕……"

"没事，听力方面的问题我熟，我来帮你。"

"可医生都说……"

"相信我，"容羽认真地说，"走之前，我一定要帮你解决这个问题。"

"'走'？，你要去哪里？"

"啊，我是说在你去实习之前，"容羽又笑了，"来，详细讲讲你的症状吧……"

希然从来不相信会有什么解决方案。两年来，病情随着心情时而好转时而恶化，她不知道自己会不会在陌生的实验室受到刺激而做出什么疯狂的事情来。真是的，过去她一门心思想着如何进入 SC，却从没考虑过自己能不能融入一个新的集体。也许做一个夜行动物，只在晚上研究落光，也许……不，自己在想什么呢，就算走上学术道路，该社交的地方还多着呢。总会有人发现她的"不正常"，但像容羽这样包容的人，大概再也不会遇到吧！

像曾经承诺的那样，容羽放下了自己手头的一切事务，尽心尽力寻找恐音症的解药。有时看她彻夜查找文献，甚至连课都不上，希然心里也有过一丝疑问：容羽毕业后想做什么，不怕自己的绩点受到影响吗？不过，希然太享受这个状态了。她压下一闪而过的疑虑，隐隐感觉这话一旦问出口，有些东西就再也不一样了。

一天清晨，她被叫醒了。

"希然！你看看这个。"

霍希然睁开眼睛，看见容羽举着什么东西。清醒了一会儿，她认出那是 Terrence J. Sejnowski 在好几年前写的《深度学习革命》。

"我想我找到病因了！"

"'深度学习'？这又不是医书……"

"哎呀饶了我吧，作为工科生真的看不懂那些学医的人在说什么……来看看这一段。"

希然掀开被子，下床接过了书。

"大脑的盲源分离障碍？"

"对，你仔细看……

落　光

"……在一个拥挤的鸡尾酒会上，当空气中充斥着周围人的嘈杂声时，你很难听到你前面的人在说什么。拥有两只耳朵可以帮助你把听觉引导到正确的方向，你的记忆可以填补缺失的对话片段。现在想象一个有一百人参加的鸡尾酒会，一百个无方向性麦克风分散在房间里，每个人都能听到不同的声音，但每个麦克风上的振幅比例不同。有没有可能设计出一种算法，可以把每个声音分成单独的输出通道？更困难的是，如果音源是未知的，比如音乐、拍手声、自然声音，甚至是随机噪声，又会怎样呢？这称为'盲源分离问题'。

"人类的大脑就拥有这种算法。听觉神经中枢可以分辨出杂音中值得注意的部分——母语、犬吠和警铃。这些声音在脑海里的回响会比实际要大，便于其他中枢做下一步处理。

"但你的大脑可能在这个方面有点……可能是你成长的环境比较安静、单纯，这个功能就没有得到充分的锻炼，无法在复杂的环境中挑出正确的音源。所以有时它会放大周围所有细微的声响，使你连正常生理活动发出的声音都无法忍受。"

希然仔细读了几遍，又接过容羽查到的相关文献，对比病友的症状和自己的发病时间，大概了解了情况。当年替她检查耳朵的医生说得对，她的器官都是完好的，影响最大的是精神层面。在她大部分精力都被占据时，大脑对听觉的敏感性就会降低。当然，正常人是不可能每时每刻都精神高度紧张的，所以需要的是潜意识里长久的介怀。换句话说，她要世上有所牵挂。刚来嘈杂的北京时，她的心里深深挂念着远在青海的父母，这也是恐音症没有立刻发作的原因。

"可是爸爸妈妈再也回不来了,我该……怎么办?"

"别急,还有别的办法。"

十三

容羽为希然设计了一整套脱敏试验,教她用意识代替听觉中枢进行音源分离。

一开始,希然觉得这太难了。她就像刚刚学习走路的孩子,每个分解动作都需要注意。区别是,一般人学会后就可以把一切交给潜意识,不用研究自己该怎么屈膝、伸腿、迈步,但她不行。

容羽想了个好办法。她用上两人所有的电子设备在房间四角播放轻柔的音乐,让希然强迫自己只注意其中一种旋律。后来变成了风声、雨声、雷声和水声,再后来变成读书声、吵架声、装修声和叫卖声。整整十四天的循序渐进,希然对噪声的承受能力果然变强了不少。

终于有一天,容羽在网上订的玻璃弹珠到货了。她捧起十几个彩色的小珠子,让希然闭上眼睛。它们争先恐后落向地面,又很快弹起。它们与小屋里所有的家具碰撞,发出各种各样的声音。它们滚过瓷砖,一路摩擦,直到"砰——"的一声停在墙角。振动起起伏伏,声波纠缠不清,但希然已经可以选择自己愿意入耳的声音。

两分钟过去,一切终于平息了。

希然睁开眼睛,掩饰不住嘴角的微笑。

"成了?"

"成了。"

在阳光里,两人紧紧拥抱。

希然抵在容羽的肩上,绿色的棉制T恤温暖柔软。她知道,回到正常世界的唯一原因，是自己心里有了新的牵挂。

　　SC实验室的新校区在另一个省，希然需要在那里待满一年才能回来。临行前，两人相约去了北京最大的商场。她们在人群中大笑，在火锅店自拍，逛过一家又一家店，挑选最鲜艳、最前卫的衣服。来北京这么多年，希然从来没有这么开心过。

　　最后，容羽送希然到了北京南站的候车大厅，把行李箱推到她身边。

　　"要保重啊。"

　　希然笑了。

　　"别这么严肃嘛。一年很短的，寒暑假我也会回来……平常可以聊视频打电话，不要嫌我烦啊。"

　　容羽没有回答，只是张开了双臂。希然匆匆抱了她一下，拖着箱子跟上了检票的人群。入闸后，她看见容羽还在原地。希然踮起脚冲她挥手，容羽也惊了一下，也立刻挥手冲她示意。然后泪水就把她的身影模糊成了一个绿色的彩条。

　　那时希然还不知道，这是自己最后一次见她。

十四

　　到深圳后，希然整理了一下东西就赶忙去实验室报道。

　　不知道是不是自己的错觉，实验室的师兄师姐、还有几个小老板看她的眼神都有点奇怪。疑惑？同情？还是……敬畏？

　　她摇摇头驱散自己的幻想，推开了导师办公室的大门。

　　"赵沅申……先生？"

　　穿着黑色高领毛衣的男子正在和导师聊着什么。听到自己的名字，他回过头来冲希然笑了一下。

"希然,你见过赵先生?"

"是的老师,他……DRAGON 航天来我们学校举行过宣讲会。"

导师点点头。

"你们谈吧!"

"老师……"

导师已经走了。他带上了门,留希然和赵沆申两人在办公室。

"咳,霍希然同学,你不用紧张,我是来和你谈一桩生意的。"赵沆申把她引到一张木椅上坐下。

"什么?"希然警惕起来。

"我就直说了吧,我想买你落光晶体的专利。"

"什……"

"出价这个数。"

看到他的手势,希然咽了咽口水:足够她在北京舒服生活很多年了。

"我……"

"你不同意?"

"我是说技术还不够成熟。"

赵沆申摇摇头。"已经够用了。"

"什么够用了?"希然追问,"和您女儿有关吗?"

赵沆申抬头看了她一眼。

"只和你的发明有关。你愿意把落光卖给我吗?"

"那我以后可以继续开发它吗?您能保证把它用在正途上吗?"

"当然可以,你以为我们是什么人?如果你愿意的话,可以直接来我们公司——唔,其实现在也差不多了。"

"什么?"

"没什么,"赵沆申站起来,拍拍希然的肩膀,"你同意就好,授权书马上就到。我还有别的事要忙,很高兴见到你。"

希然突然涌起一股冲动。

"赵先生!"

他停在了门口,但没有回过头来。

"您的女儿……她一直很想念您,她的钱包里一直放着您的照片。"

空气安静了三秒。

"我知道,谢谢你。"赵沉申还是没有回头,"还有,谢谢你帮我找到了最后一块碎片。"

站在空无一人的办公室里,霍希然的心慌了起来。面试时来的那么多专家学者,颜寒的笑,容羽的反常,还有赵沉申的话。几个月以来,希然总觉得有什么不对。她的直觉一直在潜意识里大声喊叫:这个世界要出大事了。

十五

"赵先生,能告诉她吗?毕竟还没有解密。"

"颜寒,说吧,反正马上就要公开了。"

希然愣愣地站在一边,看颜寒前辈放下了手机,表情极其凝重。

"听着,接下来我要说的事,你千万别害怕……"

真的出大事了。

原来,容羽一直关注的太极计划在宇宙中观测到了很多不自然的引力波痕迹,来自光速运行的小型物体。那些小东西有选择性地造访星系,而其中大部分目的地都有类地行星存在。

"目前对它们的主流推测是文明搜寻者,代号访星者。"

希然的手脚一阵冰凉。

"那……那人类被它们找到会怎么样?我们该怎么办?"

颜寒摇了摇头。

"不知道。在对大众保密的这段时间里,科学共同体内部产生了分歧。一开始,大部分人赞同'隐藏者计划',即在地球表面消除文明痕迹,全体人类躲到地下避难……"

阉割文明以求自保?希然倒吸一口冷气。

"……而 DROGAN 航天为代表的几家机构主张'接触者'计划。我们算出了访星者在造访太阳系前最可能停驻的一站,要求尽早发展深空载人技术,送一批宇航员前去接触。"

"载人深空……"希然想起容羽的话:NASA 都没这个技术吧!

"其实,中外民间航天公司一直在做这些研究,SC 重点实验室也一直帮我们研发相关材料。现在万事具备,就差一味药了。"

"什么?"

颜寒笑了笑。

"你知道,当我们远离太阳在宇宙中航行时,能源是一个很大的问题。遨游在茫茫苍穹中,太阳风无法企及,放射性燃料在辐射环境中极其危险,化学燃料更是累赘。我们能指望的,只有四面八方微弱的星光。

"这时候,你的高敏光电材料——落光晶体横空出世。在这种材料的包裹下,飞船会成为一个反向戴森球。也许它收集的星光只能转化成微弱的电能,但在没有大气阻隔的宇宙,那点能量足够维持冬眠状态下的低耗能飞船。更重要的是,星星不会全部熄灭,能源也就源源不绝。

"你知道吗,因为你,这个项目才能真正成行,也是因为你,我……好多人才能完成自己的梦想,飞入无人可及的深空。你是最后一块拼图,也是烟花的引信。"

希然呆住了。

"是的，上个月那场面试……就是为你一人准备的。"

十六

颜寒前辈离去很久，希然才缓过神来。她跌坐在自己的工位上，掏出手机准备把这个消息告诉容羽。她有预感，容羽可能早就知道了。

这时，她的手机振动了起来。实验室所有的手机都振动了起来。各大新闻 APP 都推送了特别消息，访星者的存在曝光了。

"突发！太极计划发现高能外星人！"

"多国科学家发表联合声明：地球文明存在暴露风险。"

"中国算法分组率先得出外星人航线规律，超算中心姜瑶瑾：数据有待验证。"

"震惊！外星人即将造访地球，审判日即将来临！"

"隐藏者计划获各国环保组织大力支持。"

"诺贝尔奖得主在联合国演讲：不必恐慌。"

"接触者计划志愿者信息曝光：谁愿踏上有去无回的旅程？"

希然颤颤地点开最后一个推送，快速划过一个又一个年轻的面庞。他们各个履历光鲜，是各行各业的翘楚，因为这样那样的原因选择在冷寂的宇宙耗尽一生，只为一个虚无缥缈的可能性。

希然看见了颜寒前辈的名字，还有她——赵容羽。

……

"为什么？为什么瞒着我？为什么要走？为什么为什么为什么！"

"好了好了……"

"既然下定决心，为什么还要那样对我？赵容羽你这个大混蛋！你跟欺骗别人感情的渣男有什么区别？"

"好了希然……"

"你这个大骗子！之前不是还说载人深空是招人送死吗？不是最恨你爸的公司吗？为什么还要去？为……"

"霍希然！！！"

听到自己的全名，希然张张嘴，停止了控诉。她坐在 SC 实验室单人寝室的地板上，无声地流泪。

电话那头沉默了一会儿，容羽的声音又温柔了起来。

"希然，之前不是你对我说，不能因为父母的过错而盲目反对他们的一切，甚至不去追寻自己的梦想吗？"

"我那是……我知道你关注载人航天、深空探测，我哪知道技术这么快就能成熟……我以为你最多去一趟月球，最多最多去火星……"希然抽抽嗒嗒地回应。

"希然，你听我说。

"其实……尽管我曾经记恨赵沆申，恨他对母亲做的一切，但有些事已经改变不了了。

"我的父亲是一个很有远见的人。三十年前刚开始搞民间航天时，他就瞄准了一个几百年不遇的发射窗口期。在那个神奇的日期，人类可以借助行星，甚至系外恒星的引力弹弓，以现在宇航的水平将一艘载人飞船以惊人的速度抛向最为深远的星空。

"但要实现这一切，他自己的力量是远远不够的。所以，他在四处资助相关研究时，还花了很多钱投资太极计划。他无法预言'访星者'，但他笃定，随着深空探测技术的进步，茫茫宇宙中总有值得我们起飞的东西。他赌对了。

"而我呢？在我世界观刚刚成型的那段时间，他带我看星星，看宇宙飞船发射，参观实验室，生生地把那些太过宏大的理想信念写入了还是一张白纸的大脑。不知道他是有意还是无心，我的人生已经被他定型了。不，也许这并不是他的错。湖中倒影无法与璀璨星辰争辉，日常生活平淡寡味，诡谲琐碎的人际关系又如何与接触另一个文明的伟大梦想相比拟？就像你说的，我们的理想为什么不能是一样的呢？

"其实，这些年来我一直在为那一天作准备。能够成为这个伟大计划的一部分，能够作为一位先驱者载入史册，我真的非常高兴。

"而你，希然，对不起，是我自私了。我只是希望走后还能在地球上留下一点牵绊，希望史料馆里有我照片的同时，还有人记得我笑起来的样子……你能为我做这些吗，希然？你能给孩子们、孙子们多讲讲我的故事吗？……"

希然攥着手机拼命点头。她蜷缩在地板上，哭得内脏没有一处不疼。

尘世之中，她再一次失去了仅有的牵绊。

十七

容羽走的那天，希然去了发射基地。

作为宇航员的亲友，希然有权在离发射架最近的小山上观看。山坡上人不少，除了几个摆弄器材的摄影爱好者，每个人都孤独地站着，静静看着前方。黑夜茫茫，只有巨大的火箭在沉默的群山中被几盏灯照亮，仿佛已经在燃烧。

希然的夜视能力很好。在那些陌生的面庞里，她认出了一位盘起头发的女士。

"请问……您是超算中心的姜瑶瑾前辈吗？"

女士回过头来，也认出了她。

"你是发明落光晶体的霍希然？"

"其实是我父亲……"希然脸红了。

"别这么说。你很厉害，没有你，接触者计划根本不会这么快实施。"她顿了顿，"颜寒常常提起你，母校肯定也很为你骄傲。"

"前辈认识颜寒？"

"我们在本科时住一个寝室。"

姜瑶瑾的声音很轻。希然立刻意识到，她和颜寒的关系肯定不止室友那么轻描淡写。突然，心中郁结已久的问题脱口而出。

"前辈，您……您后悔计算出访星者的路线吗？"如果没有能算出一切数据的猫群算法，她还会走吗？

"那你呢？后悔发明落光晶体吗？"如果没有收集所有能源的落光晶体，她还会走吗？

"我……"希然想了想，"她还是会走的。"赵容羽的心已经属于深空了，如果没有太极计划，没有访星者，没有功能完备的巨型火箭，她也会花费一生寻找机会高高飞起，飞到连太阳都只能没入星空的地方。

"她也是。"

很快，山的那边传来震耳欲聋的声响。火箭尾部瞬间发出耀眼的光芒，腾起的烟云也映得金红。冲击波传来后，几个人纷纷捂上了耳朵。

但希然没有。她看着火箭慢慢升空，划成一个弧线向这边飞来。但它没有飞过头顶，只是越来越小，最终化为一个亮点隐入了群星，再也分辨不出来了。

十八

一夜的飞行，希然再次来到父亲当年耕耘的落光花田。

她太久没来了，牧草已经长高了很多，连过去残存的几块星光能

落　光

电池板都有不灵敏的地方了。希然很难过。她轻抚着失灵的落光晶体，好像看见了自己。也许对声音的敏感是上天赋予的礼物，就像高敏半导体可以收集星光。一旦改变，那自己的特质也就随之消失。她甚至想，是恐音症让她与容羽建立了联系，她好了，她也走了。深深的夜里，伫立在天地间的只是一块块普通的晶体，一个普通的人。

希然深吸一口气，再次涣散了自己的精神。她不再像过去训练时那样只注意一两个声响，而是向所有振动打开。

遥远的风，微动的草，鸣叫的虫。

过了很久她才意识到，在所有的人类中，只有自己的大脑没有扭曲声响。它兢兢业业捕捉大自然的每一个音符，不会因为习以为常就忽视，也不会因为有助于进化而放大。就像落光晶体，不分大小记下今夜远道而来的所有星光。

此时此刻，她静静地没入了大自然，从头到脚都是透明的。风穿过，光透过，所有的信息不加处理，也不留痕迹。

有那么一瞬间，她仿佛听见苍穹传来星星眨眼的声音。

这肯定是错觉，但希然睁开眼，真的看见夜空中有一个亮点在移动。是接触者号，它的轨道还没有离开太阳系。

希然笑了。容羽还在那里。在这个世界上，只要是存在的事物就能彼此相连，只要感官够灵敏，人们也可以看到几百光年外属于另一个文明的太阳。如果是这样的话，她将永远不会丢失与她的联系。

毕竟，落在自己眼中的光，也会落在她身上。

白　虫

引　子

当你上下左右都被岩层包裹，所谓昼夜就由你自己掌握。

机器已经正常运转二十五个小时了，田颢回到地下实验室属于自己的小房间，关上了所有的电灯。黑暗中，他暂时把自组织材料、锗晶体、稀释制冷机参数调整之类的事统统忘掉，爬上床准备进入梦乡。

四周很静很静，静得远离一切尘世纷扰，只有隔壁实验室计算机散热系统在低低轰鸣声。田颢长舒一口气，准备好好休息一下。

异响就是那时出现的。

一开始，只是一声闷闷的"咔嚓"声。人类的关节也常发出那种响动，只有通过骨传导才能被自己听见。田颢没有管它。过了五分钟又是一声。一会儿又是一声。

田颢睁开眼睛，这声音似乎大了一些，或者说，近了一些。

如果在地面，他只会蒙上被子继续睡觉——可能是木门的热胀冷缩，可能是哪家小孩在捣乱。但在这里，在山体深处地下实验室，每一声异响必有原因——大概率不是什么好的原因。

田颢缓缓起身，在绝对的黑暗中倾听着越来越近的声音。不知为何，物理专业的他想起了死神的脚步。

又过了一会儿，田颢飞身下床，只穿着短裤趴在地上。他打开手机上的光源向床下照去，只有一片烟尘和床缝里掉下去的杂物。

不对，还有什么东西顶住了墙角几片废纸巾。

"咔嚓"。

三个小时后，城里的一对老夫妇横死家中；五个小时后，一位当红歌手在个人演唱会舞台的中央告别人世；数以千计的遇难者出现后，恐慌与仇恨席卷全球。那几年，无数人向上天祈祷永不被爱。

此时此刻，田颢只是费力地伸长手臂，轻轻拨开了那张纸。

一

飞了几十个小时，从纽约到深圳再到成都，终于快到青山机场了。杨悦颜打开遮光板，再一次欣赏这里独特的风景。

由于板块挤压的作用，西昌充满了褶皱一般的平行山脉。近处的山峦是褐色的，云气在一面流转，仿佛填满了山体的缝隙。远景则在薄雾隐去了细节，黛色由深到浅层层铺开，群峰像水墨画一样错落在天际线。

悦颜知道，这里不仅有风景如画。

绵延不绝的群山,环绕着一九八四年送走共和国第一个通信卫星的发射中心;厚达千米的山体之下,深藏着中国首家暗物质实验室。

她来看发射中心的哥哥,也想看一眼实验室里的他。

"终于到了!"邻座挽着头发的陌生姐姐兴奋不已,左手无名指上的钻戒闪闪发光。她的丈夫已经开始收拾小桌板上的杂物了。

"是啊。"悦颜笑道,"终于到了。"

"小杨,这一路跟你聊得太投缘了,等飞机落地加个微信吧!"

悦颜点点头,尽管知道双方只会成为彼此朋友圈里永远沉默的存在。每踏上一趟旅程,她都会全情投入地与身边人交往。毕竟再相见的几率为零,一场邂逅留下的快乐足够为旅行调味了。

如果能与每个人都保持初见时的关系该有多好啊。交流越深入,就越容易碰到对方藏在绒毛里的棱角。常年累月的相处,只能一层一层剥出人性的邪恶。直到曾经的快乐回忆都不再真实,就像……

就像幻光。

飞机降落时有些许颠簸,男人紧紧握着新婚妻子的手。悦颜独自对抗着失重感,心中又想起了他。

二

第一次来西昌是两年前。

那时悦颜刚刚完成硕士论文,专程从学校飞回来,送刚入选储备宇航员的哥哥去航天基地。好不容易出趟远门,她打算在天府之国好好游览一番。

哥哥一来就进了封闭式训练营,只能找了当地向导余师傅载着她在西昌附近游玩。西昌虽小,倒也有趣:邛海风光、彝族歌舞、火盆烧烤，她都很喜欢。对了，还有随处可见的彝族文字。小画儿一样的符号标注在街边每一个招牌、标语和指示物上面，让她深深着迷。巧的是，余师傅的母亲就是彝族人，悦颜从他那里学到了不少东西。

最后一天，余师傅带她去了锦屏地下实验室。

穿过几十公里长的隧道，悦颜第一次来到了字面意义上的大山深处。阴冷的风透过每个缝隙灌进考斯特，每隔五十米就能看见一个闪着绿光的消防设施。

"这隧道要是塌了可就没救咯！"

悦颜点点头，强迫自己不去想头顶上沉沉压着的两千米厚岩层。

下车后，悦颜打了个冷颤。深洞里又湿又冷，高高的岩顶润得滴水。悦颜注意到，粗糙的岩壁与地面相接的地方打着一溜排水沟。灯光不够，黑色的积水映着悦颜的面容，仿佛深不见底。

"嘿，这里是二期工程，还没建好，要注意安全。"

悦颜回过头，一个跟她年龄差不多大的小伙子递来一顶白色安全帽。他穿着暗红色的冲锋衣，有点紧张地笑着。是梁承。

"啊……谢谢。"

悦颜接过帽子戴好，也冲他礼貌地笑了一下。

"嗯，那我就开始介绍了。"

告别余师傅，梁承把悦颜引到北边的一个椭圆形深坑前。墙壁看不出来有多高，"之"字形的窄楼梯直通到底部，里面什么都没有。悦颜向下望去，感到一阵眩晕。

"这里刚修好，还没有放设备。"

梁承扶着浅蓝色的栏杆，看起来倒是轻松。

"这就是……探测暗物质的东西？"

"对。下个月我们会在里面盛满液氮，保持高纯度锗的低温——抱歉，也许我该先讲讲什么是暗物质。"

悦颜笑了。

"我知道一点儿。据说它占了我们宇宙百分之八十的质量？"

"根据宇宙中微波背景辐射各向异性观测和标准宇宙学模型，暗物质占全部质量物质总质量的百分之八十五，几乎不与任何物质发生作用。我们要做的就是找到自身振动极其微弱的晶体，然后排除环境上的干扰。这时如果能检测到振动，就是暗物质没跑了。"

"哦，所以才会把实验室建在大山深处？"

"没错。"

"暗物质到底是什么呀？"

"几乎没有人知道。不过相关理论倒是不少，每个人都有不同的猜测。"

"那你的猜测呢？"

悦颜也学着梁承趴在栏杆上，歪头看他。

"我嘛，我觉得暗物质是叠加在这个宇宙的另一个世界。不是平行宇宙那种，而是真实存在的世界。也许对它们来说，组成我们的原子空隙太大了，大到几乎不用考虑。也许就在我们说话的时刻，一只暗物质大象正穿过我们的身体，彼此却无法知晓。也许存在一个暗物质文明，两个世界像相溶的液体一般同处一个空间，却穿透不了无处不在的物理屏障……抱歉，都是我乱讲的。"

"没有，很有意思。"悦颜笑了。她注意到，讲起自己的专业时，梁承的眼睛几乎在发光。

"嗯……这里没有什么了，我带你去看一期实验室吧，已经投入运作了。"

悦颜点点头。两人回到余师傅的车上，又开了一小段距离。

一期看起来就很有人味儿了。悦颜推开大门，里面和任何一个大学的实验室几乎没有差别。巨大的罐子,封在玻璃缸里的铅箱,还有更新系统中的计算机。一个戴着眼镜的男生正在一块大白板上写写画画。

"田师兄!"

听见梁承的动静,那男生只是草草摆了摆手,示意自己正在忙。

"这是你工作的地方?"悦颜不自觉压低了声音。

"嗯,有点乱……"梁承一边回应,一边偷偷把早就塞满的垃圾桶往桌子底下踢。

"这个是什么?"

"嗯?"

悦颜指了指田颢面前的白板,上面用马克笔涂了很多箭头和数字。

"是什么神秘公式吗?"

"哦,这个啊。是二期工程用的探测器高压电源参数,"梁承又仔细看了一下,"师兄还在调。"

"哦……"

"是不是不该告诉你啊,都没有神秘感了。"

"没有没有!只是我什么都看不懂……你们真的很厉害。"

"你也很厉害啊,拓扑语言学,我也看不懂。"梁承脱口而出。

"哦?你怎么知道的?"悦颜有些惊讶,她的硕士论文才刚写完。

"你哥哥跟我讲的。"

"哦对,你们之前是校友来着。"

此时两人已经离开了实验室,并肩走在看不见尽头的隧道里。阴冷从四面八方渗进来,张嘴几乎能哈出白气。反正过一会儿就不会再见了。悦颜抱着手臂,不想浪费能量寒暄。但梁承还是打破了沉默。

"嗯,我对语言学一窍不通,介意帮我科普一下吗?"

悦颜最怕听到这个。"语言有什么好学的?""出来能做什么呢?""这也有博士学位?"她曾无数次认真解释,但没人真的想听。后来,她干脆只用一两句话简单带过。但这回……悦颜转头看梁承,那表情似乎不是礼貌性的询问。

"唔……你肯定知道拓扑学吧?"

梁承点点头。

"一些图形或空间存在某种特定的性质,即使它们的形状和大小不断改变,那些特性也不会变——语言也是如此。为了交流和表达,人类发明出上千种不同的语言。从构词方式到浅层语法,从句子结构到篇章谋略,每种语言都有独特的形状。但是,不论样子如何变化,它们所表达的概念内核都是相同的。'玫瑰不会因为它的名字不叫玫瑰便散去芬芳',我们研究的就是语言在人类思维中的不变内核。你应该也发现了,我只是借了拓扑学的一点特性,本质上还是认知语言学范畴。"

悦颜顿了一下,仔细观察对方的表情。他在认真思考,真好。

"在实际研究中,人们的思维又是无法离开具体语言的。在找到语际的共性后,我们还需要抽丝剥茧,从单个语言中找到最核心的部分。这里还涉及一点类型学。

"我们的大脑是靠'删繁就简'来认识世界的,会把两个点一条线的图案认成脸,也能靠几笔画成的火柴人脑补出激烈的剧情。多高是杯,多低是碗?多浅是粉,多深是红?类型学就是要看看,我们的大脑最认什么特征。

"放在语言学里也是一样的。每个会写字的人都拥有自己的字体,有的相当潦草也能被一眼认出,这说明里面的特殊节点便是我们要找的语言上的拓扑结构,也就是语言在思维中的样子。"

她讲得很快,梁承竟然也跟上了思路。

"唔……很有意思。这就是你硕士论文的内容?感觉很有研究价值,未来发几篇核心应该没问题。"

悦颜摇摇头:"不,我不会读博了。"

"为什么?你这么喜欢语言学,研究的领域也很有前景……"

"就是因为钻得太深了。"悦颜微微低头,盯着地面,"越研究,越能发现世界的虚无。语言是思维的映射,也是我们认识万物的唯一方式。但语言却如此简单、如此模糊、充满隐喻。换句话说,作为一个缸中之脑,我们永远无法真正理解这个世界。那些看似值得追求的东西,不过都是……幻光。"悦颜的声音越来越小,最后几乎变成了呢喃。她不知道自己为什么会说这些,也许是因为隧道里奇特的氛围,有什么东西在心里悄悄长了起来。

"什么?"

"啊,没什么,"悦颜笑笑,"你博士还有几年呀?"

"还有三年吧!"

"要一直在这里吗?"

"嗯。"

"有没有可能去深圳?"

他沉默了几秒钟。

"应该不会。"

"那好吧。那就,再见了。"

"嗯,再见。"

三

飞机停稳后,悦颜才从两年前的记忆中回过神来。青山机场很小,悦颜找到自己的行李,没走两步就看见了哥哥。他接过行李箱的把手,两人一起向外走去。

"两年没见，小妹真是大变样了！"

"哪有……"

"你看你，浑身上下都是名牌，连头发都剪得跟洗发水广告似的。"

"公司内部有折扣嘛……对了，今天晚上就要发射了，你怎么还出得来？"

"毕竟是接你啊。"

等哥哥把行李搬进后备箱，悦颜已经在副驾驶的位置坐好了。

"小妹，其实你不用特地从美国赶回来的。"

"怎么可能不回来，这是你第一次出任务。"

"你也知道，上太空早就没那么危险了。现在 AI 那么厉害，连发射程序都是自动的，我甚至可以自己在控制台按个按钮飞上空间站。"

"别吹牛了。"悦颜笑了笑，在后视镜里审视自己的妆容。

"话说回来，你跟梁承怎么样了？"

"什么……跟他有什么关系。"

"没关系？那你还送人家围巾？"

悦颜脸红了："他跟你说了？"

"岂止是跟我说，恨不得全西昌的人都知道有女孩送了他一条围巾。小妹，别跟我说你不喜欢他。"

"Crush, crush 懂吗？我跟他不会有结果的。还有你呢？什么时候给我带个嫂子回来？"

"地面上的女人有什么意思。我的恋人啊……"哥哥挺直了背，紧紧盯着前方，"……可是整片天空呢！"

悦颜忍不住翻了个白眼，"少看点动画片吧……"

哥哥笑了笑，两人一路再无话。悦颜心底知道，他们兄妹俩一样对婚姻和家庭无比失望。但至少哥哥找到了值得追寻的东西——那深远的宇宙,就是他的"幻光"。

在宾馆放下行李后,哥哥就该回发射基地了。

"余师傅怎么还没来,说好这个时候带你去雅砻江大坝的。"

"电话也打不通吗?"

哥哥摇摇头。

"不会是出什么事了吧,我们……"

"哎,那不是小杨吗?"

悦颜回过头,发现正是在飞机上认识的那对新婚夫妇,他们也碰巧住这家酒店。

"姐,真是太巧了。"

"可不是嘛,"那姐姐热情地拉住她的手,"我们包了辆车,也准备去雅砻江看看,要不要一起?"

"这……"悦颜望向哥哥,后者点了点头,露出意味深长的微笑。

去大坝也要经过一道道长长的隧道。姐姐一直拉着悦颜说话,她的头都有点疼了。丈夫倒是一路沉默开车,只是偶尔温柔地望向妻子。注意到这种眼神时,悦颜心中又泛起一丝异样的感情。

出了不知道多少个洞口,他们终于到了著名的雅砻江大坝。悦颜下了车,江风立刻吹起了她的长发。这时,她突然明白哥哥当时为什么笑了。

梁承正在前面等她。

见到他,悦颜的脸立刻烧了起来。她还没做好再见梁承的准备,毕竟自上次争吵以来,他们已经将近一个月没有说话了。

大脑一时被汹涌的情绪淹没,她没有注意到大坝上停着七八辆警车、来来往往都是穿着各色制服的警务、医务人员。

她的眼里只有梁承。

四

当年离开西昌市，她以为自己很快会把梁承忘掉——一个 crush，一场简单的心动，仅此而已。

通过哥哥加上他的微信后，悦颜也一直告诉自己他只是朋友。

但她骗不了自己的感受，更骗不了梁承。

两年来，尽管只靠文字传达，两颗相隔遥远的心一直在同频率跳动。悦颜能感到梁承想要更近一步的冲动，但她始终不敢接受。终于有一天，梁承摊牌了。

"能不能告诉我为什么？我知道你喜欢我，我也喜欢你，我们为什么不能在一起？

"因为害怕异地吗？我很快就能毕业了，我可以跟你走。

"还是因为钱？我现在是没有大城市的户口，买不起深圳的房子，更别提你现在在纽约……

"但你相信我，我以后能挣到钱的。"

手机不停振动，悦颜不知道该怎么回答。

"不是钱的问题。别指望我了，我们就当朋友行吗？"

"你这样天天找我聊天，我怎么能放得下你去找别人？"

"那你拉黑我。"

"你知道我舍不得。"

"那我只能拉黑你了。"悦颜的心痛得厉害。

梁承沉默了一会儿，界面上一直显示"对方正在输入……"

"我只想知道原因。"

看到这几个字，悦颜的眼泪落了下来。如果她说了原因，他一定能理解。但理解又能怎样呢？面对这样无解的问题，只会带来两个人的痛苦。

手机又振了起来，是梁承打来了微信电话。急促的声响刮擦着悦颜的耳膜，让她几乎无法思考。她按下了强制关机键，整个人埋在床上的被子里闷闷哭泣。

这个世界上真的有人相信爱情吗？至少她的父母曾经如此。

母亲对悦颜说过，她和父亲当年是珠联璧合的神仙眷侣。他们在那个充满理想的年代里谈诗歌，谈科学，谈两人未来无比美好的生活。

快乐的日子持续了很久，直到悦颜兄妹的到来。

查出怀了龙凤胎后，母亲久久沉默，父亲则蹲在医院门口抽了好久的烟。对他们来说，好不容易攒起的微薄家底养不起同时到来的两个孩子。

事实也是如此。捉襟见肘的生活让不堪的人性浮出水面，父亲生意失败后染上了赌瘾，暴戾的性格也在一场场输局后暴露无遗。

他打母亲，打哥哥，有时也打她。频率越来越高，下手也越来越狠。

即使是这样，母亲也没有离婚的念头。

"我都是为了你们兄妹俩好啊。"母亲总是这样对她说。

可悦颜不明白，在一个充满暴力的家庭日日担惊受怕对他们有什么好？翻着旧相册念枕边人昔日的温柔来不断原谅施在身上的拳脚又是怎样自欺欺人的行径？爱情，婚姻，家庭。对外人来说温馨美好的词语，悦颜只能看到一个又一个枷锁。

她只有和哥哥相依为命，唯一的办法就是拼命学习、成长。后来，哥哥进了一所航天类院校，还有机会当航天员——他的成绩如此优异，连这样的家庭背景都通过了政审；悦颜也凭借极高的语言天赋拿到海外高校的全额奖学金。安顿好母亲后，两人纷纷飞离了那个所谓的"家"。

看着异国的风景，悦颜暂时沉浸在了学术的世界。她醉心于语言学和人类学，学习世界上各种各样的语言，读索绪尔、维特根斯坦、乔姆斯基，观察一个又一个社群，研读一个又一个理论。只是，她还是没找到生命的意义。两年硕士读下来，她越发觉得所谓功名不过是脑内虚幻的投影，感情也只是激素的分泌。

当身边的同学为初恋死去活来、为奖学金明争暗斗、为工作殚精竭虑时，她就像一个游离在社会规约之外的魂魄，不知道自己该往哪边走。

唯一欣慰的是，她并非唯一为此困扰的人。

"一般人都是生活在某种秩序和结构中，而且自己很难意识到。但是当你意识到这一点并且尝试解构它的时候，就容易陷入非常主观的混乱中。"

"生活就失去了意义？"

哥哥点点头。

"表现形式之一就是觉得生活失去了意义，因为你原来架构中的意义已经被自己打破了。"

悦颜叹了口气，这让她想起一首叫《幻光》的小诗——

　　人生永远追逐着幻光，
　　但谁，把幻光看作幻光，
　　谁，便沉入了无边的苦海。

"哥哥，那怎么办呢？"

"重新构架属于自己的生活意义吧……小妹,我建议你多看看这个世界,不要钻得太深了。"

悦颜深以为然。她放弃了几所大学的 offer,硕士毕业后便去深圳入职了一家跨国公司。两年以来,她努力奋斗,彻底用世俗的一切将自己淹没。悦颜成长得很快,甚至升入了纽约总部,在曼哈顿天际线上拥有了一间属于自己的办公室。

工作无比繁忙,可在每个喘息的间隙,她还是会跌入那个没有规约的虚空。

唯一让她有实在感的只有梁承。

悦颜忍不住夜夜打开微信与他交谈,梁承也会热切回应。

那份初见时的心动,竟然在两年异地中愈演愈烈。

五

"小姐,小姐?"

回过神来,悦颜才发现梁承身边还站着一个穿制服的男子。

"你怎么进来的?"

"正常游客通道啊。"

那人暗骂了一声,掏出对讲机背过身去。

"不是让你们封锁出入口吗?怎么回事?"

"这是怎么了?"悦颜终于注意到大坝上的情况有些不对。

梁承正欲开口,男子已经回身过来,走到悦颜面前指了指隧道入口。

"请你立刻原路返回。"

"我……"

"桑叔,她是我朋友,也是搞科研的,也许可以帮上忙。"梁承挡在俩人中间，赶紧说。

"搞科研的？"桑姓男子打量了悦颜一眼，满脸狐疑。毕竟她前卫的衣裙、配套的首饰一点都不像刻板印象里的科研工作者。

"桑叔……"梁承暗暗指了指自己的脖子。悦颜这才注意到他正戴着自己之前寄来的围巾。

"哦，哦……哦！"桑叔露出恍然大悟的表情，"好，行，科研工作者是吧……那先留在这里吧，但不许接近水边！你俩也是！"

悦颜身后小夫妻吓了一跳，忙连连点头。

"所以，到底发生什么了？"

"你跟我来。"

梁承的脸色沉了下来。这是悦颜第一次亲眼看见他严肃的样子，心跳又快了几分。

两人走上雅砻江大坝，越过成色复杂的人群。悦颜认出了载人航天中心的人，还有警察、军人和医护人员。

每次来到这里，她都会被人类工程的奇迹所震撼。巨大的钢筋混凝土建筑横亘在山体间，阻挡了奔流而下的江水。两边的山壁上打着密密麻麻的加固桩，巨大的裂缝甚至直接用水泥填满。半空悬挂着索道，笨重的铁钩可以悬挂大象；山腰留着吊脚楼，那是工人歇脚时的住处。

对了，还有江水。大坝的一边，碧蓝的液体如果冻般半透明，波涛带起的水雾甚至可以反射出七色光彩。江水撞击着大坝，大坝也以相同的力道回应，整个江面上便泛起了无数"人"字形的小浪。另一边，水面骤然降低。在这个高度扔下一头老牛，它将在触水的瞬间摔成肉泥。那里，江水的重力势能已被八个发电机消耗殆尽，在法拉第电磁感应的帮助下变成了直送到苏州的电流。留下的，只是一弯平静的细流，像一条蓝色的带子逶迤向远方。

这次没有时间看风景了。他们来到护栏边，俯瞰高水位的那一面。熟悉的山风吹来，悦颜拨了拨头发，让它们顺在脑后。

"你看到了吗？"大风吹散了梁承的话语，悦颜几乎听不清楚音节。

"什么？"

"仔细看水面下！"

悦颜向下俯身，眯着眼睛查看江水。她奋力让视线和阳光一起穿过水面，分辨下面的世界。接着，她看见了：几米之下，一些白色管道一样的东西蜿蜒曲折，组成了一个奇怪的立体结构。管道本身很细，但它蔓延到了江水深处，让人看不清全貌。

"那是什么？"

"不知道，似乎是山里伸出来的，昨天还没有。"

悦颜又仔细看了看。管道的质感很奇怪，弯曲的角度也有些规则，像人工造物。她突然想到了什么。

"这里为什么有医生？有人受伤吗？"

"早上浮上来一具尸体，撞到大坝这边了，还没确定身份。"

悦颜条件反射地向后退了一步。

"怎么，吓到你了？"

"没事。只是觉得这个结构有点眼熟……但又不可能……梁承，我们有什么办法能看见这玩意的全貌吗？"

梁承想了一会儿："我去找桑叔要无人机拍下的影像。"

接过桑叔的手机，悦颜点开视频仔细查看。她突然感到风小了，发丝落回了胸前。

抬起头，是梁承替她挡在了风前。

不知道他是恰好站在了这个位置，还是……

悦颜脸红了。她把这个念头从脑海中赶出去，继续专注于照片。渐渐地，她发现了一些有趣又恐怖的事。

不同角度的拍摄让她可以在脑海里建立一个3D模型，勉强还原这堆白色管道的全貌。结构十分庞大，充满着异样的扭曲和盘折。不过管道间没有相接的情况，似乎是一根成形的。悦颜仔细查看这复杂的立体结构，越看越熟悉。

"梁承，你带计算机了吗？"

"平板行吗？"

悦颜点点头。她接过梁承从背包里掏出的平板电脑，登录自己的邮箱，调出几张两年前的图片。梁承注意到，那也是一些纠缠在一起的线条，不过花花绿绿的，什么颜色都有。

"这是……？"

"你还记得拓扑语言学吗？"

"你的硕士论文，和我讲过。好像是要找语言上的拓扑结构，重现语言在思维中的样子？"

悦颜点点头。

"我手中的这几张图，就是几位志愿者某一时刻的思维模拟。"

梁承仔细端详，似乎能从这些弯弯绕绕里认出一些字来，但不能完全确定。不过，这些结构和江水下的白管倒有几分相似。在隧道那边时，他称悦颜"科研工作者"只是为了把她留在身边，没想到悦颜真的找到了突破方向。

这时，悦颜已经在拜托师姐把模拟软件打包传给她，以便对无人机拍来的照片进行离线分析。她走出了梁承庇护的范围，好言好语请求过去的同门帮忙。面对滟滪江水，悦颜的长发和大衣一起在空中扬起，像一面瘦小却坚韧的旗帜。

五分钟后,梁承的平板电脑给出了初步分析结果。

匹配度,零。

六

看到匹配结果,悦颜愣了一下,随即笑了。也是,怎么可能这么巧就和自己过去的研究相关呢。

她想再和梁承说说其他猜想,可他正认真地盯着手机。

"怎么了?"

"啊,没什么。今天有个实验该出结果了,我在等师兄的消息。按理说一个小时前就该有初期报告了,我还指望靠这个成果提前毕业呢。"

"这么大的事,你还跑出来?"

"你比较重要嘛。"

悦颜叹了一口气。

"梁承你怎么还不明白,我不是说过……"

"不就是什么幻光吗?我有办法解决。"梁承笑了,有点得意。

"我哥告诉你的?"悦颜感到被出卖了,一瞬间热血上涌。

"别生气,他也只是为你好。"

为你好。悦颜最怕听到这句话了。

"对了,那两个人是干什么的?"不等她反驳,梁承指指身后,快速转移了话题。悦颜转过身,是那对新婚夫妇。他们都蹲在大坝的边缘,似乎在研究什么地里长出来的东西。

"我在飞机上认识的,好像是来西昌度蜜月,今晚也会去参观火箭发射。他们……"

悦颜那句话没说完,时间好像凝结了。

一条从水泥地面中伸出的白色管道突然长高，从下面杵进了丈夫的嘴里。它穿过整个咽喉，从天灵盖正中冲出。再次接触空气的白管没有再向上生长，而是在半空盘旋曲折成了一个镂空云朵状的图案。

悦颜没有看清过程，世界在她眼里就像掉了几帧。前一秒，丈夫还在温柔地望着妻子，接着笑容就凝固在了脸上。他的头顶上空炸开了汽车那么大的管道结构，像破体而出的灵魂。

一切都发生得太快了，一时间，大坝上那么多人好像只有他俩注意到了。惊恐堵住了悦颜的喉咙，直到妻子的尖叫声划破了一切。

奔过去，悦颜看见大坝的一侧又伸出了无数支新的白色管道，密密麻麻，仿佛从江里爬出来的长虫。更恐怖的是，杀害丈夫的那条诡异管道又变了——它的末端拐了个弯，指向瘫在地上的妻子。

"快跑啊！"

来不及了。那管道通过眉心直直穿过女子的大脑，在地上炸出另一朵巨云。

还没来得及反应，人群里发生了更大的骚乱。呼喊声此起彼伏。

"看！"

顺着人们的手指，悦颜惊恐地发现一边的山壁上不知何时长满了白色的实心管道。它们的角度各异，约有一臂之长，安静地穿出山体和水泥，没有顶出一丝石屑。

"糟了，大坝右岸是顺层大理岩夹绿片岩边坡，本来就不结实，好不容易才用工程手段稳定了下来。这又钻出了什么怪东西，整座山都有崩塌的危险！"

"全部撤退！全部撤退！！！"桑叔一边奔跑一边大喊，所有人争先恐后地涌向隧道入口，抢夺几辆汽车。

犹豫了几秒,两人已经落在了后面。

"快走吧,梁承!"

"我还想去趟实验室,应该还来得及抢救实验数据……"

"你疯了!"

"我没疯。我有电子卡,可以抄近道从一些应急窄隧道过去。如果拿得到实验室的车,甚至能比那些车辆早出山。而且……"

"什么?"

"这次实验本该有划时代的成果,完成它,我才有落足任何一个大城市的资本,我才能……去陪你。"

悦颜的眼睛一热,说不出话来。

"梁承,你小子还在等什么呢,最后一辆车了!"

"实验室的车库还有车!"梁承大声回应桑叔,"你带她走吧!"

"不,我跟你一起去。"话一出口,悦颜也被自己吓了一跳。

"认真的?"

"认真的。"

梁承笑了笑,冲不远处的桑叔摆摆手,示意他先走。

"你可小心点那些鬼东西啊!刚发现三公里外的余家庄死了个人,可能跟它有关!"

"我知道啦!"

梁承收好平板电脑,两人离开即将崩塌的大坝,奔向大山更深处。

七

"这些涂鸦是原来就有的吗?"

跑着跑着,悦颜发现岩壁上有些浅浅的白色痕迹,远看很像粉笔画。

她走近细看，猛地收回了触碰的手指。

那是镶嵌在岩石里的白色管道。

"快走吧。"

刚走几步，四面八方传来的震动声让两人摔倒在地。墙壁迅速开裂，石体整块剥下，露出了更多深藏在大山里面的白色管道，也封住了两人的来路。

"没事吧？前面就是车库了。"

悦颜点点头，在烟尘中跟着梁承继续前行。奇怪，明明被古怪的杀戮机器包围，明明随时可能被压在千米厚的岩层下，但她却一点都没有害怕。对梁承的感情仿佛化成了实体，真真切切保护着她……不，这只是错觉而已，她对自己说。

来到空荡荡的车库，恐惧才真的来临。

"没了？"

"没了。"

梁承站在原地想了一会儿。

"按理说应该有一辆考斯特的。不过别慌，我知道很多汽车走不了的小道，我们跑快一点还是能出山的。"

"嗯好。"悦颜相信他。

梁承还想顺路去一下办公室，可走到门口两人就知道没有必要了。

挂着锦屏暗物质地下实验室牌子的金属大门已被密密麻麻的白色小管穿透，隧道里塞满了杂乱无章的盘旋曲折。血液顺着地面流到两人脚下，混着岩洞里的积水迟迟不干。

"这里怎么这么多，就好像……"悦颜看了一眼梁承，后者说出了她没敢说的话。

"好像是实验室里长出来的。"

犹豫之际，空气中传来"咔嚓"一声轻响，所有的白管向前推进了半米。

"快走！"

梁承拉着悦颜在隧道里飞奔，身后的怪物伴着"咔嚓"声紧追不舍。但奇怪的是，它们似乎没了雅砻江边连穿两脑的准头，更多是杂乱无章的延伸，形状也不同……悦颜忍不住回头看，不觉放慢了脚步。

"小心！"悦颜感到一股力量将自己拦腰撞倒，整个人摔出去很远，手臂与地面摩擦，几乎撕下了一整块皮。但看见梁承时，她忘记了自己的疼痛。

一根白管从梁承左肩斜着穿过，一头扎进地里。皮肉与白管接触的地方相当整齐，一丝碎肉也没有，仿佛穿过了一道光。但很快，鲜血从伤口里涌出来，顺着白管落下，没在上面留下一点痕迹。梁承像被什么东西钉在了半空，整个人疼得颤抖。

"快……快帮我下来……"

悦颜抹掉眼泪，用一把钥匙亲手划开了梁承肩上的皮肉。

男孩像布娃娃一样倒在地上，嘴唇颤抖，脸色惨白。悦颜取下他的围巾紧紧扎住伤口，鲜血还是一股一股冒出来。

"前面……前面左拐有医务室。"

把梁承驮进白净的房间、用专业医用品简单消毒包扎后，悦颜已经筋疲力尽了。但她不敢松懈，梁承的呼吸还没平稳下来。

又过了一会儿，慌乱打进去的麻药起了作用，梁承终于睁开了眼睛。

"你走吧，按照紧急出口的标志，还是有一定几率走出去的。"

悦颜摇摇头。

隆隆的坍塌声从四面八方传来，两人知道，刚才进入隧道的车辆都凶多吉少。

"对不起。是我让你哥叫你来这儿的。我只想……再见你一面。"

"没有什么对不起的。"悦颜握着梁承的手,眼泪不住地流。但她声音还是很平静。

"而且……这些白管很可能也是我的错。"

"怎么会?"

"今天的那场实验……其实是我说服田师兄试着用自组织材料赋予暗物质可观测实体的。不断生长的白管,诡异的行动路径,也许一开始就不属于这个世界……是我冒进了。为了追求突破,我连导师都没告诉……"

"你别多想。"

梁承摇摇头。

"原来我也以为是多想,直到看见实验室的大门……异物密度之大,一看就是白管的发源地。如果是这样的话,它们将不遵循这个世界上所有已知的规律。也就是说,没有任何东西可以阻止它们。是我害了大家。"

"别说了。"悦颜轻轻抱住他,"你也是……也是为了我。"

梁承用另一只胳膊回抱悦颜,气息越来越微弱。

"临……离开前,我还有一件事想告诉你。关于那个'幻光'。"

八

"什么?"悦颜很惊讶。

"你哥对我说,你很在意那首诗,我也做了些研究。"

"这个时候就别说这些了。"

梁承摇摇头。

"你听我说完。"

"嗯。"

"一开始我完全看不懂，只觉得是诗人在做文字游戏。但看了一些文献，又结合你当年对我说的话，我才开始理解你忍受的虚无。"

> 语言是思维的映射，也是我们认识万物的唯一方式。但语言却如此简单、如此模糊、充满隐喻。换句话说，作为一个缸中之脑，我们永远无法真正理解这个世界。那些看似值得追求的东西，不过都是幻光。

当年隧道里的谈话与心动感受牢牢印在悦颜的脑海深处，只是没想到他也记得。

"我研究了很久都没法从哲学角度替你解开心结，但我想试试物理。"梁承握住她的手，"也许这个说法有些自大，但生物、化学以及世界上很多学科，归根结底都是物理。"

"嗯，我在听。"

"所以，就算最最虚无的幻想也有它的物理基础，那就是大脑神经的连接。我们看到的世界化作光子刺激了视神经，我们听到的声音实实在在震动了耳膜，大脑皮层里的离子不断交换，信息重塑着结构和温度。感情的刺激越强烈，物理结构的改变就越持久，那些无法忘却的记忆，都真真切切刻在了组织和细胞里。如果……"梁承停下来喘了口气，"如果你爱我，那我也一定以一种独特的形式存在在你的生物大脑里。不论未来发生了什么，只要你想起此刻的我时能唤起一些感情，那我也永远与你同在。"

悦颜的泪落了下来。她终于明白母亲为何抱着过去的相册不停翻看，因为回忆对她来说就是真实的事。儿女的成长给她带来的快乐也是真实的，而悦颜却……

"我……我希望你可以正视自己的感情，那并不是……幻光。"

悦颜俯身吻向梁承，少年的嘴唇柔软而温热。

二十六年来，她第一次感到满足与快乐。

九

"早该这样了。"

两个人都笑了。

"好啦。说实在的，你的观点太可笑了，至少有十个哲学理论可以反驳。"

"你买账不就行了？"

悦颜低下头，脸红了。

"而且，我想我们的大脑肯定差别很大。我只会中文，结构肯定很单一。你会那么多种语言，听说还学了彝族的语言……"

"嗯，确实是这样，MRI 实验显示，后天多语者的大脑确实——等等……"

"怎么了？"

"江里那个结构，我觉得像语言思维模型的那个……"

"不是说不匹配吗？"

"我当时是用单语者的模型匹配的，但这里有很多人从小就会讲彝语和汉语。两种语言都深深扎根在大脑中，共同存在也相互磨蚀……先天双语者的思维语言很复杂，我们用简单的汉语模型当然会匹配失败！你的平板电脑呢？快快快。"

梁承忍着痛把包递给悦颜，她立刻调出彝语语料库，换了一个离线模型进行匹配。

"'跌落'，'江水'，'恐惧'……没错了，这些白色管道组成的，正是那人死亡瞬间的语言思维模型！"

"最大的这一块……我好像听过这个名字。"

梁承与悦颜惊恐地对视，他们都想起来了——那是余师傅夫人的名字。联想到早晨余师傅的失约，那葬身江底的人可能就是他。

"而且桑叔之前说三公里外的余家庄有人遇害，难不成……"

一个古怪的念头正在悦颜脑海中生成。

"思维模型显示余师傅死前最后一个念头是他的妻子，所以白管窃取了他的思维，然后顺着记忆击远程杀人？不太可能吧？"悦颜自己都不相信。

"我说过，不能用常理推断暗物质世界的东西。而且你想，江边那个人遇害后，白管几乎立刻击杀了他老婆。"

"这……这也太可怕了，我得……"悦颜忙在包里摸自己的手机。

"别费心了，早就没信号了。我相信其他人很快也能意识到。只是……"梁承叹了口气，"只是人类恐怕很长时间不敢再爱别人了。"

"那也跟我们没关系了。"

梁承点点头，把悦颜抱在怀里。

"至少，它验证了你刚刚说过的话，"悦颜轻声说，"思想是真实的，感情也是真实的，还有人与人之间的连接也是真实的——即使以这种方式。"

如果，如果能与梁承在这留下一道相互缠绕的实体思维，也算是一种不朽吧！

一阵隆隆声渐近,最后的审判来临了。

十

烟尘消散后,两人发现只是医务室的一面墙坍塌了。那里露出一个隧道,还有……

"悦颜快看,是实验室的车!"

"小梁!见到你太好了!"田颢从考斯特的车窗里探出头来,又惊又喜。

"师兄,我还以为你……"

"嗨,发现不对我就立刻跑路了。不过你也知道,我已经一年多没出山,那些隧道一下子就把我绕晕了,好几个小时都没出去——你受伤了?"

"他失血过多,快不行了!"

田颢连忙下来,和悦颜一起扛着梁承进了车。

"小梁,你知道怎么走吗?"

"往前,第三个路口右拐,然后按照标志一直开……"

梁承气若游丝。

"得嘞,你就好好休息吧。"田颢一踩油门,三人在白管的包围下飞驰向前。

幸运之神终于降临,整个山体彻底向内部坍塌前,考斯特冲出了洞口。

又开了一会儿,他们耗尽了最后一滴油。

悦颜跌下车来,才注意到已经是晚上了。西昌的空气很好,夜幕上的星星比她在哪儿见过的都要大、都要亮。她能认出三颗并排闪耀的猎户座，也能看见北方天空最亮的天狼星。银河若隐若现，遥远的恒星就像涂在夜幕上的荧光涂料。这就是哥哥最向往的星空。

突然，犀利的警报声从卫星基地的方向传来，响彻整个山谷，也把劫后余生的三人拉回现实。

"现在怎么办？是不是要去警告发射基地？"悦颜很担心哥哥。

"恐怕不用了。"

青山机场的方向，几个亮点越飞越近，从他们的头顶划过。

"事情这么大，恐怕基地早已撤空了。"

"我们……我们怎么办？"

三人环顾四周，绝望感一阵一阵袭来。不远处，所有的山体都长出了密密麻麻的白色管道。它们照着固定的节律节节延伸，甚至连附近的地面上都有了。虽说白管是靠他人的记忆定位，其他时候只能瞎子摸象般四处延伸，但就这个速度和密度看来，没有交通工具，三人迟早要被一发穿脑，将最后的念头炸成一朵现代艺术一般的管道烟花。

他们弃了车，在黑暗中架着梁承一步一步往前挪。悦颜已经整整一天没吃东西了，此时只觉浑身上下的肌肉都在抗议。她强撑着，走过树木山林，走过彝家村社……星光在她头顶闪耀，几乎同样的闪耀的，是远处黝黑山峦上的城镇。她望着他们，祈祷白管不要跟过去……接着，一个过于明亮的物体跃进了她的视线。悦颜不觉停下了脚步，有了主意。

"火箭？"

悦颜点点头。田颢把梁承大部分重量压在了自己身上。

"原本计划一个小时后发射，对接航天共同体空间站。"

漫山遍野都是陷阱，只有逃到天上才有出路。

十一

控制中心的灯全亮着，大多数办公室房门大开，桌子上的咖啡还冒着热气，资料柜倒是搬空了。

"看起来撤离得很匆忙啊。"

"都安全离开了就好。"

不过，她还是有点担心哥哥。飞上太空是他不视为幻光的幻光，是他赖以生存的构架。他肯定会最后一个走。

他们先在医务室休息了一会儿。航天基地的医疗条件要好很多，悦颜试着给梁承输了些血，但他看起来还是很糟糕。田颢师兄则去保密资料室了解这次发射任务。万幸的是，如今搭乘火箭已经不需要穿宇航服了，他们只要给计算机发送好指令，再顺着发射架爬到载人飞船里就行。和哥哥当时说的一样。悦颜不由在心里赞美这个属于人工智能的时代。

"别担心，我们很快就能得救了。"悦颜用那条围巾擦拭梁承脸上的血迹，轻轻地说。

少年睁开眼睛，指了指上面。

白管已经来了。天花板上的异物盘根错节，有些穿过墙壁通向别的房间，有些只是向外缓缓延伸。沉稳，迅速，插进坚实的墙壁也只有轻微的"咔嚓"声，仿佛没有什么东西能够阻挡。就好像……白管不是越伸越长，而是把轨迹上的其他物质转换成了自己的一部分。这景象令人着迷。

看了很久，悦颜认出了几个思维模型。这里的工作人员有很多双语者，甚至还有多语者，她没有办法直接解读这种复杂的思维语言，不得不借助平板电脑中的程序帮助。和其他受害者不同，这些伟大的航天工作者在最后一刻想的还是任务，还是替人类探索更高更远的星空。

　　她不敢去想，里面是不是有哥哥。

　　"设置好了，我们快走吧。"

　　田颢进来，半蹲在地，准备背上梁承。后者却避开了悦颜准备帮忙的手。

　　"别带我了，去发射架还有一段距离，你们快跑，来不及了。"

　　"你在说什么？只要我们小心避开白管……"

　　梁承摇摇头，向窗外一指。就着星光，悦颜看到漫山遍野的白管全部都在向发射架涌来，速度也越来越快。这个小小的山谷很快就要被白管填满，错综复杂的图案里将交错着上百人的遗言。他们这才发现，在此幸存的唯一原因是白管已经有了新的目标。

　　"信念，是那些工作人员的信念！火箭对于他们来说太重要了，那些白管吸收了他们的思想，也都冲着火箭去了！"田颢恍然大悟。

　　"再不走就真的来不及了！"

　　"我没法……我不能丢下你！"悦颜紧紧抓住梁承的手掌，决心永远都不放开。

　　"真的……来不及了。"

　　一根白管从梁承心脏的位置破体而出，还是那么晶莹剔透。它以特定的速度稳步向前，向发射架的方向冲去。后面那面墙上也伸出了无数只新白管，密密麻麻，让人看了极其难受。每一根，都是无可阻挡的利刃。

　　田颢拖着早已失去力气的悦颜夺门而出。她愣愣地看着失真的世界，手里攥着一条围巾。

"我说过,只要你还记得,我就永远真实地活在你的大脑里。"

十二

空无一人的载人航天基地里,响起了最终倒计时。

尽管在这里工作了好几年,梁承一次都没有亲眼看过火箭发射。那一刻,火光和烟雾映红了周围的空气,震颤大地的声响可以瞬间唤起生理上的震撼感。当然,最明亮的还是它尾部的火焰,让它像一道咒语缓缓飞上天空。

火箭飞过的地方,群星都黯淡了下来。

与此同时,漫山遍野的白管从四面八方涌来,像几百条银蛇于点火处纠缠在一起。紧接着,所有的白管改变了方向,纷纷指向刚刚升空的火箭。一条诡异的白龙拔地而起,旋转着急速上升,仿佛伸出无数支触手要将火箭拉回地面。但是太晚了,火箭已经飞得太高太远,飞向夜空,飞向银河,仿佛也变成了一颗星星。

梁承已经看不见了。

他的身体被几十支白管穿过,就像吸管插进果冻。在失去生命前,短暂的一生飞快划过脑海:在北京读书的梦想因为生活成本太高而破碎,大山深处的实验室变成了最理想的港湾;本该安贫乐道一生奉献基础科学,没想到一眼爱上了精灵般美好的悦颜;那个女孩飞得太高太远,他努力地追啊追啊,不惜违反学术道德进行最危险的实验……是啊,实体化的暗物质确实是划时代的成果,今后无数人会以研究它为生。他们能发论文,能得大奖,能拿到任何一所大学的 Offer 与爱人团聚,可自己却再也做不到了。

悦颜……悦颜……想到这个名字,涣散的精神最后一次集中。他知道自己还能为她做最后一件事——在白管光临他的大脑前，拼命回想起锗晶体与暗物质的共振参数。

在那个小小的医务室里，梁承曾有一个还没说出口的假设。面对全然陌生的物理规律，来到人类世界的白管也许是迷茫、害怕的。它们穿过每个人的脑海，也许只是想知道回家的方式。如果不是这样，它们为何能准确识别每一种语言的拓扑结构，又为何选择为每一个大脑建造精妙的思维模型？

希望自己的大脑，能替它们找到回家的路啊。

十三

白管不再延伸了。

与哥哥故地重游时，悦颜看到漫山遍野都是描绘思维语言的纪念碑。

她找到自己的名字，挂上了一条长长的围巾。

沉默的音节

一

十三岁那年,最爱我的小姑遭遇了一场意外。

当我从学校得知噩耗时,小姑已经住进了ICU。

父母没有向我解释太多。他们为了小姑忙前忙后,与医生商讨治疗方案,联系亲属互助献血,去警局查看办案进程。所以,没有人发现一丝变化在我的心里悄然而起。

大人们的只言片语,让巨大的恐惧随着儿童对于死亡的懵懂认知逐渐爬上我的心头。

我这才从真正意义上认识到,原来每个人最终都会在这个世界上消失掉。

人生在世,每一条路都通向死亡。

而我最喜欢的小姑就在这条路的尽头。她正在那个无知无觉、无底无光的深渊之上，随时会一跃而下，融入其中，不再回来。

现在还没有，但是随时都有可能，而且到最后一定会。

我怕极了。这些年的成长，我离不开她带给我的温暖与快乐、启发与鼓励。我无法想象没有小姑的日子。

可是，随着病危通知书一次又一次下达，小姑的离去已经变成了时间问题。

每天下午，坐在教室里的我就开始感到担忧。那份冰冷的害怕随着时间的推移愈演愈烈，在放学时达到顶峰。那时，我已经听不清老师布置作业的声音，只等下课铃响起，飞快地跑向医院。来到大门口，我的脚步又开始慢下来，一步一步挪上楼梯。移动越来越慢，心却越跳越快。我害怕听到绝望的哭泣，害怕在来来往往的亲戚口中听到不祥的字眼。只有绷着就要断掉的心弦走上那条熟悉的走廊，看见父母一如昨日疲惫却还带着一丝希望的面孔，我才能长舒一口气，暂时放下心来。

循环往复，日子像砂纸一样无情地打磨我脆弱的神经。

终于，小姑走了。

得到消息的那一天，我看到痛苦裹挟着怀念从遥远的天际线排山倒海而来，誓要吞没我的一切。我瑟瑟发抖。我怕我会哭得天昏地暗，我怕我会想得寝食不安，我怕我会从此崩溃。

突然，我的心底响起一个邪恶的小声音：忘了吧，忘了小姑，就不会痛苦了。

像抓住了救命稻草一样，我拼命点头。我臆想出一双无情的大手伸进记忆的深处，把小姑的音容笑貌、我与小姑的快乐回忆删了个干净。而锁着小姑遗物的阁楼，我也再未涉足。

一道心墙轰然而立，拦住了所有的怀念与悲伤。

后来，我开始一样一样把曾经珍爱的东西从心底里掏出来，开始拒绝一切真心的爱与被爱，开始不在乎一切。

容颜，梦想，健康，亲人。如我所料，在这个可怕的世界上生活，有太多的失去要承受。不过，从那之后，没有任何离去可以打败我。

即使是后来在小姑的葬礼上，我也没有流一滴眼泪。

冷漠的名声渐渐传开，但我的内心静如雪原。

二

大三那年，我认识了杨渊。

依稀记得是一场跨校区的社团聚会。大家都不是很熟，不过整个气氛还是很活跃的。一个男生正侃侃而谈，娴熟地引领着饭桌上的话题，时不时抛出几句俏皮话惹得众人哈哈大笑。

我看着他，几次抬起酒杯轻抿几口，把想说的话全都压回肚子里。

几年前，我经常担任同样的角色。成为目光的焦点，在合适的场合说出合适的话，带动几十人甚至几百人的情绪。一般不易受到情绪干扰的人更容易做到这点，而我正是其中的佼佼者。只要我愿意，心里随时可以如死水般平静。

在我第六次欲言又止时，突然意识到左边有人在和我搭话。

"喂，你是不是有下颌关节紊乱综合征。"

我一愣。回过头，一个苍白的少年正冲着我笑。

"对了，我叫杨渊。"

"你怎么……"

"颧骨附近有硬币大小的瘀血，应该是经常接受放血治疗；不是内向的人却拒绝开口说话，怕是在避免关节磨损。打呵欠的时候会刻意控制张口程度，避免关节弹响。我说得对不对，周可音同学？"

"你怎么知道我叫……"

"我在学工部帮老师干活的时候，曾经看过你的档案。"

看到我皱起了眉头，杨渊突然有点慌乱。

"呃，我不是故意的，只是看照片有点眼熟，所以……"

"没事。"

我恢复了淡淡的语气。

"这个病，很困扰吧！"

"还好。"

除了关节时时酸痛偶尔剧痛，不能吃稍微硬一点的食物，被迫放弃当主持人的梦想，在脸上顶着两块粉底都遮不住的淤青外，还好。

杨渊小心翼翼地看着我，好像有什么话要说。

我又抿了一口酒，给他一点措辞的时间。

"我们家是研究这个病的。"

"中医世家？"

"不是。"

三

我一直认为，社交媒体没有办法带给我们真正的交流。

我从小就知道，那一串串文字只是对话的残骸。我们的语气，我们的声调，我们发出每一个音节的方式才是最重要的。重音的选择意味着关注点，尾音的长短暗示了性格，乡音的影响将成长环境和盘托出。有的时候，我甚至可以通过聆听语言的旋律来判断谎言。

那些只知捧着手机的远距离情侣——无论是心理距离、生理距离还是地理距离——实际上爱的都不是真正的那个 Ta。因为，除了一地的文字残骸，Ta 的一切都是你脑补出来的。就像安德烈·纪德所说过的，"我终于感到，我们之间的全部通信只是一个大大的幻影，我们每个人只是在给自己写信，我深刻地爱着你，但却绝望地承认，当你远离我时，我爱你更深。"

不过，当杨渊开始频繁地在微信上找我聊天时，我还是察觉到了什么。我看着他每天对我说"早安"和"晚安"，看着他在节假日小心翼翼地问候，看着他在网上收集来各种各样的冷笑话发给我。

我有时候会想，他所爱的我，会是什么样的呢？

不过，比起这个，我对于杨渊母亲所在职的声学研究所更感兴趣。她叫孙素怀，来学校看杨渊的时候见过我几次。和名字一样，孙女士的着装一直十分素雅，说起话来平静淡然，让我都听不出一点儿波澜。这样的人我只见过几次，要不就是对一切都不在乎，看淡一切；要不就是城府极深，足以抹去除了文字之外的语言信息。

要练成这种能力极难，再加上她科学家的身份，我的大脑几乎没有经过判断便将孙女士归为了前者。

三个月后，我便以女朋友的身份跟着杨渊去孙女士那里参观了。

那栋老式的小三层建筑坐落在护城河边上，灰扑扑的，一点都不起眼。不过，令我惊讶的是，这里面竟然有世界第五所、中国第三所声学吸波暗室。

我还是小时候从小姑送的科普杂志上第一次知道这种神秘房间的。那篇文章浅浅地介绍了美国明尼苏达 Orfield 实验室里的 Anechoic Chamber。据说房间内的环境噪声可以低至零下九分贝，是吉尼斯认证的世界上最安静的房间，一般用来检测产品的噪声。

在我的想象中，那个房间应该是这样的：内部空无一物，四壁洁白光滑，可以阻挡外界一切声音。

简直是我内心的写照。

据说没有人能够单独在这个房间里停留四十五分钟以上，我觉得那是他们的心里不够安静。

不过，孙素怀女士所拥有的这所房间和我的想象完全不一样。

空间很小，六个墙面都是看不出材质的棕褐色，布满了半掌宽、一臂深的纵横沟壑，样子十分古怪。为了防止被绊倒，地上铺着一层细网。

之后，孙女士邀我来到了吸波暗室旁边的监控室。在这里，我们可以通过屏幕看到吸波暗室里的景象。不过，如果不特别设定的话，声音是听不到的，只能听到窗外的护城河在缓慢翻涌。

监视器中，杨渊轻轻带上门，走向了中间的一桌一椅。椅子是那种很普通的黑漆折叠铁椅，边角磨损严重，露出了银白的金属色。单人桌也不大，上面放着一张 A4 纸。

杨渊坐下来，拿起纸，快速浏览了一遍，然后对着监控设备所在的方向比了一个 OK 的手势。同在监控室的孙素怀按下了一个按钮，吸波暗室的一角亮起了一盏红灯。

杨渊朝那个方向看了一眼，随即又把目光投向了手中的纸张，开始念上面的文字。

他念得很慢，而且每念一个字都要停顿几秒，闭上眼睛思索一番。

然后，他会点点头或者摇摇头，再念下一个字。

这时孙女士就会根据他的反应在计算机上做一个标记。

杨渊曾经告诉过我，这是一项为预防下颌关节紊乱综合征而进行的新型实验。

这是一个不致命，但是很麻烦的病。

很多活泼开朗的青年人和我一样深受困扰，不过得病最多最严重的还是老年人。他们关节处剧烈疼痛，张嘴受限甚至无法进食。

现代文明把人类的寿命越拉越长，可是我们还是拖着一副原始人的身体，不少器官的出厂设置里都没有写好足够长的使用年限。于是，以癌症为代表，很多寿命有限的古代人都无缘一见的疾病在漫长的岁月里纷纷登场，成为了人类健康的终点杀手。

下颌关节也是这样。长年累月的磨损令它们早已失去了先前的灵活，开始用疼痛抗议超负荷运转。

磨损的过程是不可逆的，所以这也是一种只可缓解无法根治的"绝症"。

四

在孙女士的介绍下，我认识到口腔系统的复杂程度简直超乎想象。

吞咽，咀嚼，呼吸，讲话，接吻；黏膜，关节，血管，唾液，神经；最灵活的肌肉，最坚硬的骨头。

当人们进行交谈这一高级的功能时，精密的血肉机器就开始以极其复杂的方式转动起来。

舌位分高、中、低，口腔位置分前、中、后。清音，浊音，软腭音；齿音，鼻音，声门音。

一声又一声，伴随着牵拉、共振、磨损。

每一个发音组合的运转方式都是不一样的，所以每说一个字、一个词、一个句子对关节的磨损程度也是不一样的。

孙女士她们就致力于找到最容易磨损下颌关节的发音，从而提醒相关人群少说这样的字句，甚至把这些加快关节老化的"恶魔"字眼从语言中删去，达到全民口腔保健的效果。

杨渊在吸波暗室所做的工作，就是这个计划的一部分。杨渊的耳朵极其敏感。在布满吸声材料的房间，他甚至可以分辨出自己说话时关节的摩擦声，进而判断该发音对关节的磨损力度。

这个计划听起来又原始又麻烦，但是是机器没有办法替代的。计算机可以模拟发音的物理过程，却没办法重现人类语音中的抽象特征和心理特征。汉语拼音和英语音标的音位是有限的，但是随着临音的不同，同一个音位可能有无数个变体。

在英语里，/p/ 在 pair 和 span 中的发音就是不一样的，前者带有轻微的吐气，后者则不送气。

汉语里也有类似的例子。同样是简简单单的"一"，在"一律""一块"中"一"全部由本调阴平变为阳平调，而"一番""一端"中的"一"则遵循着"阴平字前变去声"的规律。

还有些差别极其细微，比如同样是 /i:/ 音，在 lead 和 leave 中的音长也会有厘秒级的差异。所以，目前还没有任何机器或是模型可以代替人类对自然语言进行精确判定。

不过，字词句的组合几乎是无穷无尽的，为了提高效率、减轻杨渊的工作量，孙女士他们想出了另一个办法。

她和她的同事招募了一些青年下颌关节紊乱综合征患者，在征得同意后，为他们提供随身携带的录音设备。这些小玩意儿可以对患者每天的说话进行长达一个月的追踪记录。记录回收之后，超级计算机将提取发音单位的出现频率，并与未患病的人进行对比。这样，孙女士的团队就可以提取出患者的语言中平时比常人更频繁出现的发音组合，从而有针对性地进行下颌关节磨损测试。

这项工作从立项到实施，已经进行了很多年。

"期间因为发生了一场事故,停了一段时间,"杨渊说,"不过现在一切都很顺利。"

"你当时找我,也是希望收集我的日常讲话编入数据库吗?"

"不不不,收集工作很早就结束了。我只是觉得你……比较……嗯……眼熟。"

我淡淡地笑了一下,没有再问下去,恐怕再牵扯出一个和我长相相近的前女友。

杨渊好像有点失望。他和我说话的时候,我能感受到他的声音里与心跳频率相当的小小颤抖。他一定是很爱我,也一定希望我能够关心他。

但是,关于他的事,我很少过问。这其实让杨渊的哥们儿都很羡慕。他们的女友要不就像没骨头一样黏着人不放,要不就是天天翻手机。

"出去吃个饭都能接到五个查岗电话,这还是人过的日子吗!"

而我呢,我估计一年也不会给杨渊打超过五个电话,也很少主动联系他。

不过,我会尽女友的一切责任。

打扮得漂漂亮亮和他一起出席饭局,情人节共进晚餐,生病时嘘寒问暖。

不撒娇。不作死。不索要礼物。无可挑剔的模范女友。

但是我能够理解那些女孩儿。因为在乎,所以太容易被男孩子不经意的一句话或是简简单单的举动伤害到。

那句话怎么说的来着?谈恋爱就像有了软肋,也有了铠甲。

而我,有铠甲就好了。

在杨渊的心里,我肯定很没有人情味儿。

不过,我只是想在失去杨渊的时候,心痛的姿势不要太难看罢了。

五

"可音,你养过猫吗?"

我摇了摇头。

"这样……我以为对人冷淡的人,大多数会养个猫什么的……"

我笑了。杨渊还是不够了解我。我不会让任何东西走进我的心里,又怎么会对宠物倾注爱意?

"其实猫挺好的,我家养过好几只。"

"哦。"

"你知道吗,很多猫会打呼噜的。而且很多猫科动物都会发出一个频率的呼噜声,二十五赫兹。"

"嗯。"

"据说这个频率的声音可以帮助它们愈合伤口、缓解全力追捕猎物导致的肌肉拉伤和肌腱过度拉伸。母猫的呼噜声能帮助恢复分娩疼痛,帮助小猫骨骼的生长。还有人专门录下这种声音来做理疗呢。"

我只是看着他微笑,他知道我在听。

"所以,有时候我感觉声音是一种很神奇的东西。"

突然,我的沉静已久的心轻微而快速地颤动了一下。

杨渊竟然连这个都注意到了。

"可音,怎么了?"

"没事,我只是……只是好像在谁那里听过类似的话。"

"谁呀?"

小姑模糊的面容在我的脑海中浮出水面,又沉了去。

"没谁。"

"到底是谁呀?"

杨渊用双手扶住了我的肩膀,侧着头看我低下去的脸庞,声音里充满了关切。

我像往常一样,任性地不再回他的话。抬起头,正好对上杨渊的双眸。

因为我的冷淡和疏离,这还是我们第一次离得这么近。我的心跳加快了。

杨渊动了动,好像要靠过来。不过,他最终只是抬起了一只手,轻轻触碰我颧骨旁的淤血部位。

感受到他手指温度的一瞬间,一股暖流从内心闪电般划过,我不禁一阵战栗。

我挡开了他的手。

"抱歉……"

"没事。"

他放下手,转向了监控室的屏幕。此时,孙女士正收拾吸波暗室里的A4纸。

"什么感受?"

"嗯?"

我很少主动挑起话题,这让杨渊有点惊讶。不过他很快反应了过来。

"哦,你说在实验室里啊。很安静,真的很安静。据说如果待的时间足够长,就能够听到心里的声音。"

我望向他,他立刻读懂了我的眼神。

"你问我啊?我没试过。说实话挺害怕的,万一心里的小恶魔跑出来了呢。"

我又转向监控屏幕,看着孙女士走出了房间。

"你想进去试一试?"

"嗯。"

六

走进吸波暗室,就好像走进了另一个世界。

平常萦绕在耳边的各类杂音全部消失了。

遥远的蝉叫声,笔记本电脑的"嗡嗡"声,护城河舒缓的流动声,都不见了。

我的心跳加快了。原始人的大脑失去了判断安危的依据,自动开始紧张起来。

我走到房间中心,脚步声大得像惊雷。老旧的金属单人椅还在原处,但是我没有坐上去。

我停下了脚步,细细聆听。

安静渐渐褪去了,另一簇声音席卷而来——那是来自我身体内部的声音。

心脏跳动,血液流淌,肠胃蠕动,内脏摩擦,每一个细小的声音都被无限放大。

与这具躯体共事二十多年,我还是第一次如此真切地聆听它运转的声音。

我试着张了张口,下颌关节出发出一阵不祥的"滋啦"声,好像一堆碎骨头在搅动。

赶紧闭上嘴,牙齿的碰撞在脑内回响了整整五秒钟。看来自己之前对它真是太粗暴了。

接着,我想起了杨渊的话。

"据说如果待的时间足够长,就能够听到心里的声音。"

说实话,自从把心掏空后,我不觉得自己的心里还会传出什么声响。不过,我还是闭上了眼睛。

身体里器官的运转声更大了,一会儿耳鸣也加入了进来。

"扑通,扑通""吱呀,吱呀""咕嘟,咕嘟""嗡,嗡,嗡"。

并没有什么奇怪的声音传出来。看来我的心和预想的一样,一片荒芜。

我很满意,我还是这样坚不可摧。

突然,我意识到有什么不对。

越来越大的耳鸣声中,多了一个细小的人声。

我没有杨渊那么敏感,此时调动起全身的注意力去分辨。

"嗡,嗡,嗡"。

不对,不是那个。

可音,可音,可音。

我听到了,是有人在呼唤我的名字。可是,是谁呢?

渐渐地,同样的声音从我沉重的呼吸声中传来,从我胃部的蠕动声中传来,从我的心跳声中传来。

可音,可音,可音。

可音,可音,可音!

那是在我牙牙学语时,要为我轻声朗读原版《小王子》时的呼唤;那是在我关节剧痛时,替我温柔敷上热毛巾时的呼唤;那是我在葬礼上摆出一个冷漠的面孔时,在天堂里伴着圣乐的呼唤。

可音!可音!可音!

是小姑。

我一直以为,只要捂住耳朵不去听那个骇人的死讯,只要远远逃走不去管后事的处理，只要把往事一件一件从心里掏出来，把她的音容相貌一点一点删个干净，我就不用承受那份名叫"永远失去"的痛苦。

可是我错了，小姑还在那里，一声一声，没有停止对我的呼唤。

可音。可音。可音。

"可音！！！"

七

杨渊真真切切的喊声瞬间把我拉回了现实。

我这才意识到，自己不知道什么时候已经瘫软在地，像婴儿一样蜷缩着，瑟瑟发抖。

杨渊冲了进来，把我抱在了怀中。

我也紧紧抱着他，几年来积攒下的眼泪在此时汹涌而出。

苦苦阻挡的悲伤终于冲破了心墙，狠狠地啃食着我每一寸肌肤。不过，远没有想象中那么痛苦。我埋在杨渊的怀里大哭着，好像终于卸下了什么重担。

杨渊把我抱了出来。我的脸贴在他炙热的胸膛上，感到无比安慰。

他应该也挺惊讶吧，毕竟认识他这么久以来，我还是第一次卸下了冷冷的微笑，展现出真实的情绪。

不过，他并没有追问原因，只是抱着我，等我慢慢平静下来。

"没事，可音，有我呢。"

回家之后，我做了一个决定。

"妈妈，能不能告诉我，小姑到底是怎么去世的。"

母亲的惊讶全都写在了脸上。

我们两个都记得很清楚，几年前，她吞吞吐吐告诉我这个消息的时候，我只回了一个"哦"。

什么也没问，什么也没说，默默回到了房间里。第二天我就返校了，整整两个月没有回家，期间只在小姑的葬礼上露了一面，摆着一张冷漠的死人脸。

母亲为此十分担心。他们都知道一直没有嫁人的小姑最宠我，害怕我经受不住打击，心理出了问题。不过，我在学校一切正常，甚至模考成绩都没有受到影响，她也就没再当着我的面提这事。

所以，这次我主动问起小姑的情况，母亲其实是有些欣慰的。这说明我身上除了那股冷淡之外，多少还残留了点人情味。

"当时觉得你还小，没和你多说，其实有很多奇怪的地方。"

我这才知道，小姑是被烧死的。

现场很是诡异，烧焦的尸体倒在客厅，可是旁边的纸张、沙发和电器都没有灼烧的痕迹。警察也来过，把现场勘察一番，没有找到任何入侵的迹象。后来又调查了那段时间与小姑来往密切的人，也没什么收获。最后，只能把死因归结为"人体自燃"。

"人体自燃？"

母亲点点头。

这个词我只是小时候在《飞碟探索》之类的杂志上见过，说是人在毫无预兆的情况下突然自燃身亡，还煞有介事地列举了好些有名有姓的案例。不过，在我看来这是和尼斯湖怪差不多的传说，怎么可能真的在我身边发生呢？

"妈妈，小姑那段时间在做什么？和什么人来往？"

"我想想……那个时候你不是总说下巴疼吗，你小姑加入了一个治疗下颌关节的学会，那几年一直在搞研究。"

听闻小姑对我的小毛病这么上心，我心一热，眼泪又想往出涌。

"可音，其实……唉，算了没事。"

母亲的欲言又止在我听来十分刺耳。

"有什么话您就说吧，我都这么大了，没关系。"

"其实——我也不是嫌你小姑啊，但是有件事，我确实不太……"

"您说。"

"巧曼她啊，花那么大精力去搞下颌关节的研究，其实……其实很大程度上是因为愧疚。"

"对谁？"

"对你。"

原来，在母亲看来，我会得下颌关节紊乱综合征都是小姑害的。从某种意义上来讲，这确实是真的。在我还不会说出清晰的"爸爸"时，精通语言学的小姑就已经开始对我进行发声训练了。她并没有拘泥于寥寥几个普通话音节，而是尽力拓展我的音域，同时加强对口腔里每一块肌肉的控制。

为了不错过最佳时期，小姑的训练强度很高。也正是这种练习加速了关节磨损，使得我年纪轻轻就患上了关节病，让母亲很是心疼。

不过，我一点都不后悔。

在小姑的指导下，我几乎可以准确发出这个世界上任何一个语言中的任何一个音。从英语中需咬舌的 /th/ 和日语中轻柔的つ，到有大舌音的 churrería 和有小舌音的 Bonjour，还有各种各样冷门的发音方式。在别的孩子还在利用汉字谐音去标注英文单词时，我已经可以照着国际音标念出这个世界上任何一种语言。

小姑曾经告诉我，这是很难得的。在一定语言环境成长起来的孩子会有一个深嵌在肌肉记忆里的固定发音模式，后天很难更改。此外，还需要一点点语言天赋。所以才会有各种各样的口音，才会在推广普通话时流传着"下着下着哈（下）大了"的段子，才会有连自己的母语也发不准的人存在。

而通过聆听语言的旋律来找出讲话人没有说出来的内容，也是这项能力的延伸之一。

小姑管有这种能力的人叫"千语者"。

八

当汹涌的怀念渐渐流淌成一片平静的汪洋后，我开始着手调查小姑之死。

上网一查，有关人体自燃的假说竟然如此之多。我把它们分门别类建成了一个小小的资料库，打算按照可能性大小的顺序一个一个排查。

看起来最靠谱的是烛芯效应。就是说把一个穿着衣服的人设想为里外反转的蜡烛，衣服是烛芯，人体脂肪是蜡。在这种情况下，就算是一个很小的火苗也可能会穿透皮肤将脂肪点燃，然后像蜡烛一样缓慢而持续地燃烧。

我想象小姑从里到外燃起火焰，就如一根人体蜡烛的样子，不由一阵颤栗。

不过网上也提到有人用猪肉做过相关实验，并没有成功。而且小姑那么瘦，怎么想也不可能有足够的脂肪。

另外就是球状闪电假说。这个我之前也读到过，是在一本科幻小说里。那里面描述的球状闪电来去无踪，犹如致命的鬼魅，一触碰就能把人烧成灰烬。在球状闪电假说里，只有人体会燃烧，而其他物品不会受到影响，这也与小姑当时的情况相符。

我想了想，又去找到了母亲。

"当天的天气状况？我记不太清了。"

"嗯，是不是雷雨天您还记得吗？"

"应该不是。那天巧曼还有客人呢。她不是一直自己一个人住吗，要不是她的同事来找她，还不知道什么时候才能发现……"

"同事？"

"对，那人还来参加小姑的葬礼了，我给你找找照片……"

当听说小姑从事下颌关节紊乱相关研究时，我就在想她会不会和孙素怀女士认识。不过这几年研究这个病的组织还挺多的，我觉得没有这么巧。

直到我拿到了那张照片。

看到它，我仿佛又回到了那个恍恍惚惚的下午。照片上的人都是一席黑衣，低头垂泪，只有我仰着脸，一副神游天外的样子。

不去看那个幼稚的自己，我仔细端详其他人的面孔。在照片的另一端，一个正在擦眼泪的女人与孙女士的身形有些相像，而站在她身边的高个子男孩，我绝对不会认错，就是杨渊。

九

"你就是巧曼挂在嘴边的千千？"

说起昔日的同事，孙女士的眼圈一下子红了。

"这个项目能开展起来，巧曼真的是功不可没啊。我是搞大数据的，做梦也没想过会从事口腔医学方面的研究。是她找到了我，提出可以利用超级计算机统计高频率音节……我说她怎么会那么执着，还从就职的高校拉了那么资源来……原来是因为你……你知道吗，当时吸波暗室还没建好，她就自己先拿着筛选出的音节组合，关上房门一遍一遍阅读、揣摩，连电话都不接，就是为了早点儿找到对关节磨损最厉害的发音……谁想到……"

我低下了头，心里充满了悔恨。因为自己幼稚的坚持、对"失去"的恐惧，这些年来从未给小姑扫过一次墓。小姑的在天之灵如有知觉，该多么伤心啊！

"怪不得，我就说好像在哪里见过你。"

杨渊牵住了我的手，我没有拒绝。

"可音啊……"

"阿姨，您说。"

"阿姨之前听巧曼说过，你也是千语者？"

我点了点头。

"您也知道这个？"

"当然。试验之所以停滞，就是因为巧曼的去世。你也知道，这所吸波暗室的建造离不开 Orfield 实验室的支持。而他们愿意提供帮助的原因，就是希望我们可以把研究范围扩大到多个语种。所以我们收集的音节中极大部分都是外语，有些甚至是几个语种混合起来的。这些发音组合严格意义上来讲不属于高频音节，甚至在正常的人类交流中基本不可能出现，但是它们是计算机模拟推算出来的"绝对磨损"音节，研究它们对口腔的磨损状况从而测试磨损极限是十分必要的。而要准确地念出所有的音节，只有千语者能够做到。"

孙女士顿了顿。

"巧曼是我们当时能够找到的唯一一个千语者。巧曼去世后，我对杨渊进行了很长时间的训练，他才勉强可以胜任一般的音节诵读，实验才能重新运转起来。不过稍微复杂一点的音节他就不行了。"

"那小姑去世之后，为什么没立刻来找我？"

"我们去了。不过你的母亲和我们谈了你的心理状况，不让我们接触你。而且，就算是找到你了，你怀着对小姑之死的抗拒也没办法和我们配合。唉，可惜当时我只知道你的小名，也没见过你，不然早该认出你来了……"

孙女士的声音依然平静，不过脸上露出了悲切的表情。

我轻轻抱住了她。

"以后让我来吧，我一定努力替小姑完成她未竟的事业。"

十

在这之后，我与杨渊的关系又进了一步。我不再排斥他，也不再压抑自己。我接受了他所有的关怀，也尽自己所能回应。

我不想让小姑的遗憾在杨渊身上重演。

我和他度过了令人难忘的二人时光，也常常陪他去研究所做试验。虽说我也答应了去辅助实验，还拿到了一份音节资料，但大多数时间里还是杨渊在实践。一方面是因为难读的音节组合还是比较少的，另一方面也是因为我下颌关节上的病。这些被千挑万选出来的音节，每一个都能带给关节相当剧烈的摩擦。

每当看着杨渊在吸波暗室认真地感受关节的响动，我又会想起当时在那里听到的声声呼唤。原来就算我如何抗拒，该留在心里的人是不会离去的。我就此下定决心，要好好爱父母，好好爱杨渊，好好爱所有在乎我的人。

不过生活的旋律并未就此舒缓，一个命运的高音很快横在了我的面前。

那天，我照例来到了研究所。孙女士和杨渊正在监控室整理材料。

见到我后,他们递给我了一张纸。

"可音,今天这十个音节挺难的,靠你啦!"

"辛苦你了,孩子。"

我伸手接来,目光扫过纸上的内容,心却毫不在此。

不对,这声音不对。

杨渊的语调变高了,颤抖声也随之放大,这意味着他的心跳在加速。今天没有发生任何事,他在紧张什么呢?

孙女士的声音还是很淡然,或者说,比之前更淡然。如果说她平时严格控制发声系统以至不会流露出真实情绪,那么此刻她在调动全部的精力去平复声音。她在隐瞒什么呢?

我抬起头看了二人一眼,他们都在冲我和善地微笑。

——杨渊不会是要向我求婚吧?

我脸一红,随即打消了这个不切实际的念头。

走进吸波暗室,我才开始认认真真打量这次要念的第一个音节组合。

我立刻发现了不同。之前,我要读的音节大都是小语种单词组合,例如包含着德语、法语、俄语和韩语的"ÄhnlichInéligibilitéвысший굴"。而今天在我眼前的,只有一串串国际音标。

这套音标系统共有一百零七个单独字母,五十六个变音符号和超音段成分,严格遵照着一音一符的标准,在漫长的发展和修正的过程中几乎可以标识人类所有已知语音。

之前我所读的音节组合上有时也会有一些音标辅助,而这次孙女士完全抛却了词形仅标注了发音,只能说明我即将念出的声音已经超越了所有语言中的可能组合,进入了完全陌生的语音领域。

不过,这并不会难倒我:从小我就在小姑的教导下熟识国际音标,再难的发音也能轻松应对。

我在脑子里简单过了一遍，清了清嗓子，开始读。

"/r//ŋ//œ/……"

第一个组合还没读完，我的下颌关节就开始剧烈地疼了起来。我忍不住低低地叫了一声，冲摄像头打出了暂停实验的手势。

我出来之后，母子二人虽关切地递上了热水袋供我热敷，可言语里却流露出了失望。

杨渊和孙女士一定有什么在瞒着我，一定有！

十一

这件事只可能与实验相关，与我相关，而且十分重要。

我在脑海里回溯了与杨渊母子认识的这段日子，发现自己真的很难从他们话语的旋律里听出点什么来，尤其是孙女士。换句话说，和她说话，就像在和一个人远距离聊微信，除了文字残骸之外的所有内容实际上都是我自己的脑补。而杨渊呢，我对他深深的爱恋使得判断能力被大大削弱。

这是不正常的。毕竟在大多数时候，我都能够在一个人话语中轻而易举地听出真实情绪和弦外之音。

孙女士与小姑在声音研究方面共事多年，也是她第一个发现了小姑的死亡，后来杨渊又正好搭讪到了我。

这很可能不是巧合。

而要找到答案，我只能去炸毁心底最后一道堤坝。

最终，我下定了决心：是时候直面小姑的死亡了。

我回到家里，打开了尘封的阁楼。计算机，笔记，书籍，熟悉的种种物品落满了厚厚的灰。阳光从身后倾泻，回忆和灰尘迷了我的眼。我默默站在中间，等着一切流尽。

整理所有的资料用了整整一个晚上，我甚至用自己的生日试出了小姑邮箱的密码。我从浩如烟海的笔记、文档、日记和邮件中还原了几年前发生的所有故事。当我从震惊中缓过神来，东方已经发白。

那时我才知道，杨渊在声音里掩不住的心跳声，不是因为喜欢，而是因为谎言。

十二

我十二岁的时候，下颌关节紊乱综合征变得非常严重。小姑怀着深深的愧疚，暂停了自己手头上的教学任务，和主攻大数据方向的孙女士取得了联系。

仔细研究了小姑带来的项目后，孙女士表示一定大力支持，甚至从任职高校调动了很多计算资源。而且两人克服重重阻力，去找到了 Orfield 实验室的人合作要建立中国的第三所吸波暗室。

小姑在当时的日记里表达了对孙女士的感谢，同时也提到了她淡然隐忍的性格。

"素怀真的很厉害。她所想要的东西都会深深埋在心里，然后一声不响地完成。和她合作，应该很快就能找到缓解千千病痛的方法。不过，有的时候我真的不知道她在想什么。"

吸波暗室在建的过程中，孙女士已经通过大数据得到了一手的高频音节资料给了小姑。如孙女士曾经告诉我的一样，小姑会在家里关上房门，对着数万个音节组合挨个朗读、细细揣摩。

也是在那个时候，小姑提出了寻找跨语言的"零频音节"，以便测试语音对关节磨损的极限。孙女士建立了一个复杂的模型，让计算机列出了一长串超越大多数人生理功能的音频组合。当然，计算机的模拟是不准确的，还需要千语者亲口诵读，在里面找出真正的"磨损音节"。

问题就出在这里。

小姑念着念着，发现其中一些音节组合会令听者产生不太舒服的生理反应。她做了一些简单的对照实验，最终从研究声波物理属性的声学语音学中找到了最可能解释这一现象的理论。

这一部分的笔记很难懂，充满了我从未见过的专有名词和长长的注解。看得出来，语言学出身的小姑在物理学这一陌生的领域下足了功夫。

"……当声波通过时，分子的内外自由度之间将发生能量的重新分配，从而导致有规的声能向无规的热能转化，即声波的弛豫吸收现象……"

这份摘抄里的很多话我都看不太懂，却感到莫名熟悉，好像在哪里读到过一样。不过也不一定，毕竟难懂的物理学名词堆砌带给我的感觉都是差不多的。小姑看起来一开始也不是很明白，她找了一个物理专业的同事，留下了一份录音资料。

开头是"当"的一声，听上去是有人拿食指关节敲响了一张厚木桌。接着是一个男声。

"响声通过这个桌子传播的时候，桌子的微观结构会在震动中膨胀、压缩，失去曾经的平衡状态，而要恢复平衡状态，分子们就要……"

"消耗热量？"是小姑的声音。

"不，是散发热量。"

"在生物体中也是一样的吗？"

"是的。声波在生物介质中会发生各种形式的能量衰减，尤其是弛豫过程，会引起大量的能量耗散。有些特殊的声波甚至会引起分子强烈的重组运动，从而发出大量的热，如果不能及时散热，将会导致物体自燃。不过这都是理论上的。"

听到这个熟悉的词语，我终于记起来了。在我草草建起的"人体自燃"资料库里，那段文字静静地躺在名叫"分子弛豫吸收假说"文件夹中。难道小姑的死真的与声波有关？这和她念过的音节有关系吗？带着疑问，我继续听了下去。

"特殊声波……会在人类的语言中出现吗？"

"哈哈哈，你在说咒语吗？"

"马教授，您说笑了。"

"其实也不是没可能。关于声音杀人的传说自古有之，各个文明都有关于咒语的神话。如果我没记错的话，两千多年前人类语音学在古印度刚起步的时候也有过这方面的记载。"

"唔……"

"而且，只要频率合适，每一类声波都可能会成为杀手，足以摧毁与它相对应的特定物体。不过……"

"怎么？"

"要找到这样的声波应该是很难的，因为能够被自然产生的声音所杀死的形体大概都已经灭绝了吧！"

"也就是说，现在存在的所有生物也都存在对应的致命声波，但是一般不会在自然界出现？"

"嗯。或者严谨一点儿说，是在地球上很难出现。说不定有一天来到其他星球，外星人的一句'你好'就能把所有的宇航员烧成灰烬。"

"唔。其实我还有最后一个问题，这种特殊音节能够通过计算机模拟找到吗？"

"理论上是可以的。不过计算机模拟人类语音效果很差，就算找到了咒语所需的正确音节，也得人类念出来才能看到效果。还有，小周，我不知道你发现了什么，但是我实在不建议你去寻找这类隐藏的音节。声音太容易被复制、传播了，如果秘密泄露，人人一张嘴就能轻易杀人，后果不堪设想。还是让它们彻底沉默下去吧！"

"我知道了。谢谢您。"

十三

小姑并没有对音频里的那位物理学教授多说，也没提及自己最近做过的实验，而是把一切讲给了孙女士。然而可以从邮件里看出来，两人的观点渐渐起了分歧。

"巧曼，这是个千载难逢的好机会啊！咱俩合作，我这边可以用计算机模拟出可能性最高的音节，你来做最终鉴定，我们完全可以找到尘封在历史中的魔咒！"

不过，面对孙女士热情洋溢的提议，小姑在邮件里一再回绝。

"素怀，这个风险太大了，我告诉你就是希望可以停止寻找'零频音节'的项目。听了马教授的'自然声音选择学说'，我觉得致命咒语真的很可能藏在会对关节磨损极大的发音组合里。在生物体漫长的进化过程中，人体会在大脑意识不到的情况下自动趋利避害。会因为念动死亡音节而引起严重磨损的口腔结构被保留了下来，才能保证人类的各个语言中都能无意识地避免使用这样的发音组合。而我们现在在做的，就是在一步步打开潘多拉的魔盒。马教授说得对，万一真的找到了已经在历史长河中遗失了的咒语，那后果绝对是不堪设想的。"

"巧曼，你想得太多了吧，这些还全都是假说而已。而且对于这个实验，已经有那么多资金砸下去了，吸波暗室也在建，你这时候提出停止，我怎么给上面交代？"

"素怀，那我只能退出试验了。一切后果由我承担。"

"周巧曼，你承担得起吗？"

……

那段时间两人邮件往来很多，不乏一些激烈的言辞。我这才知道，看似温柔稳重的孙阿姨竟然如此强势。不过，小姑虽然语气柔和，也一直没有退让。不过最后两人都妥协了：小姑再念十组"零频音节"并记录关节磨损状况，完成一阶段报告，孙女士利用这段时间再去找其他"千语者"继续试验。

而接下来的两个事实，更令我不寒而栗。

第一，是小姑在和孙女士海量的邮件往来中多次提到过我，甚至发过不少我和小姑的合照。也就是说，孙女士和杨渊理应一早就认识我了。可是从第一次见面到现在，他俩从未显露出这一点。

第二，是在小姑出事的前一天，孙女士送去了最新的"零频音节"。

十四

我在床上躺了整整一天。

分不清是睡是醒，一切的一切在脑海里消解又重组。我像一个新生的孩子，开始一点一点认知这个陌生的世界，认知我所知道的事情背后所代表的意义。

当最终清醒过来的时候，我变回了过去那个对一切都不在乎的人：内心曾被杨渊融化的汪洋冻成了一片冰原。

最大的可能性横亘在眼前的空气中，真实得仿佛马上就要在虚空中展现出实体。只差一步，我就可以证实它。但是我不确定自己能不能承受得住如此锋利的现实。

不，我不但要证实它，承受它，我还要让他们付出代价。

稍作休整，我化了一个淡妆稍稍遮住倦容。化妆品还是小姑生前留给我的，而我当时还小，没怎么用过。我想了想，又把头发挽了起来，用一支簪子固定好。此时看着镜子里的自己，更觉和小姑有几分相像。

当夜，我回到了研究所。在吸波暗室旁的监控室里，孙女士见到我时稍稍愣了一下。她很快转过身，开始调试设备。杨渊正坐在一边削苹果。他修长的手指很灵活，完美地控制着同样修长的不锈钢刀在水果表面游走，不紧不慢地像在创造一件艺术品。

我曾经很爱他这一点，如今只觉可怕。

"可音，关节不疼了？"

"嗯。"

"本来以为你要多休息几天的。"

"没事。"

"你怎么了？"

杨渊放下手里的刀，贴近了我。

"簪子很好看。"

"是小姑的。"

我笑了笑，侧身躲过他，从控制台上拿过上次没读完的音节。

最终的测试要开始了。

十五

要了小姑性命的死亡音节就藏在这些之中吗？

我的目光迅速在这十个音节组合上游走，嘴巴快速一张一合，不出声地过了两遍。杨渊坐了回去，继续削苹果，而孙女士则在一边默默地看着我。整个实验室只有机器"嗡嗡"的声响，皮肉剥离的声音，还能听到窗外护城河舒缓的波涛。

我抬眼看了一下他们，又低头看了看第一行，感觉双唇有千斤重。

我知道，只要我一开口，一切就都回不去了。

白纸黑字上，小姑在向我微笑。

"/r/、/ŋ/、/œ/——"

"当啷"一声，杨渊手里的刀和苹果都掉到了地上。

"不好意思，手滑了。"杨渊趴到桌子下面去捡，而孙女士则径直走到了我面前。

"可音，这组音节对关节损害很大，留在吸波暗室读吧。"她的声音不紧不慢，不过很坚决地从我手里把那张白纸抽了出来。

我没有阻止。

我望着他们，笑了。

"/r/。/ŋ/。/œ/。/ɖ/——"

"孩子，你……"

"可音！"

"——/ɐ/、/k/、/t̪/、/ʋ/、/r/。"

颤音的余波在空气中划过，杨渊和孙女士僵在了原地。

三个人都在静静地等待着什么，但是什么都没有发生。没有人烧起来。

我盯着这两张没有掩饰住惊恐的脸，意识到自己没有错。三天前，就是他们看着我拿着装了一颗子弹的左轮手枪走进吸波暗室，看着我把枪放在自己的头上，看着我走向自己的死亡。

七年前，他们把子弹装填好送给小姑的时候，也是这样的吗？小姑一枪一枪打在自己身上的时候，他们在想什么呢？最终的子弹要了小姑性命时，他们又是怎样的心情呢？

小姑替他们证实了理论、缩小了范围，而我，估计就是用来最终确定咒语的工具。

十组音节，一发致命。

"看来不是这一组。"

我打破了沉默。

"孩子，你在说什么呢？"孙素怀换上了一个关切的神情，过来拉住了我的胳膊。

我第一次这么近地看到这位长辈的面孔，近到可以闻得到脂粉的气息。保养很得当，眼角虽然有细细的纹路，但是配合上妆容和发型反而衬托了作为女教授端庄稳重的气质。如果小姑没有去世，那么也会像这样散发出成熟优雅的味道吧！

想到这里，我没有再犹豫。

"/a//ɵ//d//ɑ//r//ʀ/——"

她一把捂住了我的嘴。

"孩子，我当时根本不知道会变成那样，"她在我耳边说，"那是个巧合，是个悲剧。我很抱歉。这里消防设施很到位，只要及时降温，你根本不会有危险。"

见我瞪着她，孙素怀又补充道，"我没告诉你，是怕你怪我。毕竟巧曼的死有我的责任。对不起。"

孙素怀的眼神十分悲切，但这次没有骗过我。母亲曾经说过，孙素怀是小姑尸体的第一发现人。也许我刚刚拿着的那张纸，就是孙素怀从小姑烧焦的手上夺下来的。

我这才意识到，孙素怀有一点和我一模一样：她的心也是空的。不让任何一个人走进内心，也就不会介意伤害任何一个人。

掰开她的手，我念出了第三组音节。

"杨渊！"孙素怀迅速后退，大声喊道。

男子已经蛰伏许久，此时迅速冲了上来。我只感到重重一击，"砰——"地摔在了窗户上，眼前金星直冒。玻璃整个碎了，一部分碎片摔进了护城河，一部分划破了我的后脑。我踉跄地躲到一边，感到温热的血液从身体里流出。

冷风吹了进来，让我很快清醒。眼前，那个曾经领着我亦步亦趋离开冷漠世界的人，曾经给予我所有的温暖的人，曾经如此体贴与温柔的人，此刻终于露出了本性。

杨渊把我紧紧压在墙上，脸上的狰狞是我从未见过的。锋利的水果刀抵在我的喉咙，刀刃划破了皮肤的表层。

"我可是学过的，足够一刀取你声带。"

我仰着头，感到那个给过我安慰的胸膛压得我喘不过气来，拂过我泪花的右手游刃有余地操纵着利刃，寻找我发声器官的位置。

余光中，孙素怀在不远处看着这一切，脸像死人一样冷漠。

"杨渊。"

我艰难地发出声音。

"你不害怕她吗？"

"她是为了人类。进步就要有牺牲。"

我握住了他的手腕，就像藤蔓想要拉动山岩。

"你不怕她牺牲掉你吗？"

山岩有些颤动。

"我是她的儿子。"

"如果我死了，那你就是最接近千语者的人。而且你不会不知道吧，监控室一向听不见吸波暗室里的声音。"

杨渊愣了一下。趁此机会，我拉开他的手，猛地向下一蹲，勉强挣脱了出来。接着，我拔出了头上的簪子——那枚属于小姑的簪子，尖端被我磨得锋利无比——狠狠扎向了杨渊的右手。

那簪子穿透了他白皙修长的手，直直钉在了老旧的墙壁上。在杨渊痛苦的叫声中，我念动了第四组音节。

十六

"/a/，/v/，/ɐ/。"

随着声音的起伏，我的内心突然升起了巨大的恐惧感。我体内有一股极大的冲动想要停止，甚至想要用双手捂住自己的嘴。这是我的生物本能，但是我克制住了。

"/d/，/ɑ/，/k/，/t/。"

不知道是不是我的错觉，孙素怀和杨渊似乎也感受到了这份恐惧。他们开始向门的方向冲去。

"/ʊ/。/r/。"

最后一个音节传出之后，恐惧感达到了顶峰。浑身的细胞在一瞬间灼烧起来，我感觉坠入了烈火。不，是烈火从我的体内破壳而出，火舌舔舐着一切。

我要死了。

我听到了自己的尖叫声，也听到了杨渊和孙素怀的尖叫声。所以这个结果还不坏，是不是，小姑？

小姑在半空中微笑着望着我，指了指我的身后。

同时，一个男声在我的脑海深处响起，我认出是小姑那份录音材料中马教授的声音。

"有些特殊的声波甚至会引起分子强烈的重组运动，从而发出大量的热，如果不能及时散热，将会导致物体自燃。"

散热。

我扒着窗台艰难地站了起来，身子前倾，头一沉摔了下去。

十七

从护城河里被救上来后，我在医院躺了半年。

孙素怀和杨渊的死被定性为实验室事故，我也没有费心思和警察解释太多。

当然，咒语的事我谁都没有讲。

那个音节对关节的磨损程度超出了我的想象。勉强念出之后，我的关节几近报废，患上了严重的张口受限，连吃饭都成了问题。

不过，跟严重烧伤相比这还是小事了。

一年之后，我告别了父母，消失在了世俗之中。

在一个隐蔽在青山绿水间的研究所里，我决心穷尽世界上所有的发音组合，找到更多对人类有益的声波。

那里，我做了一面照片墙，贴满了所有能找到的旧照片。

其中就有小姑的。她在照片里永远年轻，神采奕奕，望着我微笑。

参考文献：

[1] Williams, R. T., and G. Yule. "The Study of Language." Modern Language Journal 71.3(2000):374.

[2] 胡壮麟. 系统功能语言学概论. 北京大学出版社, 2005.

埃塞俄比亚凤凰

引　子

　　埃塞俄比亚中南部，又是一个月圆之夜。

　　她蜷缩在笼子的角落，又脏又冷，脚边是几片腐烂的英吉拉。铁条硌着没多少脂肪的皮肉，压出了道道青印。要不是暗红的头发，人们几乎无法将她和纠缠在一起的灌木分开。

　　凤凰饿得发抖，但她知道自己不会死。还不到燃烧的时候。

　　那个孩子又来了。他耷拉着拖鞋，从不远处的村落悄悄跑来，怀里揣着什么东西。

　　"Selam, Selam."

　　男孩趴在铁笼前，轻声呼唤她。凤凰低语回应。男孩掏出几张软软的英吉拉递给她。

　　黑色布条一样的衣服里，凤凰伸出一只白得发光的手臂。他们推让了一番，凤凰还是接了下来。

跑远点。凤凰用奥罗莫语说。

男孩点点头，拉紧了背上的布袋，那是他唯一的财富。

最后一缕掩映月光的残云消失了。凤凰咬了几口英吉拉。她太饿了，碳水化合物灼烧着她的唇齿，她的舌头，她的喉咙，然后是她的胃。

然后是一切。

一

这是李勘来埃塞俄比亚的第三周。由于一直在基地里待着，他对这个神奇的非洲国家还是一点儿都不熟悉。对他来说，离家远远的就够了。

基地条件再好，待久了也难免让人感到烦闷。又一个星期六的中午，李勘下了好久的决心，拖着自己的身体来到了基地附近一家火焰花树下的餐馆。橙色的塑料桌椅上空弥漫着牛油果的味道，拥挤程度和家乡差不多。不过攒动的人头都极其陌生，他咽了咽口水，心里打起了退堂鼓。

一眼扫过去，他在一个角落看见了老康。黄种人在这里格外显眼。"康老师！"

他向救星冲去，谁料后者冲他摆了摆手，指了指餐厅另一个角落。那里也有一个黄种人，是位打扮十分书生气的好看姑娘。她似乎在等食物，桌上放着一本书。

李勘摇摇头，但老康已经招呼了几个当地人坐在身边，只剩姑娘那里有多余的位置了。

他硬着头皮走过去坐下，姑娘头都没抬，只是拿起了桌上的书给他腾出了空间。是一本英文书，白色的封面上画着一棵树。他认出那是著名的《树的秘密生活》。有那么一瞬间，他想以这个为由跟姑娘打个招呼，毕竟这里中国人不多，大家认识认识也不奇怪。不过张了几次口都没出声。

尴尬的氛围没有持续很久，服务员很快来到了他身边。

"呃……This, this, and this."

服务员看看他，又看看菜单，点了点头。

"When do I，呃……bill？"

他想问该什么时候付钱，老康说过讲 bill 他们就明白，可这个服务员疑惑地看着他。

"呃……bill。"

"You want a bottle of Beer?"

"No! bill! money, when!"

这时姑娘抬起了头。

"He means bili."

服务员点了点头，比画出一个价格给他。李勘整张脸又红又涨，恨不得付钱就走。

"不是你的错。"服务员走后，姑娘贴心安慰道，"埃塞字母（ፊደል Fidäl）在组成单词时不会有'辅音单独出现'的情况，单词中直接发字母本身音。埃塞人用 ል 的读音去模仿 /l/，用 h 的读音模仿 /k/。吃饭结账时说 bill 人家还以为你要 beer 呢，还是尝试一下说 /bɪlɪ/ 吧！"

"太谢谢你了真是，"羞愧感渐渐褪去，自信一下子涌了上来，他对着姑娘说："我叫李勘，某局初级工程师，第一年外派。你呢？"

"啊，你好，我是陈青曼，我在读……"

"在读博？植物学？"李勘指指她手中的书，姑娘笑了。

"植物专业怎么可能看这么基础的读物。这本书写了一些关于植物语言的知识，我觉得还蛮有意思。我是……"姑娘顿了一下，"我是一名语言侧写师，可以通过一个人的语言了解他的一切。"

"语言侧写师？"

"对呀，要测试一下吗？"姑娘的眼睛亮了起来，"让我猜猜你是哪里人怎么样？"

李勘笑了，"行啊我觉得。"

"唔，你的普通话说得较为标准，几乎没有口音，南方人排除；短短几句话里你就用了两个倒装，这种语法结构在山东最常见；刚才你打招呼的那个男子跟你年龄差不多，而且大多数姓康的人都会有'康师傅'这个外号，你却叫他'康老师'，基本可以确定济南或周边地区；还有'博'这个音应该是阳平，你却发成了上声，所以童年应该是在临沂度过的。"

"哇，也太厉害了。"李勘嘴上夸着，心里却有不详的预感。

"没什么。母语对人的影响无处不在，满语日语里几乎没有 /r/，他们就很难发卷舌音；中国人和埃塞人习惯元音乘辅音的发音方法，一个爱发 /miliki/，一个会说 miuk；粤语中……"

"你说得有道理，可这都是大方言，你怎么……"

"我能做到的不只这些呢，"陈青曼交叉双臂，趴在桌子上激动地说，"我还能从发音器官的磨损程度看出你的年龄是二十五年零七个月，从尾音的轻重得知你两岁那年就学过法语……"

"够了！你是我妈妈的学生吧！"

陈青曼"咯咯咯"地笑了起来："我确实是在读语言学的博士，可没那么幸运能当林教授的学生。但我硕士毕业论文写的是儿童语言习得，你懂我的意思吧！"

李勘当然懂。和很多语言学家一样，他的母亲从小就拿他当实验对象。从出生开始，他的每一句话都被母亲拿无处不在的麦克风记录，编成一个详尽的语料库上传到了 CHILDES 官网，成了全世界语言学家共同的财富。除此之外，母亲还拿他写了三本专著、十几篇论文，获得了两个博士学位。他恨透这些了，高中毅然决然选了理科，又赴千里之外读了大学，如今作为工程师远赴非洲，没想到竟然还能遇见用过那个语料库的人。

　　"不好意思，"注意到他的表情，陈青曼连忙道歉，"当年为了写论文，我不知道听了多少遍呢。语言模式，发音特点……你一出声我就认出来了。我不知道你会生气，对不起。"

　　"没关系，"李勘勉强笑了笑，"所以不是语言侧写师？"

　　青曼点点头，"中大社会语言学博一，来这里做田野调查。也住在这个基地。以后请多关照。"

　　上菜了。

　　服务员端来满满一盘叫不上名字的当地食材，边上放着三张卷起来的饼。

　　"'正面像牛肚，反面像抹布'，用这里种的 teff 做成的——英吉拉，和山东的大饼味道差不多。"青曼做了一个请的手势，眼睛又亮了起来。过了很久他才知道，青曼只要一激动，她眼睛就会闪闪发光。

　　怀着对家乡味道的怀念，李勘用英吉拉卷上几个红色的小玩意，一口咬了下去……

　　"呸！呸！呸！怎么是酸的！"

　　看见他狼狈的样子，陈青曼又"咯咯咯"地笑了起来。

二

吃到一半，店里的气氛突然变了。

好像什么消息传了进来，人们交头接耳、窃窃私语，然后大声呼朋引伴、结账离席。服务生收着小费，满脸写着与李勘他们一模一样的疑惑。

"康老师，出什么事了？"李勘冲屋子另一头大声喊，老康应声赶了过来。

"小李小陈，快走，有好戏看了。"

三人跟着人流走出餐厅，李勘看见所有人都往山上走。他正想跟上，被老康拽到了一边。

"咱开车啊。"

上了火焰花下的吉普，李勘和陈青曼同时发问：

"什么好戏？"

"哎，昨天晚上半山腰的一个村子不是失火了吗？基地的消防官兵还去帮忙来着，你们知道吧？"

李勘点点头，他半夜被警笛声惊醒了两次。

"整个村都烧没了，有一些伤亡，不过具体人数还不清楚。"

"那太糟糕了。"青曼轻声说。

"是啊，按理说这里虽然有不少树木，但火灾还挺少见的。当地人都说这是神物的作用——凤凰涅槃。"

"凤凰？"李勘感到不可思议，"这传说可离这里的文化传统有些距离……怎么不说是道友渡劫呢？"

"你小子放尊重点！全球化带来的影响可不只是深入村落的可口可

乐，强势文化经典符号对原始地区的植入超出你的想象……不过这回，他们真的找到了那只凤凰。"

颠簸一阵，又穿过几个人群，三人很快上了山。

老康停好车，拉着李勘就往不远处的人堆里跑。他闻到一阵烧煳的味道，抬起头，不远处的几颗火焰花都被烧得只剩黑黑的树干了。

前面几十个人正围成一个大圈，各色人种都有。跟着老康挤进人群，李勘自己身上多了各种汗臭和香水的混合气味。他不停说着Sorry，转眼就到了最中心。他跌了一下，要不是被青曼拉住，差点撞到一个铁笼子上。

反应过来，李勘赶忙后退几步。人群的中心有一个半径三四米左右的空地，放着一个黑黢黢的铁笼子。也许是有些年头了，笼子的东北角与几株两人高的铁墨色灌木纠缠不清，几乎融为一体。就好像……那笼子就是从那些枝条藤蔓中生长出来的，还点缀着丝丝白花。

"她是谁？"青曼指着笼子问。

李勘愣了一下。他本来想问："那是什么？"

"是凤凰。"

老康回答。

李勘又仔细看了看，才发现有个活物似乎蜷缩在角落里。他以为的花朵则是那人手腕和脸颊在灰色污渍中露出的皮肤。

"这太可怕了，太不人道了……怎么能……"

"没事，咱们的消防官兵取工具去了，一会儿就到。"老康按住了想要冲过去的青曼，"机会难得，你快去和她说说话。"

"说话？"青曼皱起了眉头，"她是人，不是展览的动物！"

老康拍了拍青曼，示意她往那边看。

有几个当地妇女蹲在"凤凰"旁边，正用奥罗莫语轻声与她交谈。

但"凤凰"拒绝了递过来的食物。她们摇摇头走开了。

青曼甩开老康，脱下自己的外套走上前去，从铁笼的缝隙里递给"凤凰"。女人看了青曼一眼，从褴褛的衣衫里伸出一只白得瘆人的手臂，摩挲着青曼手中暗绿色的化纤织物。

"谢谢。"

三

李勘相信，那两个音节一出，在场的所有中国人都和他一样打了个冷颤。

藏身在污秽牢笼里的异族女子不仅会说标准的普通话，那轻快的语气、轻佻的尾音都和青曼一模一样。从青曼的表情看来，她一瞬间也以为听到了亲切的乡音。

"你会说中文？"

点头。

"你是从中国来的？"

摇头。

"你叫什么名字？从什么地方来的？"

摇头。

青曼抓住笼子，还有一百个问题想问，但几个消防员已经带着切割工具来了。

她只得回到李勘他们身边，跟着人群后退三步，免得被切割过程误伤。

"我以语言学博士的身份担保，她的母语绝对是中文！要么父母一方是华人，要么就是在中国长大……"

"你是不是还想说是你的老乡?"

"也不是没有可能。"没注意到老康戏谑的语气,青曼坚定地说。

"唉,不是都告诉你们了吗?她是凤凰。不管遇到谁,凤凰都会说他的语言,甚至说得比他还要好。"

"怎么可能?人一旦过了三岁的母语关键期,再怎么学习都只能是B语言C语言,永远不可能达到A语言的地道程度。神经语言学已经证明,人类大脑……"

青曼像机关枪一样吐出各种专业名词,李勘感到后脑一阵疼痛——女孩这架势跟他母亲一模一样。

"小陈,小陈,你先听我说。"老康一时也受不了了。

青曼这才闭上了嘴,脸红红的。

"我刚才在餐馆听当地人说,这姑娘是村里半年前捡到的。谁都不知道她从哪里来,谁都不知道她叫什么名字。村民给她吃的喝的,还找了一间废弃的房子给她住。

"可是自从她来了以后,村里就经常莫名其妙地失火。后来人们发现,火总是从她住的地方开始蔓延,而且总是伴随着尖叫声。人们冲进去,会发现她赤身裸体睡在地板上,三四天都是神志不清的状态。"

"神志不清?"

老康点点头。

"像婴儿一样胡言乱语,好几天才能缓过来。然后就开始有老人叫她凤凰……"

"凤凰?"

"说她每隔一段时间都会故意纵火,这样才能在火中涅槃,重回婴孩的状态,以此保持永生。"

"太可笑了!"青曼翻了个白眼。

"而控制凤凰的唯一办法就是让她远离火源,无法浴火重生。这样她只能慢慢凋零,失去永恒的生命。在一个传说里,他们曾把一只凤凰关进了阴暗的下水道……"

"这也太残忍了!"

"当然,他们只是把她藏在了一个笼子里。然后火灾再也没有发生过,直到昨天夜里一场前所未有的大火席卷了整个村庄……"

"他们说是凤凰干的?"

老康点点头。

青曼看起来已经气得说不出话来了。

"但是……这跟风——她会说很多语言有什么关系?"李勘尝试转移话题。

"她活了很久很久,哪里都去过,什么语言学不会呢?"

"噢……!"

"噢你个大头鬼!"

笼子已经被锯开了。青曼猛地转过身,冲向了要把凤凰接走的医护人员。

看着她跳上救护车,老康拍了拍李勘的肩膀。

"小伙子,你永远搞不定那个姑娘。"

四

青曼确实不是普通的姑娘——普通姑娘是不会随便把路边捡到的陌生人请到家里来的。

见凤凰检查无大碍,青曼坚持把她安置到自己在基地火焰花林旁的宿舍。理由还是语言侧写师那一套,说是可以帮忙找到凤凰的家乡。

也许是因为那女人说一口流利的普通话，基地里大家对她的印象都不错。

其实，被青曼梳洗打扮一番后，李勘几乎都认不出来她了：白皙的皮肤，染成暗红的一头长发，再加上高眉深目的混血长相，放在哪里都是一个异域美女。跟她比起来，初见惊艳的青曼也不过是个普通的邻家小妹罢了。

不过仔细看来，凤凰的白多少还带些病态。接近头皮的新发淡如银丝，眉毛、睫毛也看不出什么颜色。老康私下说这可能是一种白化病。

青曼勇敢地和她吃住在一起，据说每天都用不同的语言和她交流。刚开始，青曼不许李勘来看她们，后来才常常叫他过来帮忙。

李勘的工作不忙，再加上放弃了每年一个月的回国探亲假，平常休息的时间也比公司里的人多不少。没过多久，他就成了青曼随叫随到的"小跟班"。

青曼还有自己的项目。她去森林考察"树の语言"的时候，李勘就负责和凤凰待在一起。

他不知道叫"看护"还是"保护"更合适。凤凰可以和他进行简单的交流，但对现代生活装置一窍不通。就像一个几岁的小孩子，从水龙头的使用到插座的危险性，一切都要耐心地从头教起。李勘就像照看幼儿一样看着她。另外，一些当地人对他们收留"邪恶凤凰"的行为非常不满，常有陌生人在宿舍附近游荡。还好警卫及时驱赶了他们，但几次都把凤凰吓得不轻。

几天照看下来，李勘发现凤凰有一个很大的问题：营养摄入严重不足。她的身高大概有一点七二米，比青曼还要高一些，但体重特别轻。白得发青的皮肤像一张笼在骨骼上的薄纱，几乎可以看见内脏和血管的纹路。凤凰自己也饿得身体虚弱,大部分时间还是蜷缩在床脚休息。

一天晚上青曼回来时,李勘把她叫到门口。

"凤凰吃得是不是有点——你背的什么东西这么沉?"

他接过青曼的背包,女孩松了一口气,揉揉肩膀。

"干粉灭火器。"她小声说。

李勘晃一晃背包,里面发出金属瓶罐相撞的声音。

"你真的相信凤凰会纵火?"

"我只是以防万一……你看。"

青曼掏出手机,打开了她的谷歌地图。基地附近有五六个坐标被她标注了,最近的是发现凤凰的村落,最远的几乎到了另一个行政区。

"这些都是凤凰告诉我她去过的地方。我这两天查了记录,相应的时间都发生了或大或小的火灾。"

"所以你才让我一直看着她?"李勘回过头,凤凰正坐在屋里的小床上喝水。

青曼点点头。"有人看着总归是好一点。"

"可是她为什么……难道她真的是凤凰?"

"开什么玩笑。我觉得她不是故意的。"

"那是……"

"李勘,"青曼的眼睛亮晶晶的,"你有没有听过'沉默的音节'事件?"

五

"在我还小的时候,隔壁的小区发生了一起人体自燃案。一男一女被活活烧死，还有一个女孩掉进护城河保住了性命。后来我才知道，那个女孩是一个千语者。"

"千语者？"李勘好像听母亲讲过。

"对。在一个人学习外语的过程中，语音通常是最难的部分。正所谓乡音难改，受发声器官和童年成长环境所限，一个人一生只能发出有限的音节，通常仅限母语中常出现的那些。"

"我知道。"

"嗯。而千语者就是那些在语言关键期就接受了专业训练，发声器官灵活到可以对所有人类语音开放的人。"

"我妈当年就想这么训练我，但……唉，不提了。"

"我知道，"青曼笑了一下，"林教授都在专著里写了，你失败的原因是……"

"我说了，不要提了！"

"好好好，我继续说。那么这个幸存的千语者是谁训练的呢？经过调查，就是她的小姑，几年前同样也死于人体自燃。"

"这……"

"语言学界有一个传说，她们发现了'沉默的音节'。"

"'沉默的音节'？"

"你应该知道，说话其实也是一种物理过程，语言中的信息不过是声波的不同形态。声波本身就是一种武器：次声波可以对内脏造成不可挽回的伤害，共振能在无形间摧毁一栋大楼，特定的振动能让材料产生无法预料的性变。在千百年来的发展过程中，语言与肉体不断磨合，自然选择了对人类最无害的音节组合。在文化与生理构造的双重限制下，我们不会在无意中说出毁灭自身的杀人咒语。

"但千语者不一样。他们的发声器官打破了这一禁忌，只要愿意，他们随时可以发出这些本应沉默的致命音节。"

"这……"李勘一时语塞,"真的假的?"

"只是传说而已,"青曼笑了,"一个吸引我走上语言学道路的……都市传说。"

"那凤凰……"

"我不知道……但这些火灾不可能都是巧合,还有那诡异的语言能力……你可能没注意到,她跟你说话时也会用一些倒装句,甚至还有你独特的、处理韵母的方式,而跟我说话时这些特征又立刻消失不见……凤凰像一面镜子,完美复刻每个人的语言指纹,她——你没事吧?"

看到李勘的表情,青曼停了下来。

"我们几乎没有在一起说过话,你怎么知道的?你是不是……啊……"李勘抬起头,看见了墙壁上粘着什么东西。他踮起脚一把拽下来,捏了捏这个水滴状的黑色小点,像大了两号的西瓜子。

"时代进步了啊,比我妈用的粗笨麦克风精巧多了。"

青曼脸红了。

"你一直在监控凤凰?"

"只是收集一些数据。"

"她知道吗?"

青曼低下了头。

六

透过窗户,他看到屋里的墙角、桌面、床头柜上都贴上了这样的"西瓜子",甚至连凤凰留在地上的一双运动鞋上也有。无处不在的录音机,无时无刻不在搜集数据。这熟悉的感觉让李勘热血上涌。

"在你眼中,她只是一个没有知情权的异类,对不对?"

在母亲眼中,他只是一个没有知情权的异类。在一些文化中,婴儿不被视作真正的"人类",非男非女非人,故用指物的代词来指代。他天真的笑是无效数据,他刺耳的哭是噪声干扰,断断续续的音节被完整记录在案,真切的呼唤也被剥夺了原始的功能。如果一个成年人要参与人体试验,他会签长长的知情同意书;如果一个婴儿对着麦克风哭喊,没有人会去抱他,并对他说:"这就带你离开"。

"我还以为你收留她是多么善良的举动,我还以为……没想到只是拿她当一个珍贵的实验对象,对不对?"

他曾以为母亲是爱他的。是的,在生命最初拥有记忆的那些岁月,母亲每天都耐心地陪在他身边。糖果、玩具、鲜花,他的大部分需求都能得到满足。后来他才知道,那场生日惊喜派对是设计好的试验,那次撕心裂肺的迷路是设计好的试验,那个久别重逢的拥抱也是设计好的试验。他多么想要母亲发自内心的爱,但就算心愿得偿,他也无法将其与试验分开。

"你跟那些围观她的人,甚至把她装进笼子里的人没有什么区别,对不对?"

他的童年一直在被围观。落在日记和麦克风里的语言被母亲逐字逐句地分析;在游乐场发一次脾气都会变成论文被无数人拜读;婴儿房的单向玻璃外,常有成群的博士生、硕士生静默观赏"低龄幼儿语言发展情况"。长大成人后,他的过去已经成了CHILDES网站上最为完备的普通话语料库,不知道被全世界多少学者再下载、研究。他的童年被偷。他的童年不朽。

他谴责青曼只想着自己的项目,说她就像电影里为了论文不惜杀人的人类学博士。他的声音越来越大,青曼明显被吓到了。她听出了李勘言语背后的含义,眼里泪水涟涟,张开了嘴,但什么声音也没有发出。过了好久,他的语气才软下来。

"我们……我们还是把她送到救助机构吧!再努力找一下她的家人。"

"嗯。"青曼轻声说。她转过身,抹了一把眼泪。

七

推开门,李勘吓了一跳:凤凰正蹲在门后的角落里,抱着膝盖,泪眼汪汪地看着他。

"对不起,吓到你了?"

凤凰摇摇头。

"谢谢你。"

"没什么好谢的。"李勘把凤凰扶上小床,给她盖上被子。她的脸还是很惨白,面颊都凹陷下去了。

"其实陈对我很好。"

"她只是……"李勘不知道该说什么,拆下了他目之所及的七八个微型麦克风。

"不管怎样,我很感谢你们收留我。愿意收留我的人真的不多。"青曼说得对,凤凰和他说话的方式真的很像。乡音让人沉醉。

"我们应该做的——饭吃了吗?"

凤凰点点头,不过桌上的英吉拉还剩了大半。

"唉,要是能记得你的家人在哪里就好了。"

"Selam,"凤凰垂下目光,"我的名字叫 Selam。"

Selam,萨拉姆,"和平"。李勘知道这个单词。他在埃塞俄比亚见过很多商店叫这个名词，除此之外，人们日常打招呼也说 Selam。

"真是个好听的名字。"

"可惜我只记得这个。"凤凰轻声说，"其实陈说得没错，我真的有问题。每隔一段时间，我必须燃烧。但是燃烧过后，我的记忆也会随之消失……有时候，我觉得我已经不是之前的自己了。过去的 Selam 已化成灰烬，而另一个生命在灰烬中出生。"

一瞬间，李勘想起了退化成幼体又不断再次发育的灯塔水母，某种意义上实现永生的生物……不，萨拉姆是人类，不是这样的。

"我没有家，没有亲人，也不配拥有。我只能带来火焰和死亡。"萨拉姆闭上眼睛，呼吸微弱。

"不会的。相信我们，相信科学。"

"谢谢你，李。没有办法回报你。送你一首歌可以吗？"

还没等李勘同意，萨拉姆已经开始轻轻哼唱。从未听过的语言，从未听过的旋律，人类不可能发出的声音。那天籁舒缓而天然，传得很远很远，仿佛连风儿都为之起舞。

窗外的火焰花飒飒作响，红色的瓣儿纷纷飘落。青曼拂去屏幕上的花瓣，让软件从另一个角度分析这歌声。

八

萨拉姆睡熟了，李勘轻手轻脚出了宿舍。

夜已深，一轮明月正从树梢升起。没有光污染，也没有空气污染，埃塞俄比亚的天空清亮无比。李勘深吸一口气，发现了一个瘦小的人影。

青曼还在火焰花下等他。

"对不起。"

她走进探照灯扫过的地方，头发里还留着几个火红的花瓣。

"不，是我不该凶你。"

接着，李勘看见了她的眼睛。直直盯着他，在月光下闪闪发光。

"我想给你看看这些。"

接过青曼的平板电脑，李勘扫过几篇论文。各种各样语言写成的论文，英文最多。女孩深吸了一口气。

"我想让你知道，林教授当年的数据是如此珍贵，帮助我们建立了第一个普通话幼儿语言功能发育量表。一个句子平均有几个字，几岁该学会使用量词，多大能熟练运用被动，每个发育阶段的正常词汇量应该是多少……和身高体重表一样，有你作为参照后，无数母亲得以获知学语阶段的孩童是否患有语言方面的障碍。要知道，过去有数不清的孩子因为无法准确表达自身而错过自闭症、聋哑、大脑发育障碍的黄金治疗时期。你应该为自己感到骄傲。

"而且，你的母亲是儿童语言习得方面的专家，她在实验过程中遵循所有伦理法则，绝对不会以任何方式伤害幼儿。她爱每个孩子，所以才竭尽全力帮助他们正常发育。她爱你，所以在每篇论文的致谢、每本专著的前言里都会写尽对你降临的欢喜——我猜你从没读过吧？"

"嗯。"李勘轻声说。

"其实，我特别羡慕你。在大脑发育的初期，她对你的训练实际上大大延展了语言关键期。如果你愿意，其实完全可以变成像萨拉姆一样优秀的多语者，甚至是千语者。所以我在餐馆听到你用蹩脚的英语……听到你这么浪费林教授苦心培养的能力……我真的很心痛。"

"我……"

"还有，我这次把萨拉姆接回来，并不是为了我自己……不是为了论文，也不是为了什么项目。我是为了她。"

"为了她？"

"你不知道，萨拉姆在语言学研究者眼里是多么特别，甚至可以说是一种战略级武器。如果被其他人知道，十有八九会被雪藏，成为真正的试验体。那个时候，她将再次回归铁笼，文明人的铁笼。我只是想……只是想提早找到她特别的地方。或者说，我必须先一步证明她的普通，不然她会陷入真正的危险当中。"

"嗯。"李勘把平板电脑还给她，"我想，你听到她的歌声了？"

"我就在窗外，"青曼笑道，"我可以肯定，这才是她真正的母语。"

九

"闪语？你确定？"

青曼点点头。

"这次靠的不是语音，而是语法。有的学者认为，对文化作品来说，篇章的组织方式就带有语言和文化的特殊性，反映了作品所在民族的思维模式。"

青曼认真地解释，表情十分投入。李勘望着她，想起了自己的母亲。

"比如英语就是'直线型'，组织和发展成直线形，每个段落先有一个'主题句'，后面的句子就都围绕主题句所呈现的中心思想发展。类似汉语的东方语言则呈'螺旋形'，话不直接说，总要迂回曲折一下。此外还有'不直接型'，主要指说罗曼语和俄语的人，他们喜欢在行文的过程中加上一些似乎离题的插曲。"

"萨拉姆自己写的歌呢？"

"我分析过了，里面有很多复杂的平行结构，是典型的'折线形'

语言，符合闪语语系的特征。"青曼顿了顿，"其实平常和她说话也能感觉出来，不过口语本身太过支离破碎，没有完整的文艺作品好分析。"

"也就是说她还是在这片土地出生的？"

"土生土长的埃塞俄比亚人。而且我对比过本地语料库，最符合的应该是东部边境一个原始山村的方言，不过……"

"不过什么？"

"那个村子已经没了。"

"没了？"

"烧没了。"

青曼找出一张图片，火焰花林里燃着熊熊山火。

十

四目相对之际，一个人突然从暗处朝他们跑来，吓了两人一跳。李勘一步把青曼护在身后。

"小李小陈，是我！"

看到老康，李勘松了一口气。

"康老师，怎么这么晚了跑到这里来？"

老康扶着膝盖，喘了好一会儿才说出话来，"凤凰还好吧？好几伙人想要她！"

李勘看到青曼的眼神，赶紧回答，"凤凰在我这里。不过就是一个普通女孩，都是谁想要？"

"南边的一个部落说她是邪物，当局要控她纵火，还有几个在这边做田野调查的团队不知道怎么听到了风声，想见见她，估计还是因为她神奇的语言能力……不过他们暂时都进不了基地，还在交涉。"

"怎么一股脑儿都冒出来了？"

"恐怕不是巧合，"青曼皱起了眉头，"第一次见凤凰的时候，我在围观的人群里认出了几个外国的人类学家，所以我才抢着上了救护车……这些都是幌子，抢人才是真的。"

"那我们怎么办？"

"必须早点解开谜题，让他们失去对萨拉姆的兴趣，我们要……"青曼一把抓住李勘的胳膊，"……让凤凰燃烧！"

告别老康，两人回到了那间小小的宿舍。萨拉姆还在熟睡。

"你不会真的相信她是凤凰吧？"

"到底是'沉默的音节'，还是其他什么原因，我们只有试试才知道。"满月已当空，照得青曼的双眼闪闪发光。到底是为了救眼前的女孩还是想自己抢先做完试验，李勘已经分不清了。但他没有阻止青曼，强烈的好奇心驱使着他……

"怎么才能让凤凰燃烧呢？"

"让她吃饱。"青曼狡黠地一笑，"你没注意到，明明饿得要命，她每次吃饭只吃一小口吗？"

"啊？"

"当然证据不只这些。前几天我在基地外遇到了一个当地的孩子，几块糖果就收买了他。那个孩子告诉我，萨拉姆就是吃了他的英吉拉才开始燃烧的。"

"这也太……"

"试试就知道了。"

说着，青曼已经轻轻唤醒了萨拉姆。和往常一样，萨拉姆拒绝了食物。

"没有关系，就算燃烧也没有关系，"青曼指指墙角一排灭火器，"希望你可以吃饱。"

"不。真的会很可怕的。我很感谢你们,我不想……"

"相信我们,真的没关系。"李勘递上英吉拉,坚定地说。

萨拉姆已经饿急了。她看看二人,一把抓过柔软的面饼塞进口中。

那时,李勘压根儿不相信什么浴火重生、能言千语的凤凰,眼前只是一个大嚼食物、终于满足了的异族姑娘。

几块英吉拉下肚,还是什么都没有发生。萨拉姆打了好几个嗝,青曼赶紧递上矿泉水。

李勘有点失望,但也很欣慰。萨拉姆安全了,她只是一个普通人而已。

"砰——"

十一

塑料瓶掉在地上,矿泉水洒落一地。

萨拉姆一手扶着额头,一手抓着青曼,五官紧紧皱在一起,嘴巴大张,仿佛在发出什么无声的尖叫。

"怎么了?怎么了?"

青曼不知所措地摇头,把萨拉姆抱在怀里安抚。女孩的下巴抵在青曼肩上,整个身体拼命颤抖,表情极其痛苦。青曼也被抓得生疼,但她没有放手。

漫长的半分钟过去了,萨拉曼才平复过来,软软倒在青曼怀里。两人手忙脚乱,试着帮她以一个舒服的姿势躺在床上。但从青曼手里接过萨拉曼的身体后,李勘觉得不太对劲。她的双眼紧闭,头歪在一边,一点生气都没有。紧接着两个鼻孔都在流血。

青曼贴近她的胸腔,脸色一变。

"快,心肺复苏!"

还没来得及摆好姿势，一股焦煳味传进了小屋。两人同时望向窗外，惊呆了：整片火焰花林正在熊熊燃烧，滚滚浓烟正冲击着薄薄的窗户。

李勘抹了抹头上的汗，抄起手边的灭火器就准备冲出去，但刚起身就一个趔趄跌倒在地。

一股灼痛从五脏六腑传来，从指尖和双眼传来，从每条神经末端传来。他也在燃烧，从内向外燃烧。有人在尖叫吗？有人在呼唤吗？他什么都看不见了，也什么都听不见了。他只感觉自己在地上蠕动，变成了一条浑身烈焰的烧火棍。剧痛抽打着他的大脑，这个世界正在离他远去。

凤凰、青曼……再也见不到了……

妈妈。

十二

"小勘，妈妈回来了。"

"妈妈！"

他笑了，跌跌撞撞地扑上去，抱住那双熟悉的小腿。

女人弯下腰，用两只手把他抱起来。他"咯咯咯"地笑着，环抱着女人的脖子，把头埋进乌黑的秀发里。

一股奇怪的味道。他下意识地吸了吸鼻子，打了个喷嚏。

"对不起啊小勘，刚参加了一个饭局，那些老家伙非要在餐桌上抽烟。真是烦死了……对不起，不该和你说这些……今天小勘有没有好好复习呀？"

"复习了英语、日语和粤语！"他奶声奶气地回应。

"真棒！今天我们学一点非洲的语言吧！"女人抱着他走进卧室，

两个人坐在床上。小白板已经提前准备好了。

"非洲是一块神奇的大陆，人类就是从这里走出来的。在这里，基因多样性和文化多样性同样精彩。运动会上，他们代表人类突破极限，语言学领域，他们独创的文字和发音系统也不断刷新着我们的认知。"

大多数时候，他听不懂妈妈的话。但他喜欢这个柔软而温暖的怀抱。妈妈的嗓音也是那么好听，好像在轻抚他的耳朵……对了，他有一个问题，很早就想问的问题……

"妈妈，为什么要教我说这么多奇怪的话呀？爸爸、爷爷和奶奶都不会说。"

女人笑了。

"你可能还不懂……现在的你啊，可是有超能的哦。学习语言的超能力。像妈妈这个年纪，无论再怎么努力，也要花很多年才能浅显地了解一门语言，离彻底掌握还很远很远。妈妈希望你可以在这个阶段尽可能多学一些语言，甚至拉长语言关键期，脱离人类语言的范畴……"

"那是什么？"妈妈又在说他听不懂的话。

"你以后就知道了。不同物种的语言拥有不同的速率。由于大脑处理能力的限制，人类语言的信息速率平均值为三十九点一五比特每秒，音节速率的平均值为六点六三音节/秒，尽管语言的编码差异很大，但信息的传播效率都是差不多的。与漫长的一生相比，人类短小的语言关键期正是为这种速率的语言而设。但别的生命呢？蚍蜉朝生暮死，人类的动作慢如石像；古树千年屹立，要花多久才能完成一个音节……"

妈妈总是这样，说着说着就不知道在说什么了。

"淑宜，出来一下。"

是爸爸。爸爸总是在阻止他跟妈妈在一起。他害怕爸爸。

回到床上，他立刻爬到一边抱起了枕头。妈妈走出房间，带上了门。但他还是能听到声音。

"林淑宜，我说过多少次，别教他这些了，你不怕把他的脑袋搞坏吗？"

"我是语言学教授，这点我还是有把握的。"

"我妈说她看了新闻，有一个孩子从小学三门外语，脑子后来就坏了。还有一个……"

"那都是多久的假新闻了？你不相信我？"

"我相信你，但我妈说你要是再带着一身烟味回来，孩子还是交给她带吧。"

"我那是为了……"

李勘站在床头，俯视幼时的自己。他到现在才知道，母亲站在夹缝里平衡事业和家庭有多么不容易。

对她来说，让孩子成为事业的一部分，才能尽可能地和他在一起。母亲想给他最好的，母亲想给他全部的。

无数次试验过后，他拥有的不仅是那浓浓的母爱，还有一颗特别的大脑。

十三

李勘猛地睁开双眼，浑身冷汗。

撑着坐起来，他发现自己在基地的医务室。赶忙摸摸自己的脸和身子，皮肤都很完整，没有一点烧伤的痕迹。

那晚到底是怎么回事？青曼呢？凤凰呢？也是一场梦吗？

他翻身下床，拉开了医务室的窗帘。清晨的阳光灌进来，他看见窗口的火焰花已经被烧焦了。

不，那不是梦。可自己明明有被灼烧的感觉……窗户里的自己却那么完好。难道，自己也变成了可以浴火重生的凤凰？

"到这里来。"

是谁在说话？他回过头，医务室空无一人。

"到树林里来。"

不，没有人在说话。耳膜没有振动，这个缓慢低沉的声音不是他听到的。当然，他很清楚这也不是他的想象。好像……好像大脑中有另一个器官能够接收信息。

急于解开谜题，他直接从窗户翻出了医务室。

那边的火焰花林也有灼烧的痕迹，但大多数树木花草都还算完整。他走在林中，脑海中浮现出一阵阵低语。

"啊……"

"哦……"

"呼……"

每一声都如此漫长，仿佛过好几个小时才能形成一个有意义的音节。哦，除了那一个。

"到这里来。"

李勘跑了起来。他不知道自己在医务室躺了多久，大腿稍有酸痛。但他还是飞快地跑过低语的树林，在一片空地上找到了熟悉的人。

"青曼，"他喘着粗气，"我好像……也变成了凤凰。"

"不，"女孩盘腿坐在地上，举起了手中的录音笔，"你们是木精灵。"

<h2 style="text-align:center">十四</h2>

"什么？"

"你也听到了,对不对?"青曼关掉了播放功能,眼睛闪闪发光,"听到了树林的声音?"

"是……如果你是指那些拖得又臭又长的杂音……"

青曼"咯咯咯"地笑了起来:"太好了。"

"什么太好了?对了,"他突然想起昏迷前凤凰毫无生气的面庞,"萨拉姆怎么样了?"

"她很好,已经被基地保护起来了。"

"真的?我还以为……"

"是,她是差点死了。确切地说是已经死了一次。萨拉姆非常特别,在能量足够的情况下,她的大脑会进行一次强烈的逆生长……也就是说,在短期内萎缩并重新发育。这会造成记忆上的混乱,也能给她带来一个无人能及的天赋——永久语言关键期。"

"所以她才能完美习得遇见的所有语言?"

"没错!"青曼笑着点点头,"但事实不只如此。我之前不是告诉过你吗,我来埃塞俄比亚是为了考察植物语言,确切地说,就是火焰花的语言。"

"树真的有语言吗?"

"当然。不管是个体还是种族,作为地球上最长寿的生物之一,树木有一套非常先进的信息传输体系。一颗树木被长颈鹿啃食,方圆几里的同类都会在叶片里释放有毒物质;一条根尖触碰石头,其他根脉都会自动绕行;在热带雨林,各种树木占据适当的生态位,可以在相当大的范围内实现适宜的局部小气候——这点跟人类的城市很像。但最神奇的是,树木也会在人类听不到的频道上彼此交谈。

"就像它们生长得很慢很慢,树木的语言也很慢很慢。与人类不同,有些树木要花整整一年才能说出一个完整的句子。我们的耳朵虽然听不到，但那些声波是实实在在存在的，会刺激我们大脑。理论上来说，处在语言关键期的幼儿应该能够习得这种树木的语言。但遗憾的是，人类的语言关键期太短了，人家几句话还没说完呢，我们就失去习得母语的能力了。所以这些理论都只是理论而已。

"直到萨拉姆出现。她的语言关键期变得如此之长，以至在潜移默化中习得了另一个物种的语言。当她在大脑再发育造成的痛苦中号叫时，树木的语言也在发声器官中喷薄而出。那些火焰花受不了这样的折磨，纷纷失水自尽，并在埃塞俄比亚独特的气候中造成了一次又一次火灾。"

"你的意思是，我的身上并没有着火，只是大脑感到灼烧？"

青曼点点头："萨拉姆也是这样。她以为自己浴火重生，实际只是大脑的感受罢了。"

"那我……我的大脑也再发育了？"

"想得美！"青曼又笑了，"林教授提高了你的大脑对语言接收的能力，从某种程度上也算扩展了语言关键期。你应该也习得了一些树木的语言，才会像火焰花一样被凤凰的叫喊声折磨。"

"原来是这样……我还以为……"

"以为什么？"

"以为我会像凤凰一样，再也吃不了一顿饱饭了。"

青曼笑了，像精灵一样美好。

尾　　声

从家里出来，李勘长舒一口气。好久没什么实质性的交流了，他感到母亲苍老了不少，观点也落后了些。这只是一个开始，他对自己说，以后会慢慢好起来的。

青曼正在门口等他。

"决定了？"

青曼点点头。

"读博太没意思了，我想当一个真正的语言侧写师。但可惜……"

"可惜什么？"

"我没有那么长的语言关键期。你的语言天赋这么棒，浪费太可惜了，来帮我好吗？"

"当然，"李勘笑了，"第一站我们去哪儿？"

青曼的眼睛闪闪发光。

"他们说，埃塞俄比亚又出了一只凤凰。"

温　雪

一

多年之后回想起来，我不得不承认，就是从那一个晚上起，我平静的生活开始逐渐走向混乱而失控的雪崩。

那时，我和李桓还都是山前大学不同专业的本科生，相互之间也没怎么说过话。结束社团活动回宿舍的路上，我和他恰好同行。

山前市的冬天一如既往的漫长并且寒冷。前几日下过的雪早已失去了"银装素裹"的美貌，化成了污水，又冻成了坚冰。我把自己裹得严严实实，只有眼睛暴露在空气中，小心翼翼地在白雪光滑的"躯体"上行走。

路上行人寥寥，不过都和我们一样，拖着步子慢慢走。没有人急着回家。外面冷风肆虐，室内也和冰窖差不了多少——集中供暖在三年前就停了。如今，除了少数富贵人家，没有人的家里是温暖的。不对，真正的富贵人家早就搬到南方去了。他们付得起高昂的房价，在极端限流的情况下，也找得到关系拿到户口。

我和李桓显然不属于这一些类人。付不起钱，我们只能挨冻。在家里挨冻，在宿舍里挨冻，在教室里挨冻。

在路上挨冻。

两人沉默地走了一会儿，我突然意识到他在看我。

我不太想和他说话。我太冷了。和不熟的人说话要调动精力和能量，还要在任何话题下装出一副饶有兴趣的模样。平常倒还好，但是今天我太冷了。

又过了一会儿，我觉得我不能再无视他的目光了。

我假装刚注意到他，望向他，给了他一个询问的眼神。

李桓也是全副武装，只有眼睛露出来。我第一次注意到，他的睫毛很长，微微向上翘起。

但是他的目光躲闪了一下，好像在犹豫。

那正好。我又盯住了眼前的道路，专心致志地防止自己滑倒。

"那个……岳阑珊，你是岳阑珊同学没错吧？"

他终于开口了。这还是我第一次听到他开口说话，声音藏在厚厚的口罩后面，闷闷的。

"是的，我是。"

我们在同一个社团都待了一年了，你还不确定我的名字，李桓同学？

"我，我有个东西要给你……"

我猛地回过头，诧异地看着他。他停了下来，艰难地把手伸到背包里摸索半天，掏出了一个半本书大小的纯白色长方体。

我伸手接了过来，不由自主地"哇"了一声。

这个神秘物体的表面在月色下闪着晶莹的光，好像是雪白色的大理石，但是却十分的轻盈，仿佛真的是雪铸成的一样。最关键的，是它在散发出热量。

隔着手套也能感受到，它周身温暖异常。在能源极度匮乏的今天，它能在这寒冷的户外任性地发热，实在是奢侈。

"这是什么？新型号的暖手宝？"

"嗯，这是我，我自己做的。我是学材料的嘛，这是我上个月发明的。这是，这是……纳米级的摩擦粒子聚合而成的。摩擦不是可以生热嘛，我发现这种粒子就是可以……可以……嗯……收集这种热量。"

他好像是第一次给别人解释这件事，完全没有组织好语言。

"摩擦粒子？这个名字是你自己起的吗？"

他用几乎听不到的声音"嗯"了一下，长着长长睫毛的眼睛看向了地面。

为了不冷场，我开始调动社交能量。

"挺不错的名字啊，"我口气轻快地恭维了一句，"那它是怎么收集热量的呢？"

"让它们附着在摩擦表面就好。比如这里……"他指了指自己的衣服。

"这样，每天走路或者是跑步的时候，那些粒子就能把热量收集起来，处理一下，然后就能保持一段时间恒定的温度，嗯。"

我露出了恰到好处的微笑。但是，一想到会被口罩遮得严严实实，我的微笑就立刻消失了。微笑也是需要消耗能量的。

"那真的是很神奇呢。"

他又看向了地面。我感觉他的脸应该是红了。

"不过，摩擦生的热量应该很少吧，要维持这样的温度，需要花多久呢？"我指了指他递给我的那块白色的长方体——后来我们管它叫温雪。

"二十五天左右。我天天去跑步，衣服之间的摩擦会比较多一些。"

"这么久，就给我了？"

"嗯，那天你不是在朋友圈说手冷吗，所以我……"

我的心感觉被什么击中了。已经很久很久，没有人真正关心过我的感受了。我也早已接受，在这个冰天雪地的世界，大家依靠着有限的能量，越来越不愿意留意他人了。

但是，这里，站着一个少年。就因为看了我发的朋友圈，在寒冷的冬夜里一圈一圈地奔跑，收集起点滴热量，组成了这样一个美丽的方块，送到了我的手上。

我把它紧紧贴在胸口，感觉那热量渐渐穿透了羽绒服，温暖了冻得发抖的五脏六腑。什么东西融化了，竟然变成泪淌了出来。

他看到我哭了，突然不知所措起来。

"你要是喜欢就留着吧，我先走了。"

接着，他转身就逃走了。一些还未凝结的雪水被他踩得"啪嗒、啪嗒"直响，欢快地溅在了他的裤腿上。

我非常确定，我就是在那一瞬间爱上他的。

然而，很多年以后我才知道，当时他只是实验经费不足，想把那块初代"温雪"租给我而已。但是，看到我的反应那么强烈，不善社交的他怎么也不好意思把收钱的事说出口。

这份不好意思，却惹得我心动多年。

二

我们因为那块"温雪"熟络了起来。

李桓常常在社交软件上找我聊天。一开始，他只是询问"温雪"的情况，后来我们就什么都聊了。

　　他的生活比我单调很多。在我辗转于学校的各个社团和学生组织并投身各种活动时，他只是在实验室里捣鼓他的纳米材料。

　　我知道，我们只是获取精神能量的方式不同罢了。这是我的一套理论。我相信，人除了要从食物中获取身体所需的能量，还要从身边的事物里吸收精神能量。我有一个精神能量表，一旦自己心情低落——这在寒冷的地方是常事——就从头开始做上面的事，直到重新振作起来。

　　第一条，参加社团活动。第二条，聚餐。第三条，和闺蜜们聊天。我的能量来自热热闹闹的人群。至于总是形单影只的李恒，我想如果他也有一个这样的表格的话，那第一条应该就是独处。

　　不过后来，我发现我开始在他的身上汲取能量。

　　在这个寒冷的时节里，他的一个消息，他的一条动态，他从教室走过时的身影，都好像一碗温酒，从我头上浇下。而他的存在，就如同那块暖暖的"温雪"，让我的心一直热热的。

　　我做了一个新的精神能量表，第一条只有两个字，那就是他的名字。

　　有的时候，我会疑惑，他会不会感受到我的温度呢？

　　也许会吧，不然他就不会常常找我聊天聊到深夜了。他会和我讲"温雪"的制作过程，会抱怨摩擦产生的热量太小，收集太慢；他会和我讲家里为取暖的事情发愁，可能会有一天不得不南下偷渡；他会和我讲自己小时候骑自行车跑到好远好远的地方，在废弃的工厂里找到一个草丛仰面躺下，看一整个晚上明亮的星空。

　　那个时候，我好想说，我愿意陪你改良"温雪"，我愿意和你一起去南方发展，我愿意与你一起看星星。但是，我说出口的，只是"加油！你一定可以的"，只是"对啊，我们家也觉得暖气费越来越贵了"，只是"嗯，我也爱看星星"。每回一句话都很小心翼翼。他是我精神能量的来源，是我的太阳，我害怕我会失去他。

有时，舍友看不得我每天晚上捧着手机熬夜的样子，会不留情面地浇我冷水。

"哎，我说，你那个李桓，到底对你什么态度啊？"

"我……我也不知道……可是他每周都会和我聊天聊到很晚，应该也许大概有那么一点点好感吧……"

"我猜猜，是不是每周二和每周五晚上？"

"对啊，倩倩你怎么知道的？"

舍友露出了无奈的表情。

"我的一个朋友是他的同班同学，他告诉我，李桓每周这两天都要去实验室熬夜调试机器，估计是挺无聊的。也就你这么傻，会陪人家这么晚。"

我的心一沉，不过嘴上还是没有服输。

"那……那他为什么没有找别人，光找我呢……"

"我的傻姑娘，你们也就网上聊聊天吧，你怎么知道人家不找别人呢？别当他排解寂寞的工具了好吗？"

我没再搭腔，心里真的隐隐害怕起来。

这天又是周二。晚上八点，李桓的信息又准时到了。

我躺在被窝里，把"温雪"放在胸前，还是在网上有一搭没一搭地和他聊天，但是心里开始犹豫，要不要试探一下他的态度。

我的想法还是隐隐约约被他察觉到了。互道晚安之后，他又发过来一条信息。

"阑珊，我知道你在想什么。"

真的知道吗？他终于要回应我的温度了吗？我的心"怦怦"地跳

起来,不敢回话。

等待的一分钟,我感觉有一年那么长。

"阑珊,我给不了你想要的。"

"哈哈,你想多了吧。你有什么呀,我才没有想要的。我当你是朋友而已,总是觉得别人喜欢自己可是人生十大错觉之一哦～"

"那就好。那就……晚安了。"

"还以为你要说什么呢,赶紧睡吧。"

放下手机,我用被子盖住了抽泣声。

三

第二天见面,我们都默契地装作什么都没有发生过。他还是一门心思地研究他的"温雪",而我,继续以朋友的名义陪在他身边。我一心也想做他的能量来源。我倾尽所有,照顾他的起居,也帮衬他的事业。

不过,他所选择的行业竞争激烈异常。

近年来,石油和煤炭已被挖掘殆尽,可控核聚变仍如空中楼阁般遥遥无期。能源危机影响到了这个世界上的每一个人。

在中国,取暖成本居高不下,北方的大量城市人去楼空,变成座座鬼城,迁都的传言甚嚣尘上;面对汹涌而来的外地人,南方也不堪负重,稍微好一点的城市都采取了限流政策。别的国家也好过不到哪里去。宜居地带大幅度缩水,人们不得已向低纬度地区挤去,各个地区犯罪率飙升。

当然,人们并没有坐以待毙。在世界能源匮乏的大背景下,新能源技术层出不穷,每个都标榜自己可以引领革命,拯救世界。就在人口锐减的山前市,一场所谓的科技大会就能吸引到数百个新能源项目组。

精美的PPT，精彩的路演，能获得政府部门投资的强大背景……每个项目组都各显神通。李桓不善与人交际，甚至不怎么会做PPT，更别提拉关系走后门了，所以只能被淹没在那些包装得闪闪发光的项目中，常常愁容满面。我在学校参加过演讲比赛，也主持过几场活动，所以有时也会帮李桓抛头露面，推销"温雪"项目。没过多久，我作为一个文科生，也能就技术细节侃侃而谈。

"温雪从本质上来说是摩擦粒子的聚合物，而每一个摩擦粒子中，都包裹着一定质量的新相变材料……"

"相变材料？"

又是一个技术人员没来的审核组。不过这种情况我也见多了，解释起来轻车熟路。

"相变材料是一种物质的统称，它们能够随温度变化而改变物质形态，并在相变的过程中吸收或释放大量的潜热。比如我们最熟悉的水就是一种常见的相变材料，结冰的时候吸收并储存大量的冷能量，而在溶解过程中吸收大量的热能量。"

我顿了顿。

"而温雪中的新固液相变材料，是我们的专利产品。它对于摩擦相当敏感，可以最大限度地收集摩擦产生的热量。当收集到的热量达到融点时，就会产生从固态到液态的相变，储存大量潜热；当材料冷却时，从液态到固态的逆相变就会发生，热量就要在一定的温度范围内散发到我们周围的环境中去，从而起到极佳的保温作用。"

一般到这个时候，台下的工作人员便会似懂非懂地点点头，招招手让下一个项目组上台。

后来，终于有几个公司注意到了"温雪"。但是，在进一步将"温雪"

商业化的过程中，却遇到了一个怎么也跨不过去的坎儿。

"效率太低了。"

这是与李桓洽谈的几个公司一致的答复。

确实，目前要让一块手机大小的"温雪"在东北持续散发一个星期的温度，至少需要一个人穿着附着摩擦粒子的衣服奔跑五十个小时。

不过，还是有人十分看好李桓的技术。

"这是我的名片，如果你找到了高效收集摩擦产生的热量的方法，欢迎你随时回来找我们。"

李桓双手接过名片，连声道谢。

回学校的路上，我看到他把那张名片拿出来，仔仔细细地又看了一遍。

"阑珊，半年了，最好的结果就是这个。你说我是不是一开始的方向就搞错了。摩擦生的那点热量，够什么呀。"

我看着他低垂的眼眉，特别想握住他的手。

"李桓，你看，王总那么看好这个技术，是一个好兆头啊，你应该高兴才是。"

"唉……"

李桓叹了一口气，小心翼翼地把名片收在了包里。

日日与各种各样的人打交道，我注意到李桓的精神似乎越来越差。渐渐地，我发现他头发也不洗，胡子也不刮，走在路上眼神也变得呆滞起来，总被学弟学妹在背后指指点点。

我知道，他的精神能量正在这个他不熟悉不喜欢的领域大量消耗。

一日，山前市大雪，纷纷扬扬的雪花在我眼里是几日后的骤寒，是湿滑的街道，是撒在空中的盐。可是，他却趴在栏杆上看了整整一个下午。

  他看着雪，我看着他。想了一百个借口，却也不敢上前搭话。面对他，仿佛只有借助手机，我的勇气才能回来一点点。

  晚上，我又接到了他的信息。

  "阑珊，有的时候我真的很想去这样一个地方。在那里大雪可以覆盖掉尘世的一切，视野之内只剩纯白。天地一色，唯我一人。"

  "那……不如我陪你去找啊～"

  发出这句稍微有点越界的话后，我捧着手机的手指微微颤抖。

  又过了一会儿，他回了简单的两个字。

  "好呀。"

  望着屏幕，我忍不住笑出了声。

  入睡之前，我把今天的聊天记录截图保存了下来，时不时拿出来看看。我知道这些暧昧不清的话语代表不了什么，可是这些他亲手敲打出来的字句，每每都能唤起我心底残存的希望，带来一丝丝转瞬即逝的温暖。

四

  为了让李桓尽早恢复过来，我拜托他的舍友多照看他，多带他去参与一些男生的活动。

  不久，他舍友就成功了——李桓被说动去参加一场在讲学堂举办的讲座。不过，那理由我可不敢恭维——据说是一个来自英国的美女博士主讲，半个学校的男生都想去一睹她的芳容。

  李桓似乎是被忽悠去的：舍友们告诉他，这场讲座可能会对他的研究有帮助。

我也去了。不过一看讲学堂门口的海报，我就知道李桓收获不了什么——讲座主要是关于雪崩的。冰冷的雪山，大概是离暖暖的温雪最远的东西了。

主讲克里斯蒂娜出场的时候，引起了一阵不大不小的欢呼。她确实可以称得上美女，身材高挑，鼻梁高挺，淡金色的头发优雅地卷曲着。尤其是那双眼睛，是绿宝石一样的颜色。深邃而明亮，像雪山间清澈的湖泊。

李桓盯着那双眼睛，看呆了。看着他不自觉地开始整理自己的衣领，我的心里泛起一阵不快。

开讲不久，很多观众就傻眼了。克里斯蒂娜用的是纯正的英音，而且语速极快。不少英语不过关的同学一头雾水，坚持不了一会儿就开始玩手机。

我是英语专业的，还能勉强听懂。不过，我知道李桓的英语水平完全不行，开始想办法说服他离开。

李桓突然用手肘捅了捅我。

"阑珊，你不是学英语的吗，给我翻译翻译呗。"

我露出了难以置信的表情，不过只有一瞬间。

"好吧……"

五

克里斯蒂娜确实有些水平。她的讲座，刷新了我和李桓对于雪崩的认知。

她先以一个真实的案例展开了演讲。

"我研究雪山，是因为一个很好的朋友差点在雪崩中丧生。

"那年,是他在这座城市北部的长吉山滑雪的第五个年头。在座的同学们应该知道,长吉山是中国第三,也是世界第十大雪山。而在大型雪崩的记录上,长吉山一直排在第一名。在过去的十年里,长吉山雪崩一共吞噬了上千人。不过,我那个朋友也是滑雪老手了,他自以为已经摸透了雪山的脾气,喜欢自由地在人迹罕见的区域驰骋。

"那天,天气很好,他照例带好装备上了山。然后,毫无预兆地,雪崩开始了。

"当他察觉到时,只见一堵雪墙向他压来。几秒钟的时间内,他被冲下了几百米,深埋在了雪中。

"不过,作为资深的探险家,他毫不惊慌。大家可能会想,雪是那么的松软无害,就算被压进去,只要认准方向,就能很轻易地将自己刨出来。

"但是,他没想到的是,他要挖开的不是松软的棉花,而是坚硬的钢筋混凝土。

"他四周的雪坚硬无比。

"这时,他才开始慌了。在狭小的空间里,他疯狂地敲击着雪墙,感到呼吸渐渐急促。不过,他是幸运的。恐怖的五分钟过去之后,他很快被同伴救了出来。然而,这个世界上和他一样走运的人并不多。所有高山遇难者中,因雪崩而殒命的要占三分之一到二分之一。在这其中,除去被强力气浪击中的人,被埋在坚硬雪墙中而死的人甚至可以组成一个小型欧洲城市。

"朋友向我抒发了劫后余生的喜悦后,我的好奇心就被勾起来了。我想知道这是为什么,我想知道柔软的雪花是怎么变成困死人的牢笼的。

"后来,我听说法国的国家农业机械、农村工程及水与森林资源管理中心有一个专家团,专门设计大型实验来模拟雪崩的经过,试图破解雪崩产生的机制。

"离开中国后,我在那里度过了令人难忘的五年时光。我们在实验室里,也在高山上制造过雪崩,我们用化学药剂,也用电子计算机断层扫描仪研究过雪崩。后来,我终于找到了雪变得坚硬的秘密。

"在雪崩的过程中,成千上万的雪花在高速下落的过程中相互推挤碰撞,释放了大量的能量。这些能量以热量的形式释放,融化了一些雪花的表面。我们都知道,如果将两个表面融化的冰块紧紧地挤压在一起,它们的接触面将很快重新凝固,变得难分难解。那些雪花也是这样。

"在雪崩中,雪花们也在这个混沌的过程中被强力挤压。尤其在最终平静下来时,雪花表面的水分立刻重新冻结起来,把彼此紧紧相连。

"因此,埋住遇难者的,不是柔软的雪,而是坚硬的冰。"

六

讲座结束后,李桓在学校的咖啡馆里拦下了克里斯蒂娜。

他还是拉着我当翻译,不过我完全不知道他要做什么。

"您好,我是山前大学的李桓,刚刚有听您的讲座。"

"我记得你,你听得很认真。"

克里斯蒂娜悠然地抿了一口摩卡。近距离看,她翠绿色的眼睛像藏有一整个宇宙,十分动人心魄。

"小姑娘英语不错。"

"谢谢。"

被这样一个成熟而优雅的女性称赞，我不由得脸红了。

"是这样的，我想问您几个问题。第一，您刚才说，在雪崩的过程中，大量雪花彼此碰撞，会释放大量的能量？"李桓问。

"没错。"

"是因为彼此的摩擦而产生的吗？"

"自然。"

"第二，引发雪崩难吗？"

看到李桓的脸上露出了久违的微笑，我突然知道他想要干什么了。

他要向冰冷的雪山索取热量。

李桓真是疯了。

七

我可能也疯了。

一个月后，我，李桓还有克里斯蒂娜来到了山前市北部的长吉山脚下。

一开始，李桓是不同意我来的。那场咖啡馆交谈后，他和克里斯蒂娜一见如故。与那些只看重商业利润的公司负责人不同，克里斯蒂娜对"温雪"大加赞赏，当场表示要用自己的知识和人脉支持李桓的研究。后来，他们交换了联系方式。再后来，李桓与我的交流越来越少，那些深夜畅谈的日子也一去不返。舍友告诉我，李桓在翻译软件的帮助下，整夜整夜地和克里斯蒂娜在网上聊天。

有时候，我会后悔支持李桓去听那场讲座，更后悔当时给李桓当临时翻译。不过，当我想起李桓找到研究突破点时双眼里闪现出的熠熠神采，心里那块最柔软的地方还是被触动了。

后来，李桓带着一卡车摩擦粒子，决议和克里斯蒂娜上雪山验证他的研究。而我，则以随行翻译的名义执意跟去了。

尽管在一个城市，长吉庄比学校还要冷不少。我把自己裹得像一个球一样，还是被冻得瑟瑟发抖。克里斯蒂娜穿得也不少，长长的羽绒服到了小腿。不过，她身材高挑举止优雅，傲然走在被白雪覆盖的村落间，有点像童话世界里的女王。

到了才发现，长吉庄里的留守的村民已经很少了。天气越来越冷，能源越来越贵，很多人举家迁到了南方。

李桓还是找到了一户留守的人家。男主人四十多岁，独自带着一个六岁的儿子。

"叫俺老谭吧。"

李桓握住了他满是冻疮的手，用力摇了摇。

"老乡，如果我的实验成功了，一定让整个村子都暖和起来。"

老谭摆了摆手。

"俺不懂你这个，这次上山的钱给够就行。"

"一定一定。"

寒暄中，我注意到了那个躲在里屋门后的孩子。

"山娃，出来见见客人。"

听到父亲的呼唤，孩子绞着双手，一步一步挪了过来。

我在他面前蹲下来，目光正对着他红扑扑的小脸。他害羞地低下了头。

"冷吗？"

他轻轻点了点头，瞥了一眼父亲，又摇了摇。

我感到自己的心被击中了。

我回头望向李桓，给了他一个请求的目光。

"你想给就给吧。"

我从包里摸索一阵，掏出一块手机大小、刚充满能量的温雪，放在了山娃手上。

和我第一次接触温雪时一样，山娃不由自主地"哇"了一声。

"爹！热的！"

他捧着温雪，兴奋地朝老谭跑去。老谭抚摸着温雪，眼神也渐渐变了。

"这些年轻娃子，还真有两下子。"

八

李桓和克里斯蒂娜的计划相当疯狂。

与各路公司以及政府部门打交道的那半年让李桓十分清楚，利用雪崩收集热量的主意在那些生意人眼里绝对是无稽之谈。所以他决定，先把成绩做出来。他拿出了全部积蓄，制造出了能堆满一个小屋子的摩擦粒子。然后，在克里斯蒂娜的资助下，他从黑市买了炸药，甚至租了一架老旧的直升机。

让我感到意外的是，想要引发雪崩这样的大型灾难竟然如此简单。克里斯蒂娜给我们看过一个视频，里面是一位滑雪者从雪坡上划过，而沿着他滑行的轨迹，雪墙纷纷崩塌。

"厚厚的积雪看上去很结实，实际上不过是在勉力维持一个脆弱的平衡。在薄弱环节的轻轻一击，就能使整个系统崩溃。所以，李，你的方案真的是很经济实惠。"

来到长吉山的第二天，三人就在老谭的带领下上了山。

爬雪山对于我来说是一个很艰难的活动。自从上了大学再也没有体育课后,我甚至都没怎么跑过步。再加上高原反应和沉重的装备,我的体力很快就跟不上了,常常需要他们停下来等我。

第三次扶着我坐下休息时,李桓流露出担心的神色。

"阑珊,都说叫你不要跟来了。"

"我没事。"

我知道,克里斯蒂娜才是真的没事。她身手矫健,爬了这么久也丝毫不见疲惫。此时,她正手舞足蹈,和老谭比画着交流。

"要是那块温雪还在就好了。"李桓握住了我的手。

我的心一下子热了起来。

这时,克里斯蒂娜过来了。

"岳,你还好吗?谭告诉我,观测站马上就到了。"

我点了点头,扶着李桓站了起来。

所谓的观测站,就是国际雪山观测中心在长吉山建设的二十个小屋之一。然而,观测中心的人员撤离这座凶恶的雪山已经很久了,只留下了一些必要的观测仪器。

"还是没有能源的原因。再过不久,恐怕全体人类就都要撤到温带和热带了。到时候,宜居城市的争夺将不知道会有多激烈。就算产生战争,我也不会奇怪。"

克里斯蒂娜隔着手套抚摸着那些冻得硬邦邦的仪器感慨道。

"如果我们能够成功,这种情况一定会得到改变的。"李桓说。

看着两人决心要改变世界的模样,我的心里百感交集。

接下来,我留在观测中心稍做休息,李桓和克里斯蒂娜在老谭的带领下,在观测站附近考察了一番。

结合地形图,他们确认了实验方案:先乘坐直升机将摩擦粒子撒在海拔较高的雪崩准备区，并投放精心控制当量的炸药。根据模型，炸药引爆后将会引发一场携带着摩擦粒子的小型雪崩。雪崩会在国际雪山观测中心左上方不远处的一个缓坡停下，然后需要李桓他们立刻去收集充满能量的摩擦粒子，组成温雪。如果回收不及时，那些温雪很快就会在深深的雪中一路下沉，再也没有了踪迹。

李桓对此很有信心：他算过很多次，这次收集的能量足够长吉庄留守的村民度过一个温暖的冬天。

九

去撒摩擦粒子的日子，我病倒了。

我在老谭小屋里休息，只能从那个小小的窗户里，看着李桓和克里斯蒂娜把一袋袋的摩擦粒子扛上直升机。

没有专业驾驶员，只有自告奋勇的克里斯蒂娜。

她说在法国那个专家团里搞的几次雪崩都是由她亲自驾驶飞机来投放炸药，经验十分丰富。我不能不相信她的话。她自信的神态，言语中的骄傲，冒险的举动，都令我不得不佩服。李桓看她的眼神，也是充满了敬意。

在我的注视下，直升机还是歪歪斜斜地起飞了。

等到它飞出了视线，我换了一个舒服的姿势躺下，轻轻叹了一口气。山娃走过来，把温雪放在了我的手上。

"姐姐，别担心。"

他的头发好久没洗过了，都打了结。我想起了李桓最煎熬的那段日子，也是这样总不洗头发，看起来不免有些狼狈。不过，自从认识克里斯蒂娜之后，他再也没有顶着一头脏发出过门了。

话说回来,他俩之间的交流也早就不需要我来翻译了。

十

播撒摩擦粒子的过程还算顺利。几天过后,等到摩擦粒子完全渗入积雪中,就是引发雪崩的时机了。

具体试验的部分本不用我操心,可是对于制造灾难这样的举动,我心中一直有着隐隐的担忧。

一日,替老谭打扫房间时,我忍不住翻了翻克里斯蒂娜案头的几份英文资料。

前几份都是长吉山的各项数据,没什么特别。而后面的一份手写材料则引起了我的注意。

我这才知道,他们这么做,就是在赌命。

那份材料很明显是克里斯蒂娜的手笔。她通过计算模拟出了试验的另一种可能:摩擦粒子在收集了雪花和雪花碰撞之后产生的热量后,也许会阻止雪花表面融化以及重新凝结。换句话说,由于摩擦粒子的存在,雪崩很可能不会在该停下来的地方停下来。

村庄,老谭,山娃,李桓。都有可能成为这场试验的牺牲品吗?

"岳,这不是你该看的。"

我一惊。回过头,克里斯蒂娜正倚在门框上,抱着手臂望着我。她翠绿色的眼睛深如汪洋,让我读不懂。

"这份资料有中文版吗?李桓知道吗?"

"岳,我跟你不一样。我要操心的事很多,不会什么东西都翻译给他看的。"

"那你告诉我,雪崩失控的概率有多少?"

克里斯蒂娜眨了眨眼睛。

"也就万分之一多一点儿吧。"

"也就?你可知道这是在拿多少人的性命开玩笑?"

"那你以为呢?科学发展史上多少进步不是牺牲换来的?我告诉你,现在科学发展这么缓慢就是因为所谓的人道主义在阻碍。当年日本人在东北积攒了多少有用的资料,你知道……"

看到我的眼神,她停了下来。

"对不起。"

一个轻描淡写的 Sorry 并没有传达出多少歉意。

"但是他们的牺牲为医学的发展做出了很大的贡献。他们拯救了数千万的人。"

"可是,对他们来说,自己的生命难道不是最宝贵的吗?生命的天平,难道可以用数量或是地位来衡量吗?历史的洪流我们无法阻挡,可是我们又有什么权利去决定别人的生死呢?"

她像看一个幼稚的小孩子一样看着我,嘴角竟然还勾起了一抹笑。我被她的态度激怒了。

"我要告诉李桓。我会阻止这一切发生的。"

"就算是知道,他也不会停止试验的。这是他最后的机会。下个月,这座城市里余下的人就会全部搬往南方,李没钱没势,不会再有机会接近任何雪山。他呀,现在就像手握两个铁球站在比萨斜塔上的伽利略,有一个向全世界证明自己的机会,他绝不可能后退。岳,你是个文科生,你不会懂的。"

"我……"

"而且,恐怕他在心里还隐隐希望雪崩不要停下来。雪落得越久,收集的能量就越多,引发的关注就越多。你说是不是啊,岳?"

她又笑了一下，没等我回答就转身出了房间。她长长的金发扬在空中，像美杜莎。

十一

搜索了过去的新闻，我才发现克里斯蒂娜比我想象的还要可怕。

她所在的试验团队均以冒险而出名，得出的成果不少，但死伤率竟达到了百分之八十。她甚至因为执意要进行一些过于危险的举动而被不少组织除名，不得已才来中国寻求发展机会。她这很可能是在拿李桓当跳板，想要做出令世人瞩目的成绩以当作回归主流学术界的资本。

看的越多，我的心跳越快，仿佛正看着邪恶的魔女在将李桓推下山崖。最后，我咬紧牙关，决心一定要说服……

"李桓？"

"我……有点事要和你说。"

"我也有事要说，我……"

"克里斯蒂娜已经都告诉我了，我自会有判断。我想说的，是我们两个人之间的事。"

满腔想说的话瞬间消失。蛰伏已久的恐惧从深渊中升起。身体里所有的器官都在发出警告。

"你……你说吧。"

"阑珊，你退出试验吧，回家吧。"

"不行，我还可以帮你……"

我语塞了。一个小翻译，还能帮这两位大科学家什么呢？他们的世界，他们的情怀，就像那些复杂的数据一样。我进不去，我读不懂。

"阑珊,我把我的真实想法告诉你,你就知道我有多混蛋了。我知道你喜欢我,但是我一直在想办法阻止关系进一步发展下去。但是我又很自私地想留住你,所以……"

我暗暗咬紧了下唇,浑身都在抖。那些温暖人心的话语在记忆中破碎,那些温馨暧昧的画面在冰雪里消融。

"阑珊,我是一个注定孤独的人。我负不起对你的责任。对不起。"

"我知道,我知道,我早就知道了。没事啊,我也觉得这段关系就这样挺好的,毕竟大家都不用负责嘛。嗯……反正也都老大不小了,可以从这段感情中毕业了。嗯。"

他看着我,舔了一下嘴唇。

"那就,再见了。"

"嗯。毕业快乐,少年。"

看着他的眼睛,我用尽全身力气扯出了一个微笑。

李桓没有再说话,转身走出了房间。

"姐姐,这是俺爹从网上买的海南椰子,让带给姐姐——姐姐你怎么了?"

我紧紧抱着山娃瘦弱的身体,眼泪再也兜不住了,仿佛整座雪山都被烈焰瞬间融化,变成了瀑布倾泻。

泪水肆虐的时候,我咬紧了下唇,让那份号啕只在心里惊天动地地回响。

在这份充满着自我欺骗的感情里,我最后一次告诉自己:只要不被他听到哭声,我就没有输。

十二

第二天天还没亮,我就已经收拾好行装准备离开了。

山娃主动跑来送我,还帮我背上了一个小包。

拉着他的手,我踏着积雪走出了村庄。

天气很好,大块大块的白云以肉眼可见的速度移动,不时掠过太阳闪出几道丁达尔天光。

如果要进行试验,今天是个好日子。我摇了摇头,把李桓赶出了脑海。

我们深一脚浅一脚地走着,山娃手里还把玩着那块"温雪"。

"姐姐,这么久了还是热的,你们好厉害呀。"

"是你那位哥哥厉害。"

"姐姐会说我听不懂的话,姐姐也厉害。"

看着山娃亮晶晶的眼睛,这么多天来头一次,我不由自主地露出了微笑。

"山娃以后也厉害。"

"啊,怎么才能变厉害呢?"

"好好读书,好好读书就可以变得很厉害了。"

"嗯!我一定要好好读书!变得和姐姐一样厉害!"

看着山娃兴奋的面庞,一阵久违的暖流从我心中涌起。

我把他的小手攥得更紧了,眼眶变得温暖而湿润。

原来,这个世界上,我不用一直依靠李桓来获取生活的能量。

和山娃分离时,我忍不住回头望了一眼雪山。

那一瞬间，一缕微风拂过了我的面庞。它是那么轻柔，仅仅撩起了我耳边的发丝。

我与山娃对视了一眼：长吉庄，从来没有过这样的风。

十三

过了很久很久，我才通过各种报告拼凑出那天究竟发生了什么。

当时李桓、克里斯蒂娜和老谭都在半山腰的那间观测站中。我不确定李桓知不知道雪崩会失控的事，他可能想拿到第一手观察资料，可能害怕来不及收集摩擦粒子，可能放不下山下的村庄，想和他们共存亡。

也有可能自以为能够规避那个灾难性的结果——最终他们引爆的炸药比当初布置的要少很多。

总之，他们准备好了收集摩擦粒子的采集器，便隔空引爆了炸药。

一切都如当初所计算的那样，炸药引起了一场规模有限的雪崩，直向观测站上的缓坡扑来。

只是，大自然的精密与复杂让墨菲定律再次起效：最坏的状况发生了。

那场小雪崩并没有在缓坡上乖乖地停下来，而是引起了一场大规模的巨型雪崩。万吨巨雪还未向观测中心扑来，先锋气浪已经掀翻了整个脆弱的房顶。接着，雪墙重重击向墙壁，先是从窗户里一堆一堆地挤进来，然后开始从墙壁的裂缝里涌入。最后，整个观测站崩溃了，好像一滴落入水中的朝露，在满天暴雪下，消失得无影无踪。

之后，雪崩也没有停下脚步，以接近于一百三十米每秒的速度冲向了山脚下的村庄——长吉庄。在这个白色妖魔所到之处，所有的建筑都在七十吨力量的打击下瞬间粉碎，生还者寥寥。更糟糕的是，相邻的雪山仿佛也受到了震颤，雪崩接连发生。

一阵阵冲击波以长吉庄为中心扩散，穿过了村庄与小镇之间的树林。一开始，它以摧枯拉朽之势摧毁了几百棵雪松，最后到达我与山娃那里的，只剩一抹春风的力道。

搭乘直升机协助救援的时候，我仿佛看到了天堂。

人称"雪窝"的长吉庄被松软的雪花整个填满，变成了一望无际的雪之湖。所有的残骸都被深深收藏在这纯净绝美的白色之下，我在飞机上望着它，失去了速度感、距离感和时间感。阳光洒来，湖面粼粼闪着光。

这，不就是李桓当年最想要去的地方吗？

接着，我看到了他。

被摩擦粒子夺去热量的雪花失去了凝结在一起的能量，也就没有办法再变成困死人的坚冰。很多生还者就是靠着双手从雪中挖出了一条生路。对了，当时我四处发放的"温雪"也帮了大忙。

李桓当时也没有死。

但是，与迅速离开现场求救的克里斯蒂娜不同，他选择了另一条路。

李桓拿出了一直护在怀中的摩擦粒子收集器，在齐胸深的积雪里艰难跋涉着，从冰冷的世界里召唤那些不断下沉的细小精灵。他身边的一切都在夺走他的温度，直到体温调节中枢功能完全衰竭。

我看到了他在雪中拖出的长长痕迹，我看到了他死死盯着前方的双眼，我看到了他的嘴角，他在笑。

他在梦想中的世界里，让生命停止成了一座丰碑。

十四

后来我才知道,李桓在这场巨型灾难里索取的能量,抵上了山西一座小型煤矿。

在克里斯蒂娜的大力推广下,"温雪"技术拯救了陷入能源危机的世界,避免了很多场一触即发的战争。北方城市全部搬空后,很多大公司将在雪山建设能源基地,撒下整座山的摩擦粒子,然后在一场一场寒冷而可怖的雪崩中,寻找维系生活的温度。

而我,最终成为了一名常驻山区的支教老师。

在给孩子们讲解"温雪"的历史时,李桓的面容就会在我的脑海里浮现。

那时我已经知道,他当日的决绝,也只是为了在概率面前救我一命。

殉道者,救世主,我爱的少年。

在我们初遇的那一天,递给我一块温雪。

言　蝶

翩　跹

20Y0 年 1 月 20 日，美国，新墨西哥州，陶斯小镇。

为了等那只**蝴蝶**，你在这里徘徊了很久。

有时候你觉得它不会来了。也许它早已变了样子，从一只蓝色的天堂凤蝶变成了墨绿相间的"东方之珠"；也许学会了枯叶蝶的伪装术，让你见了也认不出来；也许，也许干脆在北美东北部往这儿迁徙的过程中一命呜呼，再次废了你的精心培养。网线上也会吹寒风吗？你不知道。但这是你唯一的希望。

陶斯普韦布洛遗址十分开阔，四处散落着看上去像黄泥铸成的一层长方形小楼。偶尔有几个像是搭积木一样，下多上少垒个两三层。总之，没有一处挡风的地方。你裹着穿了五六年的羽绒服，脸蛋红扑扑的。但你不能走。你必须融入这个地方，认认真真当一个游客。这样那只蝴蝶才会来。

导游是一个棕色皮肤的大学生志愿者，尽职尽责地带着你们游览。她一张口，白色的座菜粉蝶就成串飞出来，撞到几个北美游客的脑门上。也难怪，这些都是干硬的知识，什么历史悠久啦，什么文化底蕴厚重啦，没有几个人听得进去。但吉·勒罗伊女士不一样。她湖蓝色的眸子紧紧咬着导游的面孔，吸引着一队白蝶往自己耳朵里钻。听了一会儿，吉趴在你的耳边，几只金红色的小蝶从喉咙里飞出来。

"在一个欧洲人和一个中国人面前说历史？"

你只是笑笑，没有像往常一样接话。知道消息已经那么久了，但你的心里还是很乱。黑色的蝶群盘踞在脑中，一点点撕碎希望的翅膀。

吉叹了口气，一只蓝蝶冒了头，又被她吞了进去。她看看手表，钳着你的胳膊离开了临时组成的旅游团，力气大得完全不像一个老年人。

在寒风中走了一会儿，你们远远看见了那家中餐馆：红色的灯笼和匾额在一片灰黄蓝的布景中格外明显。你的心一热。毕竟快过年了。

隔着橱窗，你朦胧地看见了里面片片中国红。有那么一瞬间，你仿佛闻到了家乡菜的味道，以为自己已经回到了太姥姥身边。

抹去玻璃上的雾气，错觉也消失了。就像所有美国低端中餐厅一样，这里装潢虽为中式，但已经"美化"了。眼前一排不锈钢盆里装着幸运饼干、左宗棠鸡和蒙古牛肉，还有拌了粉红色酱料的香蕉和鲜红的鸡汤。

你很失望。尽管做足了研究，但这不像那只蝴蝶会来的地方。

吉敲敲手表，一只兰蝶从她的手掌心飞出来。没有人开口，但你点点头，表示听懂了那个肢体语言。

太姥姥延续生命的希望,就在眼前的餐厅里,一只远道而来的蝴蝶身上。

破　　卵

问题:语言是什么?

语言是一组句子。每个句子的长度是无限的,组成的元素是有限的。(乔姆斯基,一九五七)

语言是人类特有的、非本能的交际方法,是表达思想、感情和愿望等主观意志的符号系统。(萨皮尔,一九二一)

语言是一个符号系统,不过所谓符号系统不应当看作一组记号,而应当被看作一套系统化的意义源泉。所以语言是一种意义潜势。(韩礼德,一九八五)

20R5年3月2日,中国,山东省,济南市,章丘区,洪楼镇。

太姥姥曾三次改变你的命运。

还在母亲肚子里的时候,医生给你判了半个死刑:"影像检查显示大脑发育异常,引产比较保险。但……也不一定。"

那时你什么都没有察觉,还在羊水里认真吮吸手指,只是感觉四周的声音大了些。

是的,你的整个家族吵成一团。一半人坚持把你留下,另一半人则坚持堕胎。母亲护着你泪水涟涟,父亲蹲在墙角一言不发。医生被大家呼来扯去,非要他给个并不存在的"准话"。最后还是老当益壮的太姥姥一锤定音:这囡囡我要定了,如果是个傻子,我养!

言　蝶

你是在那一年除夕夜出生的。你的第一声啼哭被淹没在春晚倒计时的钟声里，窗外此起彼伏的烟花仿佛是对你的祝福。

太姥姥抱着襁褓中的婴儿，给你取名为"婉"。

那是第一次，太姥姥救了你的命。

尽管有机会来到这个世界，你的成长还是充满了波折。出生后，那些曾力主放弃的亲戚也都爱上了你红红的小脸。你在全家小心翼翼的呵护中生长：吮吸、翻身、走路……你每学会一项技能，大家就松一口气，仿佛一条长长的 To-Do-List 里又勾上了一个对号。对勾画多了，大家开始相信你会成为一个很正常的孩子。即使有些时候反应迟钝，他们也只是认为"花开的时间有早有晚"。

只有太姥姥还把医生当时的话装在心里，仔仔细细地观察你成长的每一步。终于，运气不再与你同行了。小你半岁的表妹会说"爸爸"整整一年后，你才开口吐出第一个音节；对门小男孩的英语词汇量达到了二百个以上，你还是分不清"桌子"和"凳子"。在太姥姥的坚持下，母亲带你去了位于香港的老牌儿童语言发育门诊。然后又是一个噩耗：你的语言功能不仅是发育迟缓的问题，而是整个习得能力缺失。换句话说，你没有语言关键期，没法像同龄人一样自然而然地在适当的环境中学会语言。

看到母亲的表情，医生宽慰说这并不等于你学不会说话。你只是需要用学外语、甚至是学数学的精力来学母语，或者说，你根本不会拥有母语。大家又发愁了：成年人学习英语都要花那么多时间，对一个连第一语言都没有的孩童来说，这得学多久才能跟上别人家孩子的步伐？

家族为你开始了第二轮争吵。一半人认为应该把你送去特殊学校，免得在普通小学受人欺辱，另一半人则坚决不同意："再等等，说不定就开窍了呢！"母亲护着你泪水涟涟，父亲蹲在墙角一言不发。

后来又是太姥姥一锤定音：这囡囡，我教！

太姥姥教了一辈子书，你是她最后一个学生，也是最难教的一个。你没法把物品和它的名字对起来，你记不住弯弯绕的汉字，你不能把千回百转的声音划分成有效的音节。好不容易学会了基础口语，你便再也不进一步。"'树'为什么叫'树'，不叫'猫'？"第二天，你追着小猫喊"树"。

但太姥姥有办法。她知道，即使不会表达，你的思维是伶俐的。你亮晶晶的眼睛充满了困惑，你只是需要引导。

于是，她从头开始教你，带你重走人类修习语言的漫漫长路。她带你学习拟声文字、象形文字，一步一步追随它们的演变，直到繁体字和简体字；她给你耐心讲解每个文化负载词背后的含义，去图书馆找来大量资料和图片；面对外来词，她自学英语、日语，力求以历史和地域为轴，为你勾画出生动的跨文化交流脉络。这很消耗时间和精力，但太姥姥一做就是三年。

渐渐地，文字在你眼里不再是没有意义的图画和音节，语言有了自己的生命。然后你的世界就变了，或者说，你开窍了。你获得了一种奇妙的通感，你开始看到词汇像蝴蝶一样在空中飞舞。句子是成群的舞娘，文字是落在纸面的翅膀。

不管怎样，你终于开始爱这个世界。

蛹　蛹

问题：语言学是什么？

简单地说，语言学是语言的科学研究。

言　蝶

　　语言是语言学的对象。

20X9 年 7 月 4 日，美国，马萨诸塞州，波士顿，塔夫茨大学。

　　今天是这里的国庆日。你爬上红砖教学楼顶上的长廊，趴在有人躯干那么高的矮墙上遥望远处灯火通明的市区。再过半个小时，那里将燃起独立日的烟火。啊，烟火。东方古国传来的神奇魔法，变成枪炮，又变回了礼花。今天它们在另一个大陆绽放，半年后也会开在你的家乡。那将是你第一次在异乡过年，第一次没在太姥姥身边陪她看春晚。
　　你很想念她，但这是你自己的选择。
　　在太姥姥的帮助下发现言蝶后，你习得语言的能力突飞猛进。你在高中选了文科，大学选了英语，硕士又跑到波士顿修读语言学。如今暑假已度过一半，你还是没能很好地融入这里。此刻来看烟花的人摩肩接踵，只有你像往常一样形单影只。原因很多，你知道经济为主要因素。
　　当年做出留学的决定时，家里再一次吵成一团：小小的房间里各色蝴蝶胡乱飞舞，蜕、茧、翅在交锋中掉落一地。很快，几乎所有亲人都站在了你的对立面。你知道，家里好不容易才攒了一点钱，你也知道，出国读文科在谁看来都不划算。但太姥姥再一次站了出来，甚至拿出了压箱底的几万块钱。"我这辈子去了很多地方，跨越了大半个中国。但我就是没去过美国，更没读过研究生，让图图帮我完成心愿怎么了！"她的声音很弱，但那只金色的言蝶，你珍藏了很久很久。
　　来美国的生活确实艰苦，但为了梦想拼搏总是值得的。只是一想到太姥姥，想到她日日枯槁下去的身体，你的鼻子又酸了。
　　于是，你决定送给她一件礼物，一件从来没有人送过的礼物。

你知道，太姥姥一生都在为家人奉献，也为自己留下了不少遗憾。她念叨最多的一个就是八十五岁那年与春节联欢晚会失之交臂。当时县里获得了来之不易的教师嘉宾名额，大家第一个想到的就是资历最深的太姥姥。电话都打到家里来了，领导亲自邀请她去现场看晚会，说是会有一两秒的镜头。过了很久很久，你才意识到她当时有多么心动，多么纠结：还是个孩子的时候，太姥姥就喜欢趴在热热闹闹的戏台边上观望，无比希望自己有一天也能出个小名、站在台上让大家羡慕羡慕——哪怕一次也好。可她有弟弟妹妹要照顾，后来是一整个家族。她总是绕着别人转，从来没有成为过什么人群的中心，甚至不是她自己的中心。这次也是一样：她放不下你。那时你还在艰难的语言启蒙期，每天都被送到太姥姥家里学习，几天不练就会飞快退步，管家里小猫叫"树"。于是，学校在太姥姥犹豫的当口，飞速报选了另一个县里的退休老教师。

那年春节，她给你端来自己做的生日蛋糕，正好看见屏幕里的老姐妹在全国人民面前热烈鼓掌，眼里写满了羡慕。但你没有注意到这点，吵着要吃蛋糕上的"小猪"——其实你指的是草莓。太姥姥叹了口气，把你抱在怀里，让你注意晚会的用词。春晚是一个很特别的文化现象，也是来年流行语的强力制造机。太姥姥总说，这是见证一个词语从诞生到流行到融入多个文化或是消影无踪的最好机会。所以她每年都要和你一起翻阅这本生动的教材，留下了很多很多美好回忆。

今年虽然要缺席，但你决心以另一种方式陪在太姥姥身边：给她一个惊喜，送出一份没有人送过的礼物……

这时，在千蝶飞舞的背景音中，一只熟悉的金红彩蝶翩翩飞进了你的脑海，把你从回忆中拉了出来——有人在叫你的名字。

"婉？"

你连忙回身，一位和姥姥年龄差不多大的女人正在冲你微笑。她盘着头发，穿着紫罗兰色的轻薄风衣，湖蓝色的眸子和水滴状的耳钉在淡黄路灯的照射下闪闪发光。

"勒罗伊女士……"

"叫我吉就好。"她笑了笑，也和你一样随意地趴在矮墙上。

你回报以微笑，希望夜色可以掩饰脸上的紧张。

吉·勒罗伊来自法国，是你文本分析那门课上的同学——也可能是旁听生。据说她不知道做什么发了家，在你还没出生时就已经开始享受生活，打着飞的在全世界各地的高校读书。有人说她早上在香港，第二天就飞到英国，下一周又赶来美国看同学们的课堂展示……简直是你梦想中的生活。你常偷偷观察她，甚至在餐厅笨拙地学习她使用刀叉的手势。她的姿态总是如此自信优雅，光是看着就令人赏心悦目。

更神奇的是，来自异国他乡的吉让你感到一丝亲切。也许是人到暮年依然活力满满，也许是依着皱纹走向精心打理的妆容……也许是她的语言。在你的想象里，那些言蝶是如此光彩夺目，却又能那么轻柔地钻进耳朵。是的，吉总让你想起太姥姥。尽管如此，你从未想过她会主动来和你说话。

尴尬地沉默了几秒，吉又开口了。

"婉，我很喜欢你上周的课堂展示——关于'语言是活的'。"

"只是一个隐喻而已。"你低下头，担心自己早已贻笑大方。

吉摇摇头。

"如果你跟我一样活了这么久，去过这么多地方，见证过语言整支整支地灭绝，目睹过新词像盛夏的暴雨一般扑面而来又消影无踪……你很难想象语言不是一种有生命的东西。"

吉说出的英语就像法语那么好听，如音乐般绕梁三日的蝶群令你迷醉。

"婉，你在课上提到的那个系统，已经做出来了吗？"

你愣了一下，她在说你的"言蝶"。

上周的课堂展示，你第一次当众讲出了自己眼中的世界。当然，为了不被当成疯子，你对语言进行了修饰，并且只谈及了冰山一角。

你说在这个信息爆炸的年代，社交媒体在5G的加持下以前所未有的速度对全世界的语言进行整合迭代。曾经一首古诗可以传颂千里百年，如今一个meme从流行到被厌弃最快只需要一天。在无数平台上，人们用点赞和转发的权利可以在最短的时间内挑选出适合传播的词句，然后无数"复读机"会在转瞬间将它嚼得稀烂，最后变成一滩令人唯恐避之不及的渣滓。

但信息时代还有一个好处：人们的言论都被记下来了。只需要简单的网络爬虫，人们可以轻易得到一个特定词语的生命周期和生活轨迹——这在搜索引擎时代就已初现端倪。如果分析方法得当，人们甚至可以把握语言的洪流，预见下一个流行词的诞生，甚至……

"找到人类社会中的语言敏感点，以最小的代价利用蝴蝶效应对语言甚至文化本身施加影响。"

那时，站在台上的你只听到了稀稀拉拉的掌声。你能预见到这一点。你看见自己制造的蝴蝶凌空飞舞，"砰、砰"撞着同学们的脑壳儿。只有吉吸收了进去。

"所以，'言蝶'是真实存在的吗？"

"只是一个模型，"你低下了头，"我刚开始实验。"

"那就是存在了？"吉口中的蝴蝶欢快地扇动着翅膀，"能不能带我一起？"

"这……"

"我可以提供经费,"吉眨眨眼睛,"如果效果足够好,我能给你拉来大笔投资。我有这个人脉。"

你心动了。你想要送给太姥姥的礼物太过特殊,你可能要飞去全世界为她准备。钱确实是一个需要解决的问题,如果吉愿意帮忙,你就可以少替别人写几篇论文……你点点头,肢体语言也化成了一只蝶。

时间到了,城区的烟花如约绽放。那美好离你太过遥远,就像夜幕中点缀着的几朵小雏菊。但你的心里燃起了希望:

在下一个烟花盛开的除夕夜,当太姥姥打开电视的时候,那只漂洋过海的蝴蝶就会出现在屏幕上,出现在春节联欢晚会的直播现场。

太姥姥一定会认出来,那是她最爱的囡囡亲手放飞的。

化　蛹

问题:文本是什么?

每当我们对某物的含义做出解释——一本书、杂志、电视节目、电影、海报——我们就把它当作文本。

文本是我们赋予意义的东西。

文本是语言的实例。

20X9 年 6 月 5 日,美国,马萨诸塞州,波士顿,塔夫茨大学。

刚学习文本分析时,你就迷上了它。

在功能语法中,你需要用一些细小的竖线将句子切割成 Clause——语言中的最小意义单位——再来分析它们之间的关系。先划分层级:如果一个句子里的几个 Clause 在语法意义上是平行结构,就用1和2等阿拉伯数字表示；如果是不平行的结构，主句就要用α表示，从句要用β表示，依此类推。再分析关系：如果一个Clause通过进一步指定或描述来详细说明另一个Clause的含义，那它们之间的关系就要用等于号表示；内容的增添要用加号，含义的增强要用乘号。经过初步分析，你的笔记本里出现了各种各样的阿拉伯数字、希腊字母和运算符号，朋友看了还以为你在学概率论。

看着虽复杂，但这也只是一节课的内容。不少同学叫苦不迭，你却被这种分析方法迷住了——它把语言元素之间的微妙关系明确展现了出来。那些自由飞舞的言蝶，突然也有了规律可循。

随着学习的深入，你了解到了更多：段落与段落之间的起承转合，句子与句子之间的逻辑关系，Theme 与 Rheme，Mood type 与 Modality，单词的组合，词位的变动，音素的构成，还有本体和喻体，能指与所指，特定单词在特定环境引发特定大脑的化学反应……

第一次，你在理论的帮助下扑住了那一只只美妙的蝴蝶。你把它们粘在纸上，仔细查看翅膀的纹路，评估本体的活力，以及与其他蝴蝶的关系。

第一次，你开始相信语言也像混沌系统一样存在蝴蝶效应：一只蝶挥动着另一只蝶的翅膀，涟漪可以顺着网线在大洋彼岸掀起巨浪；强大的蝶赢者通吃，在亿万头脑里复制自己的本体，虚弱的蝶寸步难行，无法飞跃文化间的藩篱。

接着，你就动了那个念头：你想亲手创造一只蝴蝶，让它乘着春晚的东风飞入千家万户。更重要的是，这可以帮太姥姥完成心愿，让她也能站在聚光灯下成为别人目光的焦点。你能想象她骄傲地站在电视机前对家里所有亲戚宣布，自己当年救下的宝贝多么厉害，能够送出一个从来没有人送过的礼物。

后来，你的课堂展示引起了吉的注意。在独立日拿到资助后，你终于开始着手制造言蝶。

20X9 年 10 月 7 日，英国，剑桥镇，剑桥大学。

在宴会厅的另一端，你看见了麦克，也看到灰色的言蝶从他的肢体中悄悄飞出来。你研究了他很久，甚至直到能猜到他在想什么。

他挺直了腰板，被上个月拿到手里的衬衫西服像铁板一样禁锢住了。你看到硬直的领口撑着他的喉咙，一口食物都没法顺畅咽下。他几次抬手想要解开最上面一颗扣子，但最后只是捋了捋黑色礼袍的下摆。

在场的男士无一不像他西装笔挺，可看起来都自在极了。女士们倒是比较随意，那些裙装你甚至可以在波士顿街头见到。冷餐宴开始不久，人们就聚成了一个又一个小圈子，像往常一样。当然，麦克不在任何一个圈子里。

你知道为什么。东海岸来的交流生，YouTube 上"圈地自萌"的小网红，第二代日裔美国人……口音、面孔、背景，融不进那些贵族的高级圈子真是太正常了。他尴尬地站了一会儿，一会儿转向这边，一会儿转向那边，似乎不确定要不要悄悄消失掉。正是一个好机会。

"嘿，你好。"

听到有人用英音搭讪，麦克连忙换上一副笑脸——他标准的"短视频开场式"笑容。

不过看到对方也是个东方面孔，他的笑收了收，失望溢于言表。你的心被刺痛了一下，但没有展现出来。

"我是姚，"你练过很久，口音和仪态都恰到好处，"我看过你的视频。如果你愿意，我可以把你介绍给我的朋友们。"你欠身示意了一下不远处的人群，盛装出席的吉对你回应以微笑。她太美了，看起来就像这场宴会的主人。

"谢谢！"麦克这才笑开了。

"不过……"你故意停顿了一下。

"怎么了？"

"我学过一点日语，对日本文化挺感兴趣。你应该很了解吧，为什么不拍拍那些事呢？比如……"

想要改变一个人，陌生环境是最佳催化剂。有时稍微变一下两个 Clause 的顺序，人们的大脑就会换一种模式思考。当一只蝴蝶改变姿态，所有的蝴蝶都会受到影响。这也是偷偷塞进新言蝶的最好时机。

麦克连连点头，吸收了你放出的每一只言蝶……

20X9 年 11 月 15 日，美国，马萨诸塞州，波士顿，塔夫茨大学。

你坐在地下食堂的星巴克，手里握着一杯简单的冰美式。

刚来美国时，你发现什么东西都贵了不少——除了这里的咖啡。换算下来，一杯的价格和国内差不多，像你这样家境一般的学生经常光顾。按理说这不是吉会出现的地方，但她和一般老太太不一样。

她来了。吉穿着一件和眸子十分相称的湖蓝色的披肩，优雅地穿过人群坐到你的对面。

"成功了？"

你点点头，对自己非常自信。

创造新词汇最简单的办法就是找出语言的真空——去命名一个还没有被命名的事物，去描绘一种还没能被准确描绘的情感。当然，语言交流频繁的今天，这种真空太难被找到了。そうか填补了英语里的"原来如此",Guanxi 在美国文学中的用法也变得像中文一样微妙。总有一天,世界上所有的物体、所有的感情都会有名字——但不是今天。

你选了那晚遥望烟花时心里翻涌起的淡淡情愫。比 Nostalgia 更轻柔,比"鸣くな雁　今日から私も旅人ぞ"更抽象,比"乡愁"更注重具体的场景与人。你把这只言蝶通过暗示植入一个稍有影响力的 YouTuber 的脑海里,你知道他漂洋过海远离家乡,祖辈也生活在地球的另一面。你相信言蝶会在他的记忆里汲取养料,通过各种途径在校园里小范围流行。

实际上,在这个月发布的十几个 Vlog 中,一个介绍日本文化的短视频完美地融入了那只言蝶。观看人数不少,评论里也有人引述他的话。时至今日,你已经见过几只稍微变形的言蝶在校园乐队的指尖飞舞,而这家星巴克每天都会在此时播放他们的新歌。

"今天她就会来。"

"什么?"

"我是说,它,那个词,会在这里出现。"

出口的言蝶无法收回,你看到了吉眼里的疑虑。

此时新的旋律响起了,但不是你想要的那样。"从前有个日本人叫麦克,他穿着和服看烟火……"涌动在咖啡馆的音乐有你放飞的那只蝶,但她的样子完全变了。变得丑陋,散发着腐烂的气息,你不想再看她一眼。

你突然意识到发生了什么:麦克不是一个好的栖息地,他略有阴暗的过去污染了那只蝶。你早该知道的,那天他投出的眼神是如此鄙夷,给纠缠在繁琐礼仪中的男女贴上了自命不凡的标签。如果仔细观察,过往 Vlog 中飞出的每一只言蝶都带着尖锐的纹路。乐手们敏锐捕捉到了这一点,写歌对他大加嘲讽。嘲讽的素材就来自于他家乡的那个视频——那个本该感动人心、唯一没有讽刺别人的 Vlog。

你很失望，但吉宽慰了你。

"只是第一次，对不对？也许该找一个更强大的计算机。"

"计算机？"

"不是吗？你难道不是用算法和超级计算机算出的这一切吗？还是……"吉睁大了眼睛，"你只是凭自己的大脑分析？"

都不是。你红着脸承认，你能看到那些蝴蝶，看到它们迁徙的痕迹，看到它们翅膀的脉络，判断它们有没有足够的活力穿越方言、甚至是语言的界限，在另一个文化深根发芽。当然，那些蝴蝶并没有实体，不会以音速飞舞连接耳唇，更不会以光速从纸面飞起直击双眼。只是一种通感罢了，就像有人能看见音乐的颜色，有人能听见数字的声音，就像"黄鹤楼中吹玉笛，江城五月落梅花"，就像"当夜色流淌蓝蓝的叹息"。你本来想把这个秘密带进坟墓，但吉实在是太像太姥姥了，你愿意把一切都讲给她。

吉惊讶地看着你。有好几次，她张了张口想要说什么，但你知道有些蝶被她咽了回去。最后，她只是拍拍你的手，鼓励你说还有时间。

那时距离春节还有两个月。

20X9年1月2日，美国，纽约洲，纽约，时代广场。

你没有时间了。

气温还没到零下，但对你来说已经够冷了。几番搜寻未果，你跳着下了台阶，躲进了地铁站。你在地下通道里焦急地来回踱步，怎么也无法确定该从哪个洞下去搭地铁。你来过几次都是这样。纽约的地铁系统就像一个庞大的怪物，老旧、混乱，永远分不清是司机在扯着嗓子报站还是某个肚子里全是痰的家伙趴在车顶上咳嗽。你没有注意到，一个躲在这里的流浪汉看上了你手里的墨西哥卷饼。他冲上去，指了指卷饼，又指了指自己的嘴。你吓了一跳，把卷饼塞到他油腻的手指里，跳着下了台阶，冲向一辆准备发车的地铁。地下没有信号，你不知道它会带你去哪里，但已经无所谓了。

车厢在漆黑的隧道里行驶，只零零星星分散着几个人。你平复了一下心情，突然意识到刚才那个流浪汉就是你此行来纽约的目标。你研究了他很久，你本该装成第一次来时代广场的游客，装成在他家乡长大的人。你本该把那只言蝶植入他的脑海，然后从另一个理论上的通路……算了，已经不可能成功了。

过去的两个月，你在世界各地游走，在各个社交媒体发帖，甚至去买热搜、蹭热点。但你的言蝶要么垂垂濒死，要么只在一个方言的孤岛里打转。你叹了口气，在心里嘲笑自己半年前的傲慢。

随着地铁驶出地面，阳光洒了进来，手机又有信号了。你想打开谷歌地图看看方位，手指按下却接到了一个微信电话。是母亲。

你突然紧张起来：这个时间在国内是深夜，如果没有什么特别的消息，母亲不会……

"婉婉，快回来吧，你太姥姥快不行了……"

身体器官全面衰竭，在省城的 ICU 里勉强延续生命——每天的花费都不是一个普通家庭能够承受的。

听着母亲的声音，你的眼泪落了下来。其实你早就知道这一天快要到来了。自从你来到美国后，电话那一端的太姥姥每天都在衰弱下去。那些含含糊糊的词句，那些偶尔的前言不搭后语，那些支离破碎的言蝶。你只是怕，怕护了自己前半生的太姥姥真的会离开自己，从此大洋彼岸再无如此深刻的牵挂。所以你才拼命四处游走，想尽自己的努力为太姥姥完成心愿，想……

等等，这到底是太姥姥的愿望，还是你的愿望？如今想站在聚光灯下的姑娘还是当年趴在戏台边上的女孩吗？在内心深处，让太姥姥的名字登上春晚是为了让她开心，还是为了你的虚名？如果不是这样，临行前看到太姥姥虚弱的身体时，你为什么不能下定决心休学一年，好好陪在她的身边？

你呀，太习惯太姥姥为你牺牲了。可是你没有想过，这么多年来珍藏在心里的那些金光闪闪的言蝶并不是什么流行词、洗脑歌，而是亲人最暖心的话语：

"这个囡囡我要定了，如果是个傻子，我养！"

"这囡囡，我教！"

"让囡囡帮我完成心愿怎么了！"

朴实的语言，背后是实打实的牺牲，是不知疲倦的付出。

而你呢？你想投机取巧，送一件她可能再也看不到的礼物代替在身边侍奉的时间；你想走个捷径，用大洋彼岸一个流浪汉的歌谣影响文化古国一年最大的盛会。你在别人的质疑中长大，你拼命飞远是想证明自己的能力，想成为一只最耀眼的蝴蝶。

不，生活不是这样运作的。不存在什么简单的蝴蝶效应，一场战役不会因为安好一只马掌钉就转败为胜；扑住那只蝴蝶，风暴也不会停止。再好的礼物也比不上陪伴，真正的爱字终归要靠牺牲才能实现。

而自私如你，永远失去了和太姥姥在一起的最后时间。

羽　化

问题：文本分析是什么？

文本分析是研究人员收集其他人类如何理解世界的信息的

一种方式。当我们对一篇文章进行文本分析时，我们会对该文章的一些最可能的解释做出有根据的猜测。(麦基，2003:1)

20X9 年 1 月 3 日，美国，纽约洲，纽约，法拉盛。

辗转与吉汇合已经是晚上了。在法拉盛的一家中餐厅，她一看见你的面孔就读懂了噩耗。吉把你抱在怀里，轻轻安抚。和太姥姥一样，她的两只手干瘦干瘦的，纹路深深，连手掌也起了皮。那双手摩挲皮肤时的触感像砂纸。

"要放弃了吗？"

你点点头。你现在只想回家。

"唉。我一直在帮你实时监控搜索引擎和社交媒体的词频数据，在南部还有……"

"不用了，"你轻声说，"这个模型是不会成功的。"

放下电话的那一刻，你似乎一下子长大了。那个一直庇护你的人要走了，坚硬的现实扑面而来。在纽约昏暗的地铁里来来回回坐了三趟，你意识到了自己的自私，也重新思考了语言的本质。

语言不是可以随意玩弄的蝴蝶，它们是怪物。

它们顺着神经游移，跨越精巧的细胞，却不受任何束缚。它们在意识的深渊里蛰伏，不断融合，分裂，升华。它们死亡又重生，每秒都在变得更加强大。它们抓住每个机会，顺着声波，顺着视线，顺着电缆，钻入世界上每个人的脑子里。

它们是大脑暗夜里无尽又璀璨的星星，人类社会因为它们的存在而存在。它们的蜕和孢子攀爬在巨大的共同骨架上，吞吐着悠久的历史和伟大的文明。

它们左右你的思想，操纵你的行动。它们通过你控制所有人，也通过所有人控制着你。它们嗜血，它们随时在大脑皮质中互相吞噬，它们甚至指挥着人类为它们之间的种族纷争厮杀，直至将敌人和载体全部屠杀殆尽；它们颖异，它们编织出最精美的辞藻，它们推演最复杂的公式，它们甚至指引着人类共同仰望最深远的星空。

自公元前四世纪的印度和希腊起，无数专家学者妄图窥探它们的奥秘，光分支学科就有五十多个。这是一个古老而强大的学科，几乎每一所高校都有相关的专业。人们用各式各样的先进机械作研究，每一个微小的进展都能发表好几篇论文。理论层出不穷，实验日新月异。

而你，仅仅因为一个奇妙的通感就以为自己可以掌控语言？那些亲戚说得没错，自己是病了，大脑确确实实有生理上的问题。你应该在一开始就被引产，你应该作为痴呆儿进入特殊学校，你应该老老实实一毕业就工作，这样太姥姥压箱底的那些钱还能给ICU多续上几天的费用。

可是你却因为一个虚无缥缈的理论来到异乡，甚至还怀揣着改变世界的梦想。

是时候放弃了。

"不，还不到放弃的时候。"吉仿佛看透了你的思想，"如果你的太祖母当时那么容易就放弃了，我还会遇见这个才华横溢、充满活力的女孩吗？"

眼泪不争气地流了下来，"可她已经……都是我不好，如果我当时能……"哪怕真的让那只言蝶上了春晚，你想念的人也无法侧耳倾听。

"姚婉，有件事我前几天就想和你说的。关于我的职业。我知道你一直很好奇。"吉的脸皱了一下，但还是说了下去，"其实，我年轻时是一个语言贩子。也有人叫我广告商，但你知道那不一样。我替大公司把关广告语，替歌手审核高潮部分的歌词，替脱口秀主持人搞定包袱。我站在世界上无数洗脑歌、耳虫和流行语的背后。这和你有点像，除了一点——没有一个字是我原创的。和那些收费高昂的企业战略营销品牌终身顾问不一样，我只是个中间商，是个买办、掮客。我去找被埋没在信息洪流中的闪光点，把它们从一无所有的年轻人那里买下来，再高价卖给手握巨额财富的人。先说明，我不为此感到骄傲。"

"我也是……那些年轻人中的一员吗？"

吉摇摇头。

"我已经金盆洗手很久了，只是单纯对你的实验感兴趣，对你感兴趣……我离异过三次，有过五个孩子，却没见过一个孙辈……这是我'自私'的代价。"

你握住了她的手。

"几天前，一个老主顾找到了我，问我要不要再接一个单子。是一家制药公司，准备进军中国市场……如果我们能在春节联欢晚会级别的直播中以任何方式植入他们的品牌，甚至将广告词变成国民级流行语……他们给的报酬足够你太祖母在 ICU 住三年。"

"真的吗？"你的眼睛亮了。这是你再来一次的机会，你终于可以陪在太姥姥身边，回报她的养育、弥补自己的自私，但……

"就算是真的，我也……我也没办法成功了。"语言不是可以轻易玩弄的对象，不是简单的混沌系统。一百个弹球的运动有办法模拟，但就算面对面交谈，一个人口中的言蝶也不一定能成功到另一个人的脑海中。

"不是还有我吗？"吉耐心地说道，"虽然看不见什么言蝶，但我也跟语言打了这么多年交道，可以帮你分析。相信我，制造出一个流行词虽难，但也不是不可能的任务。当然，就像养育每一只生物一样，你要保持对语言的敬畏，全程用心培育……"

望着吉认真讲解的面孔，你仿佛回到了童年，回到在太姥姥膝上学习汉字起源的日子。眼泪再一次止不住往下掉。但你擦去了它们，从包里拿出纸笔，开始和吉一起分析前几次失败的原因。

"对了，婉。我一直想问一个问题，你为什么总是想让言蝶在全世界绕一圈再去中国？"

"我想那样的词语一定最有活力。"

吉摇摇头。

"你应该知道的啊，让陌生外语词进入人们的视野与翻译一样，是一个很惊险的文化跳跃。不同背景的人对一个词的理解大相径庭。有时候它们可以像水一样融进文化的土壤，甚至开出妖艳的奇葩，但更多的时候只是荷叶上滚落的露珠罢了。你想保证成功，要先从汉语母语者入手啊。"

仿佛一道闪电划过脑海，你终于知道了自己的盲点藏在何处：一直没有从这个角度考虑过问题，因为你和地球上所有智慧生命都不一样——你是一个没有母语的人。

看到你的表情，吉笑了。

上菜了，穿着旗袍的服务员端来一盘撒着肉松的排骨。在离祖国最遥远的地方，她大红的唇色与餐厅喜庆的装潢非常相配。

在这温暖的氛围中，你拨通了母亲的电话。

"喂，妈，我的奖学金都打过去了，一定要让太姥姥撑到过年啊。"

言　蝶

款　款

20Y0 年 1 月 20 日，美国，阿尔伯克基，陶斯小镇。

吉敲敲手表，你知道蝴蝶该来了。但你还是没有走进那家中餐厅。你等的不只是那只蝶。

"姚婉桑！"你回过头，少年正从陶斯普韦布洛遗址的方向向你跑来。他围着灰色的长巾，大衣上绣着神奈川冲浪里的花纹。

是麦克，不，现在应该叫野泽古月。三个月前在剑桥大学那场被计算过的相遇，你装成在英国出生的三代华裔贵族，他则拼命证明自己融入了美国社会——两人的表演都相当拙劣。那天，你夸他的本名像一首俳句。

后来，为了让言蝶重新出发，你又硬着头皮联系了他。那时你才知道，你放在他脑海里那只属于思乡的蝶让他发生了多大的变化。他改回了自己的名字，迷上了故乡文化，甚至几次回日本看望自己年迈的祖父母。因为 Vlog 风格大变，他掉了很多粉，但涨回来了更多。那首原本充满嘲讽意味的小曲《从前有个日本人叫麦克》也变成了他的专属应援歌——换一个语境，同样的词句也会有完全不同的含义。

少年热情地在餐厅门口拥抱你，亲吻吉的面孔，大声招呼你们进餐厅。这一点都不日本人——但又有什么关系呢？

在早已计算好的位置落座后，你们要等的最后一个人是一位服务员小哥。作为这个语言敏感点最关键的因素之一，你分析过他在互联网上留下的每只残蝶。那些单词，那些汉字，那些抱怨，那些希望……你熟知他语言和思维的模式，你甚至可以替他讲话。

你想他肯定不知道，在这个世界上还有人会如此了解他。

翻看菜单时，他来了。那个亚裔小哥嘴里轻轻哼着歌，正是《麦克》的旋律。

你心中一喜，故作轻松地扫了一眼小哥口中连串飞出的蝴蝶，正有你们想要的那只。只是她已经很虚弱了，如果不加干预，她和自己所有的兄弟姐妹都会在三天内死去。

不怕，你就是来干预的。你和吉研究了很久，也在当地考察了很久。你们翻看菜单，轻松交换在陶斯普韦布洛遗址的见闻，自然地装成远道而来的游客。只是出口的言蝶只只精确，一句话都不能讲错。

点菜的时候，小哥一直在瞟古月。但这还不是时候。你用几个刁钻的问题夺去了他的注意力，质问菜单上的菜品和家乡有何不同。最后他一脸恼火地走开了，到了后厨才会想起古月熟悉的面孔。

还有十分钟。

他会带着一盘油炸物和西兰花炒在一起的古怪料理上桌，挑衅地问你这是不是想象中的"炒面"。你会厚着脸皮说这就是，然后在夸张的抱怨中叫出古月的名字。小哥会惊喜地表示自己正是古月的粉丝。然后，四个来自异国他乡的人汇聚在一起聊一聊家乡和亲人，微妙的乡愁将再也离不开他的脑海。

还有五分钟。

当概念足够成熟时，你会转换话题，为此时的话语体系引入新的元素，给概念套上一个名字——也就是保健品公司想要的语言。然后，你会用特定的话语加深旁人对她的印象，用自然的演技创造出要多次使用她的语境。

重复，重复，重复。在言蝶成长的初期，重复是最好的养料。

还有三分钟。

因为这场被计算过的对话，言蝶会深深扎进他的脑海，并于当晚迅速在近百个因为春节而无比思乡的头脑中繁殖。从线下到线上，从美利坚到不列颠，从野泽古月的 Vlog 到吉在微博上买好的热搜，这只言蝶将以不可思议的速度渗透世界各地每一个思念家乡、思念亲人的头脑里。一个濒临淘汰的小品会因为加入这只言蝶而获得春晚总导演的青睐，并在一次次彩排中成为所有主持人挥之不去的耳虫。就这样，一场全世界华人瞩目的晚会便在不知不觉间被免费植入了一个美国保健品公司的广告，将一个本该像感冒一样短暂流行的言蝶彻底烙入汉语文化圈的常用词典。

春节后，那个公司会赚很多钱，你也会得到很多钱。这样，太姥姥就能活很多很多年，甚至能永远陪在你的身边……

还有一分钟。

在心中描绘美好的未来时，你的手机响起了短信提示音。

你低头一看，是母亲。

她说太姥姥今天清醒了一小会儿。

她说太姥姥已经做出了决定。

你一直认为，语言是思维世界的核弹。墨水和纤维以特殊的形状结合，一个人就可以因为收到中举的消息狂喜到发疯；一串音节破空而来振动耳膜，另一个人也能因为噩耗中风倒地，再也无法下床。

此时，几个字符也引爆了你的内心。汹涌的悲伤以不可思议的速度扩散，与太姥姥一起拥有的愉快回忆加大了破坏的力度，你的面孔还在保持微笑，但你的身体已经止不住颤动。绝对不能崩溃。如果表情不够自然，亚裔小哥就不会过来调笑，所有的计划就都失败了。

这时，吉注意到了不对，递过来一块幸运饼干。

你一把抓来，将心里泄不出来的能量全部聚集在指尖。饼干破碎的同时，你的身子也稳住了。

还有三十秒。

拂掉碎屑，你展开了藏在里面的粉色幸运签。背面是一个幸运数字，正面则是一句简单的话：

"一个人只有被遗忘才是真正的死亡。"

自从知道死亡的阴影永远笼罩在高龄老人的生活中时，幼小的你曾不止一次拉着太姥姥的衣袖，要她保证永远不会离开你。

她也不止一次地安抚你，说死亡是必然来临的节日，但只要囡囡能够记得她，她就永远不会离去。

一个人只有被遗忘才是真正的死亡。这是她常说的话，也是她不止一次要求放弃治疗的原因。而你，你为了拒绝长大，为了尽到自己所谓的"孝心"，只想拼命拉着她的手留在世间，即使在仪器中沉睡的太姥姥再也无法唤出一只言蝶。

语言的特点是无限延伸的句子，人的生命却终归要画上终止符啊。

你再也忍不住了，眼泪不知不觉间已经布满了面庞。古月默默递来一张手帕。

来上菜的小哥吓了一跳，把大号瓷盘放在桌子中间就想走。但你已经擦掉了眼泪，重新绽开了笑容。

"嘿，你看这是谁？"

你还是扑动了蝴蝶的翅膀。

言　蝶

穿　花

20 Y0 年 1 月 30 日，中国，山东省，济南市，章丘区，洪楼镇。

除夕夜那一天，你们把太姥姥还有她的生命维持系统搬回了家。父亲和几个小姨夫拆掉了门框，才把几个滴滴鸣叫的仪器塞进了老房子的客厅。

大舅也来了。他为患白血病的女儿用掉了很多本来筹集给太姥姥的钱，甚至偷偷用了一些你的奖学金。他躲着你的眼神，但你早已原谅了他。

自从沉迷文本分析后，世界上的一切仿佛都能用符号相连，包括人与人之间的关系。对你来说，你和太姥姥的关系远比没见过几次面的表妹深厚紧密，而对于大舅来说，女儿是他的 α，太姥姥是他的 β，至于你，整个希腊字母表用完估计都排不上号。你们被关系禁锢着，只能做出相应的行动。

太姥姥慢慢睁开眼睛时已经快午夜了。她仿佛只是睡了一觉，不知道你们为什么个个泪眼婆娑。

"太姥姥，我想送您一件礼物。"你哽咽着说，"我不是对您说过，在我眼里，语言是一只只飞舞的蝴蝶吗？我在美国为您放飞了一只。我向您保证，那个词语已经钻进了所有的主持人的耳朵里。在零点报时的压力下，在他们只能靠本能反应的时候，那个词就会飞出来，透过屏幕来到您的身边。"

"我囡囡真厉害。"太姥姥笑了，像往常一样。她在母亲的帮助下艰难起身，轻轻摸着你的脸蛋，手上的皮肤已经像砂一样粗糙，像纸一样轻薄。

果然，随着午夜的临近，台上光鲜亮丽的主持人开始接连口误。连"祝全国人民新春快乐"都被念成了"祝春华人民新春快乐。"

祝春华，那是太姥姥的名字。

零点的钟声敲响了，窗外几百朵烟花同时绽开。在家人的围绕下，太姥姥永远闭上了双眼。

20Y0年2月5日，美国，马萨诸塞州，波士顿，塔夫茨大学。

在与吉一起做最后的分析时你就知道，在语言敏感点的一切行动都必须完全复刻先前的计划，你的情绪也在计算之中。你收到太姥姥决定放弃治疗的短信时，一切就已经失效了。陶斯小镇的一场对话再也无法创造出来年风靡全中国的流行语，身经百战的春晚主持人零口误结束了除夕盛会，不过那家制药公司的敛财计划也泡汤了——吉对后者没有任何意见，她总是声称自己早已预见了你的选择。对了，大年初一，你收到了她和家人的合影。

所以，太姥姥看到的图像是你托视频大师野泽古月实时渲染过的影像，只是为了帮她完成梦想。

但你没有让太姥姥离去。

既然一个人只有被遗忘才是真正的死亡，那你就要让全世界都记住太姥姥的名字。

你要发顶级期刊的论文，你要写最最畅销的小说，你誓要追随每一个语言敏感点，你要把太姥姥的名字载入史册，也要让她在每个人的记忆里鲜活。

在这个言蝶飞舞的世界，你要一直一直为她扑动蝴蝶的翅膀。

这是你道歉的方式。

蝶　梦

我是你脑海里的一只新蝶，我终于知道了你的故事。
谢谢你，我未曾远去。

参考文献：

[1]Chomsky, N. . "ON THE NATURE OF LANGUAGE." Annals of the New York Academy of Sciences 280(2010).

[2]Coffin, C. , J. Donohue , and S. North . Exploring English Grammar: From formal to functional. 2013.

[3]M.A.K, and Halliday. "The Gloosy Ganoderm:Systemic Functional Linguistics and Translation." 中国翻译 1(2009):17-26.

最后的译者

一

我第一次见到龙恒，是在外国语学院和计算机学院的联谊会上。

小小的房间里灯红酒绿，男男女女的身影穿梭在绚丽光彩之中。人很多，但是像往常一样，我感到了一道墙。那是一道透明的墙，向上、向左、向右，都没有尽头。这堵墙隔绝不了喧闹，反而让喧闹更快穿耳而过；隔绝不了光彩，反而让光彩更加炫目异常。墙外的人，可以讲话，但是无法交流；可以合唱，但是无法共鸣。

我经常站在墙里看着墙外所有的人，告诉自己，保持微笑。

但是那一天，我发现墙里多了一个人。

同在休息区，只有他结结实实藏在了黑暗里，甚至没有用手机照亮自己。所以，我能看到的，只不过是一个略微佝偻的身形。

我想和他讲话。

虽然我知道，语言是一种很不称职的工具。

当人们注意到了浅层次的东西，他们就会忽略深层次的东西。

有人说，语言是心灵的外壳。确实，当轻飘飘的几个音节试图去表达那一瞬间深厚而缥缈的思想时，恰恰只能呈现出一个浅而又浅的躯壳。

所以，我该怎样说，才能让他理解我？

我该选取哪几个汉字，才能让他理解，当我第一眼看到他时，内心翻涌着的情感海洋？我该怎样组织句子，才能让他知道，即使什么也没做，什么也没说，他也走进了那堵坚不可摧的墙？我该用怎样的语气和声调，才能让他明白，躲在墙里的那些年月，我免去了多少互相伤害，只是自己都不曾意识到，我依然渴望真正意义上的交流？

我想和他讲话。

我将理性的思维切入这混沌的情感中，去寻找最好的字句，却无异于在大雨中奔忙，寻找一滴正好滑落的泪水。

我只好再次望向他。

理解我。求你理解我。

"你好，我叫周可温。"

"我理解了。"

二

学校明年就要迁走了。

昏暗的自习室，两只苍蝇撞击着唯一一盏还亮着的顶灯。

笔记本快没电了，我思考着是找个插座还没坏的教室，还是就此作罢，明天再写毕业论文。

这时，手机发出了"叮——"的一声。

我知道，肯定又是龙恒的信息。

我把笔记本合上，身子后仰，找到了一个舒服的姿势——毕竟，每次和他一聊就是好几个小时。

有的时候，我也不知道为什么，平常话不多，但是和龙恒讲话的欲望总是特别强烈。

龙恒也是这样。

龙恒曾经拿他喜欢的动漫举例，说每个人心灵都被一种叫 AT 力场的东西阻隔，所以无法相互理解。甚至，在距离过近的时候，还会像刺猬一样相互伤害。

"可能我们的 AT 力场正好能够中和，所以才能成为朋友。"

我没有看过《EVA》，但是他对所谓 AT 力场的描述，让我想起了我的墙。

思绪回到此刻，我看着手机，思考着要什么时候回复。

如我当时的预料，在一次又一次深夜畅谈中，我已经爱上了他。

每次他的信息到来，我的心都会欢快地跳起来，但是我的自尊却不允许我立刻回复。

我把手机按在胸口，闭上眼睛，心里默念。

一……二……三……

怎么能忍得住呢？

"我到澳洲了。今天早上到的。"

"还顺利吗？"

"还好吧，只是一下飞机，感觉到了外星似的。"

"让你不好好学英语……"

"不仅仅是语言的问题，这里很多东西，怎么说呢，都不一样。"

"比如？"

"就说冰激凌吧,你觉得绿色的冰激凌是什么味的?"

"抹茶?"

"嗯,我也以为是这样,结果一尝,是薄荷味的……"

"哈哈哈。"

"总之感觉很神奇。本来以为大家都是人类嘛,没想到很多细微的地方都有那么多差异。"

"所以说要带翻译啊。"

"可温,其实我一直想问问你来着,你到底为什么要学翻译啊?"

"那你为什么要学计算机?"

"我喜欢和机器打交道。"

"我也一样啊,我喜欢和语言打交道。"

"不一样。你明明知道现在是什么形势。说实话,要不是认识了你,我都不知道咱们学校还留着翻译专业。"

"嗯,迁校以后就没了。以后我就是全国最后一个翻译专业的学生了,是不是很棒啊~"

"可温,你也知道,我这次去澳洲就是为了测试我的毕业设计——那个翻译软件。我真的得再提醒你一次,机器智能比你想象的厉害得多。"

"我知道。"

最近,龙恒三句话不离劝我转行。我最不想谈的就是这个。

我的手指悬在虚拟键盘上方,停住了。我在权衡,是佯装生气叫他再也不敢提这个话题,还是插科打诨糊弄过去。

我选择了后者。我总是选择后者。

"没事,到时候我就通过描写下岗翻译的悲惨生活来谋生。"

"那多无趣,你不如写个语言学的科幻小说。"

"我不会写科幻啊。"

"就这么写：在漫长的宇宙旅行中碰见一个语言不通的种族，怎么办呢？"

"语言学家出面研究？"

"错。主角从四次元腹袋中掏出了翻译魔芋，然后就可以愉快地交流了。全剧终。"

"……"

"还可以写个前传，解释一下宇宙旅行中为什么不用任意门的问题。"

"为什么？"

"因为任意门坏了。全剧终。"

我"扑哧"一声笑了出来。接下来，我们愉快地回忆了哆啦A梦的几部剧场版。

天色晚了。

"龙恒，教室里有小虫子，一直在撞顶灯呢。"

"可温，那不就是你吗。"

三

王教授找到我时，我正在为读研的学费发愁。

"巴别塔计划？"

"对，我想来想去，学生里还在坚持做翻译的就只有你了，一定要帮帮老师。"

听完王老的话，我明白了：在AI席卷一切的浪潮下，王老也要拉着我，帮助计算机在翻译领域取代人脑。

"这个项目如果做好了，就可以拿到国际语言联盟的科研资金——很大的一笔。"

"老师，这是不是就意味着，以后世界上就不需要翻译这个职业存在了。"

王老望了我一眼，又将目光转向别处。

"小周，我知道你喜欢翻译，可是，也不能不考虑考虑历史的进程啊……而且，拿下了这个项目，你们几个做翻译的难兄难弟，至少这辈子就不愁了……"

既然职业生涯迟早要葬送，那么葬送在自己手里，好像也不错。

"好吧，老师，我做。"

走进王老的实验室时，我仿佛走进了群星。

充满整个房间的，是银河系形状的全息影像。不过，即使是我也能看出来，星星的密度要比真正的银河稀疏太多。

遵照老师的示意，我挥一挥手，将一颗"星星"拉到眼前。

我这才看清，所谓的"星星"是一个透明的小圆球，七八个发光的单词在它表面上环绕游走。

"苹果，Apple，リンゴ，Pomme，사과。"

我念出了认识的单词，还有几个从来没有见过。

"老师，这是……"

"纯语言。"

我想起来了，王老当年是研究赫尔德林理论的。赫尔德林认为，人类语言具有一种普遍性的根源，每一种自然语言都是一种"纯语言"的体现，而翻译，是通过两种语言间共有的纯语言部分得以实现的。

"你看，这些形形色色的单词，不过是体现了这看不到摸不着的纯语言的一面。"

"而当表达同一种概念的语言集合在一起的时候，我们就能越来越接近纯语言，也就是……"

"上帝的语言。"

我看着不远处那闪闪发光的银河,每一颗星星都是一个概念。在人类文明孤立发展的那些漫长岁月里,我们发明了各种各样的语言,从不同的角度去描述同一种东西。现在,在大数据的支持下,是时候将它们万宗归一,筑起全新的巴别塔,去展现语言最纯真的原貌了。

我的指尖越过了各色表达苹果的单词,摸到了虚空。

又过了一会儿我才看清,银河之后,有一个少年在冲我微笑。

"可温,又见面了。"

四

龙恒反复强调不是为了我才进这个项目组的。

"你别多想啊,我纯粹是觉得王老这个想法很有前途。"

我只是轻轻笑了一下,没说话。

在无数个捧着手机的夜晚,我们的心一点一点向彼此靠近。然而,就算隔着万里,就在每次我觉得要有什么实质上的进展时,我都能感觉到他犹豫的眼神,和那颤抖不已并最终收回的双手。

我从未惊讶。我的直觉早就告诉过我,他可能喜欢我,但是他不爱我。不过,不管我们的未来如何,能够像这样时常和他见面,我已经很满足了。

在王老的实验室,我和王老负责语言和翻译,龙恒负责程序的调试,王老的儿子、我的大学同学王羽铭负责语言的收集。

我们都相信,语言间的两两翻译毕竟是权宜之计,只有将世界语言整合,找出其中内在的规律,才能找出巴别塔被摧毁之前,全体人类所用的同一种语言。翻译的时候,只有先将原文回归纯语言,才能准确地传达作者的含义。

纯语言和曾经生造的世界语不同,也不需要世界上每个人都抛弃母语去学习。

纯语言将是一种高维语言,只能存在特殊的计算机里。一旦它最终成型,这个世界将不再需要翻译。

有的时候,我看着语言的银河一点一点壮大,心里真的会有一种攀登高峰去触摸天堂的神圣感。但是,有时候我也会隐隐感到恐惧。我总觉得,有一双眼睛在冷冷地看着这座新的巴别塔,随时准备给予致命的一击。

没想到,这一天很快就到来了。

我喜欢在深夜来到实验室。在黑暗中缓缓旋转的星星,比天外璀璨的银河更让我痴迷。有时候,龙恒也会在那里调试生成这些星星的程序。那些夜晚,我们就在语言的群星下,谈着我爱的翻译,谈着他爱的科幻,谈着宇宙,谈着未来,谈着昨天的晚饭。

这天,他也在。不过,瘦削的少年趴在计算机前睡着了,屏幕闪着蓝光。我不懂他每日打交道的那些程序,也从来没看过,而这次,我好奇地凑上去看了看。大多数参数我确实看不懂,但是在我能理解的那几个里,有一个格外的高。

"巴别塔"计划的群星模型,是基于不同的单词可以表示同一种概念这个前提。对于"概念"的界定,既能决定星星数量的多少,也能左右翻译的精度。我知道可能需要对"概念"进行一定程度的模糊化处理,但是我没有想到,模型里的模糊化程度竟然有这么高。

我把那个参数调低了些,那银河瞬间膨胀起来,密度也大了很多:每个单词都独自组成了一颗星星。

这个模型在明明白白告诉我,没有两个单词是表示同一个精确概念的。换而言之，世界上没有同义词。我能够理解，每个拥有自己独特语言的国家，莫不是在这个星球上发展了百年千年。轻巧的言语背后，是强烈的民族认同和深厚的文化积淀。就算"红"和"red"看起来是指的同一种颜色，但是前者暗示了与婚礼相关的快乐与喜悦，后者隐含了法国大革命带来的血流成河。

我再次调整精度，星星又多出了几倍，整个实验室亮如白昼——每个单词分裂出来好几个自身。

我知道这代表着什么：就算是同一种语言里的同一个单词，在不同的语境下也表示着完全不同的含义。

甚至，在不同的人嘴里说出来，也是完全不一样的。

没有人能够证明，每个人眼中的红色是一样的。

那么，凭什么肯定，那一个个生造出的词汇，在每个人脑海中的理解都是相同的？

每个人都是一个独立进化的生物，拥有自己独特的语言系统。

你说的"红"是"朝阳映江山"，我想的"红"是"凤凰花开遍"。

愣愣地望着这一切，我的脑子里只剩下了一句话——

翻译是不可能的。

五

光线的变化唤醒了龙恒。他看了看我，又看了看计算机。

"纯语言根本不存在，对不对？"

他只是望着我，没有说话。

"王老和你从来没有相信过我们的模型会成功，所以这只是骗实验经费的伎俩，对不对？"

他还是没有说话。他的身影逐渐在我的泪水里融化了。

"所以这些星星，和花哨的 PPT 没有什么两样，对不对？"

"可温，你那么喜欢翻译，我们怕你，我怕你……"

"我当然不会合作。你们要骗实验经费我不管，可是为什么要找我来？为什么要骗我？"

"是我坚持要你来的。我知道你一直过得比较辛苦，这个项目……这个项目能让你过上更好的生活！"

我看着龙恒，感觉他变得无比陌生。我曾经以为他能够理解我。我曾经以为他和我都在墙的另一边。我曾经以为，就算不能在一起，我们也能在精神层面找到共鸣和慰藉。

我错了吗？

六

面对泡好的方便面，我的胃里泛起了一阵恶心。

我把它推到一边，想等着腹中的饥饿战胜了厌恶，再勉强用其果腹。

出租屋破破烂烂，两个行李箱摊在一边，里面塞满了书。

我轻轻叹了一口气，心中却没有悔意。

这毕竟是我自己的选择。在离开项目组之前，我还是做完了我的一切工作，但是拒绝了署名。我不想再与这个所谓的"巴别塔"产生任何瓜葛，我甚至不想再看到群星。

我从新闻里了解到，最终"巴别塔"项目在国际语言联盟那里只拿到了 C 级立项，经费寥寥。获得 A 级立项并开始广泛应用的，是龙恒参与设计的另一个项目——翻译 AI。

龙恒说得对，机器智能确实比我想象中厉害得多。翻译 AI 面世的三年后，口译从业人员就已经被全部取代。资历深厚的同传译员用自己的一生磨练语言技能，却与小小的同传箱一起，被历史的车轮无情地甩在了身后。五年后，商务翻译、科技翻译和传媒翻译被全面取代，机器依靠着巨大的语料库，在各种语言之间吞吐信息。

翻译专业消失了，语言学校消失了，外语考试消失了。

靠外语吃饭的人们纷纷改行，像鱼儿争相跳出正在蒸发的河塘。

如今，这河塘里还剩文学翻译这一小小的领域，容着个别还没放弃梦想的译者辗转腾挪，苟且活着。

我不得不承认，失去语言的桎梏后，生活变得更方便了。没有语言不通带来的成本，人们自由地在各个国家旅游、交流、学习和贸易。藩篱一倒，各种各样的文化以一种不可思议的速度碰撞在一起，彼此交融。强势的文化击败了弱势的文化，鲸吞蚕食，摧枯拉朽。站在上帝的视角看，这才是真正的巴别塔：世界正在它的帮助下走向大同。

但是，看着这些译文，我还是会感到有一种异样的恐惧。像在"巴别塔"项目组时感受到的一样，我总觉得，这座巴别塔也会被击毁。

然而，这种感觉，我却无人诉说。

每到此时，我就会格外思念龙恒。只是，除了在新闻上，我没再见到过他，也没有主动和他联系过。有的时候我会想，不知道龙恒见到我这个样子，会说什么。

那个新闻里意气风发的男人，会嘲笑我吗？毕竟我曾经大言不惭地提出翻译是不可能的，而他则做出了改变世界的翻译 AI，并且据说在一直努力攻克文学翻译的领域。

他一定没有爱过我吧！不然也不会对我这样赶尽杀绝：毕竟等到文学翻译也被 AI 取代后，我就连那一点点微薄的薪水也拿不到了。

所以，接到那份发布会的邀请函时，我以为我在做梦。

七

当我好不容易找到国际语言联盟的 AI 会场时,龙恒已经站在台上了。尽管早有准备,但是看到他时,我的心跳还是骤然漏了一拍。

龙恒的身形还是那么瘦削。合身的西装、巨大的讲台、耀眼的聚光,更是衬出了他的单薄。

十年前第一次相遇的时候,我就知道,我们都不是那种适合在万人面前展示自己的人。

但是如今,怀着自己的理想,他还是站上了这个耀眼的舞台。

"各位与会的领导、嘉宾,大家好。作为今天的展示人,翻译 AI 的发明者,我希望,'追随者'项目能够满足大家对于计算机攻克文学翻译的期待。"

他的身板是直的,声音是稳的。但是,在我的角度,能够看到他放在身体一侧的手在微微颤抖。

"首先,我想为大家介绍一个新朋友,小艾。小艾,你好!"

会场的灯光暗了下来。同时,龙恒身后的大屏幕亮起了一圈淡蓝色的光。

"龙恒,你好。"

随着人工智能温柔女声的响起,那圈蓝光也在轻柔地抖动。

我的目光没有办法离开那个被蓝光轻轻笼罩的少年:这么多年没见了,你还好吗?你可曾关心过我好不好吗?

"我知道大家心里肯定在疑惑,怎么又是人工智能?人工智能不是早就已经被证明不适合文学翻译领域了吗?

"三年前,我也以为是这样。

"朗朗上口、意蕴悠长的诗歌,在无所不知的 AI 那里,怎么就变成了毫无意境的打油诗？

"构思精巧、斟词炼句的小说，在无所不能的计算机面前，怎么就失掉了全部的精神和意味？

"后来，我想起了一位老友的话，翻译要做的，不是把文字翻译成文字，而是把文学翻译成文学。"

听到他谈起我，曾经以为已经放下的爱慕再一次冲破了理智编织成的纱网，想要汹涌而出。

"……那么，是不是意味着，想要做好文学翻译，AI 就必须成为一个文学家？啊，那可就太难了。在人工智能技术高速发展的今天，计算机在很多领域上打败了人脑，但是还没有一个真正意义上的机器文学家出现。

"其实，翻译成文学比凭空创造文学简单得多。我们只要让机器做它擅长做的事就好了：学习和模仿。

"之前，我们太没有耐心了。AI 刚被创造出来的时候，只是一个白纸一般的婴儿。为了让它干活，我们一股脑儿把所有的知识塞在它的脑海中。就算有再多的知识，它也只是一个孩子。它无法消化，无法吸收，无法理解，只能像孩童一样，跌跌撞撞，拙劣模仿。所以，我们应该耐心一点，像老师和父母一样，一步一步引导它，一点一点教会它。

"而我们的'追随者'计划，就是让小艾亦步亦趋追随着译者大家的成长经历，从字母开始，循序渐进，学他们所学，读他们所读，译他们所译，最终，成为他们在数字世界中的投影。

"从此，文学翻译成文学的难题解决了，直译和意译的争锋也可以终结了。

"有了小艾，面对任何一个文本，读者都可以随意选择译文的风格。当你按下了'确定'键，那些为翻译奉献一生的大家啊，将会在虚无的数字世界里浮现。"

随着龙恒的声音，屏幕上浮现出一段段淡蓝色的文字。它们风格迥异，但是都是对同一段英文的中文翻译。我认出了鲁迅先生、王佐良先生和许渊冲先生的风格。还有最后一段，是我的风格。

我坐在那里，定定地看着龙恒，泪水在眼眶里打转，但是始终没有落下。

八

会后，我在一间小咖啡馆等到了龙恒。近距离看，龙恒就不再是国际语言联盟大会上那个意气风发的少年了，岁月并没有放过他：眼角有了皱纹，发根透着没来得及染的白色，只有那依旧单薄的身形，仍然是多年前那场联谊会上的样子。

"叫我来，是为了证明你的大获全胜吗？"

龙恒的眉头微微皱了起来。

"我在你心里就是这种人么？其实是这样的，我冒昧在小艾那里用了你的数字模型，这是版权费。"

龙恒把一张卡递给我，但我没有接。

"我在你心里就是这种人么？穷困潦倒，需要你想方设法地救济？"

他愣了一下，把卡放在了桌子上，收回了手。

"你还是这样。"

"对不起。"我小声说，轻轻低下了头。

"嗯。是我不好。"

"龙恒，其实我……我有件事想对你说。"

"你说。"龙恒笑了，期待地望着我。

"之前在'巴别塔'计划项目组的时候，我发现机器翻译出来的东西总有种异样的感觉。而你的小 AI 作出的译文，也时不时让我有这种感觉。后来，我想了很久，才发现这是为什么。"

"有吗？为什么？"

"我先给你讲个故事吧。曾经，我的老师在课堂上做过这样一个试验：对于我们那些刚学习英语不久的中国学生来说，能够轻轻松松地对老师说好几遍'I love you'，却没有办法大方地讲出'我爱你'这三个字。因为，中文的字句对我们来说是有感情的，而英文却没有。"

"嗯。"

"那时候，英语对于我们，就像人类的语言对于计算机，只不过是符号和工具。但是，随着不断学习，我也渐渐理解了隐藏在英文字母中的情感，再也没办法随意说出'I love you'。因为我知道，这个句子也和'我爱你'一样，带着千钧的责任和感情。因此，只有真正理解了两个语言，对每一个词语和每一个句子逻辑意义之外所夹带的情感细细揣摩，才能将原文所想要传达的意思恰当地呈现在读者面前。"

我仔细地观察，听到那三个字时，龙恒的眼睛闪了一下。

"嗯。所以呢？"

"所以 AI 有感情吗？"

"没有，但是……"

"面对一篇原文，AI 可以给你一千种翻译的版本，但是它有办法告诉你，哪一个版本是好的吗？"

"但是每一个版本都是对的。"

"那只是你的想法。就算是表达相同的内容，每一个版本读起来的感受千差万别，怎么可能都是对的？"

"读者可以选择他们喜欢的版本。"

"即使这个版本离原作者的初衷十万八千里？"

"可温，翻译的初衷是什么，不就是交流吗？只要内容还是一样的，只要读者享受到了愉悦……"

"根本就不是。翻译是为了重现原作者的思想，而要实现这一点，内容与形式同样重要！为什么讨好读者？你也不想想，那些文学大家写东西是为了什么？他们斟酌着每一句话、每一个词，就是为了让翻译软件胡乱找一个近义词替换？"

"可温，小艾的算法并不是胡乱替换。而且，你也说过，文化的鸿沟在那里摆着，完全重现原作也是不可能的。"

"但是可以无限接近。"

"怎么无限接近？"

"让人，让同样有感情的人来翻译。"

龙恒无奈地笑了。

"可温，你为什么就不能接受一下现实。时代在发展，行业在更替。你阻止不了时代的潮流的。翻译……翻译以后真的不需要人来做了。"

"还没有到时候。"我望着窗外，咬紧了嘴唇，不让眼泪滑下来。

"到时候了。可温，别犟了，正视一下自己的处境，好吗？"

"那你……那你能不能什么时候也正视一下自己的感情。"

这次，轮到龙恒望着窗外，沉默不语。

九

今天是王老的祭日，我刚刚扫墓回来。

我只敢在凌晨扫墓，以期避开大多数人。我害怕王老遗孀和儿子责备的目光。

当年，我的突然离去对王老是一个很大的打击。不久之后，这位为翻译奉献了一生的大家就油尽灯枯、撒手人寰。王老的儿子王羽铭也为此与我绝交，带着"巴别塔"项目的所有资料，投身于龙恒的翻译 AI 研究，后来又与龙恒一起完成了"追随者"计划。

多年以来，王老、龙恒、王羽铭和我一起挤在那个小小的实验室制造群星的时光已经成了我最美好的回忆之一。因为只有在那时，我才不会感到孤独。如今，墙的一边，又只剩下了我一人。

咖啡馆的那场争执之后，我和龙恒最后通了一次邮件。

"龙恒。交流太难了。与其说语言是交流的工具，不如说是交流的屏障。也许，只有等人类的思想变得透明，才有可能真正地相互理解吧！"

"可温。就是因为这种语言表达与思维的不完全同步性，才让人与人之间的交流变成了一种艺术，一种通过语言去发掘思维差异的艺术。虽然这会导致信息交换的效率低下，影响文明的发展速度，但是这种不完美的感觉同样具有美感。"

在他的眼里，我追求完美的翻译是梦想，追求极致的理解也是梦想。

而他所追求的万能 AI，难道就不是梦想吗？

'追随者'计划刚实施的那几年，翻译恐怖谷的效应还没有显现出它的威力。

小艾常驻在了每个人的智能设备之中，翻译行业彻底消失了，人们仿佛再也不需要被语言不通这种事情困扰。

但是，机器毕竟是机器，模仿也终归是模仿。

只有还保持着多语言敏感的人，才能渐渐体会到，那一篇篇看似优美的译文中，极像人言又不是人言所带来的恐惧。

但是我找不到人来交流这样的感受。在中国，外语材料已经绝迹多年，还在做翻译的，恐怕也只剩我一个人了。

如果不是有人突然拜访，我可能还会过几十年的清贫生活，直到去世。

那时，沉寂已久的直觉突然苏醒，让我的心莫名飞快地跳了起来。

紧接着，我就听到了敲门声。

是龙恒吗？五年没见了，你还好吗？小艾又升级了吗？翻译恐怖谷效应越来越严重了，你发现了吗？

　　怀着满腔想说的话，我急匆匆起身，去迎门外的人。

　　可是，迎来的，却是龙恒的死讯。

十

　　一瞬间的天昏地暗后，王羽铭及时扶住了我。

　　王羽铭说，"追随者"项目组也发现了小艾的问题。在广泛的实践过程中，小艾失手的案例越来越多。例如，在一次谈判中，本来所有的话语都完全翻译到位了，只是因为语气方面出了点偏差，两方谈崩，直接导致了一个商业帝国的覆灭。

　　龙恒推断，长此以往，小艾将跟不上语言自身的发展，必将崩溃。只是，如今整个世界都依赖这个 AI 来进行跨文化交流，承认小艾出问题定会引起大范围的恐慌。为了稳定局面，国家彻底切断了跨语言交流。龙恒认为，在小艾勉强翻译的掩盖下，世界各国的语言迟早会演变到无法顺畅相互交流的地步。无形的高墙悄悄竖起，隔绝在文化之间。有人说，小艾的产生是上帝对"巴别塔"的另一次摧毁。

　　龙恒为此愁眉不展，日夜在实验室奋战，想要找到解决的方法。

　　后来，他确定了两个方向。

　　其中一个方向，是重拾"巴别塔"计划。龙恒认为，当年"巴别塔"项目的失败，是因为人类文明之间的跨文化交流已经把一些纯粹的语言"污染"了，使它们远离了本来的面貌。要真正找出纯语言，还是要深入那些与世隔绝的地区，找到独立发展出的语言。

　　"这几年，龙恒走遍了世界的角落，真的挖掘到了不少全球化浪潮下幸存的独特语言体系,将他们纳入了语言的群星。"

"然后呢?"

"然后,有一次,他……他想走访一个被群山包围的原始部落,却在登山的过程中失足跌落……我们连尸体都没有找到。"

失足跌落。

龙恒,计算机天才,最强翻译 AI 的发明者,为了梦想不惜孤寂一生也要为世界除去语言障碍的人。

他配得上最浪漫的牺牲,也配得上最隆重的葬礼。

而他的结局,只是失足跌落。

我终于意识到,生活不是小说。一个人再强大,他的生命也是那么脆弱、那么渺小。

我的泪汹涌而出。

在模糊的视界里,我仿佛又看到了那条语言组成的银河。它还是那么璀璨,还是在静静地旋转。只是,它的中间出现了一个巨大的黑洞,吸走了我最爱的男孩。

在认识他的那些日子里,即使他不曾表达过对我的喜欢,也不曾许下任何承诺。但是,我总是暗暗地在心里认定,总有那么一天,他会忙完他所有的事业,他会回来找我。那一天,只要他肯开口,我一定会放下自己所有的骄傲与自尊,我一定会给予最热切的回应。

我知道,这个几率很小很小。但是,只要他活着,就还有一丝希望。弱如萤火,但也足以慰藉。

可是,现在他走了。

萤火已熄,这个世界上再也没有人能够理解我了。高墙之下,只余一人。

我的心死了。

"羽铭,龙恒确定的另一个方向是什么?"

十一

在与翻译打交道的那些岁月里，我一直在问自己一件事：

世界上存在完美的翻译吗？

为了维护翻译行业的尊严，我曾对龙恒说过，翻译是没有感情的人工智能无法驾驭的。

但是，就算是拥有感情的人类，要做出好的翻译也可谓是难上加难。甚至，古今中外一些翻译学者直接定性：翻译是不可能的。

洪堡特就曾经说过，所有的翻译只不过是试图完成一项无法完成的任务。任何译者都注定会被两块绊脚石中的任何一块绊倒：他不是因贴原作贴得太紧而牺牲本民族的风格和语言，就是贴本族特点贴得太紧而牺牲原作。介乎两者之间的中间路线不是难于找到，而是根本不可能找到。

可是，还是有人在万丈深渊的索道上战战兢兢，走出了那条几乎是不可能之路。

"一切照原作，雅俗如之，深浅如之，口气如之，文体如之。"

我永远不会忘记读到那些译文时的感受。

原文中巨大的文字张力和画意诗情，跨越文化的鸿沟，被原原本本呈现在读者面前。

我仿佛能够看到，有着深厚双语文化背景的译者，首先进入了原作者的世界，细细揣摩文字所要传达的一切。然后，他更加深入，把自己全然变成了原作者，强迫自己穿越时间和空间，来到另一片文化土壤。译者和原作者合二为一，沉浸在原来的思想与情感中，用另一种语言再次写作。最后，译者隐去了自身，只剩下寥寥译文，让越来越多读者的目光越过他们的身躯，悠然落于原作……

但是，这样的译文少之又少。除了所需资质使然，还需要译者不断地思索，权衡，反复拿捏。最后，要成就那些闪闪发光的翻译，有时还得依仗于一点点灵感和运气。

而这些，都需要时间。

琢磨的时间越久，译文就越美。

在研究翻译的这些岁月里，我也有那么几篇令自己得意的译作。但是，每当隔上一段岁月再回头细细品味时，我又能找出一两处可以改进的地方。

有的时候，我在想，要是有无限的时间就好了：还有那么多的经典想翻译，还有那么多的译文想打磨。

而我，在不断老去，以后必将带着遗憾离开人世，甚至没有子女为我烧来几篇文学名著，供我在另一个世界研究。

吾生也有涯，而求知也无涯。

嗟夫！

这些，我从未对龙恒说起。但是，他却早已把我理解透彻。

所以，当他找到了两个解决小艾问题的方向后，才会想要舍近求远地去尝试更艰难的那一个：他在试图带我离开那早已注定的命运。

王羽铭告诉我，另一方案，是让我来拯救这个世界。

几句话，我就明白了他的意思。

其实，一开始的时候，龙恒并没有想起重启那个玄而又玄的"巴别塔"计划。那时，他从我当年对他说的话里获得了灵感，决定想办法赋予小艾人的情感。龙恒设计了"追随者2.0"计划，把追随人类的学术道路改成了追随人类的一生：让小艾进入人的大脑，按顺序提取大脑里这个人从出生到死亡的一切记忆。换句话说，是让小艾跟着人活一次。

龙恒和王羽铭搭档，改组了小艾的结构，并在几个新鲜的尸体上做了试验，然而效果并不理想。

这时，王羽铭提出，必须要让小艾进入活人的大脑，还必须是优秀译者的大脑。

两人同时想到了我。

但是，龙恒对这件事坚决反对。他利用自己的声望压下了"追随者2.0"计划，转而又投身于"巴别塔"项目，最终在途中殒命。

然而，我还是走到了命运面前。

"可温，龙恒绝对不会同意我来找你，但是我实在是没有办法了。毕竟，你是这个世界上最后一位翻译。不过，没有人能逼你，你可以做出自己的选择。"

待到呼吸渐渐顺畅，我终于从悲痛之海浮出水面，抬起泪眼望着他。

"在试验中，我会死吗？"

王羽铭点了点头。

"但是，小艾会重生，这个世界会得到拯救。而且，小艾会带着你的记忆、知识和情感，永远存在。"

"永远存在。"我轻轻重复着他的话。

那么，龙恒也会永远存在。

我点了点头，笑了。

十二

我躺在冰冷的机器上，世界上的一切突然静止了。

王羽铭的声音从虚空中传来：

小艾，欢迎回来。